全国技工院校计算机类专业教材（中／高级技能层级）

常用工具软件

（第四版）

主　编　尚晓新
副主编　王亚昕　胡红燕
主　审　杨　舒

中国劳动社会保障出版社

简介

本书主要内容包括工具软件常识、办公工具、网络工具、音视频播放工具、多媒体编辑工具、系统优化与安全防护工具、磁盘管理工具等。

本书由尚晓新任主编，王亚昕、胡红燕担任副主编，阔宇、王燕玲、苏雅蓉、李清、张秋楠、申文、翟超媛、蔡四龙、刘胡西哲、王烁、路贻雯、付乃孝参加编写，杨舒任主审。

图书在版编目(CIP)数据

常用工具软件 / 尚晓新主编. -- 4 版. -- 北京：中国劳动社会保障出版社，2023
全国技工院校计算机类专业教材：中 / 高级技能层级
ISBN 978-7-5167-5824-3

Ⅰ. ①常…　Ⅱ. ①尚…　Ⅲ. ①软件工具 – 技工学校 – 教材　Ⅳ. ①TP311.56

中国国家版本馆 CIP 数据核字（2023）第 106731 号

中国劳动社会保障出版社出版发行
（北京市惠新东街 1 号　邮政编码：100029）
*
北京宏伟双华印刷有限公司印刷装订　　新华书店经销

787 毫米 ×1092 毫米　16 开本　19.5 印张　383 千字
2023 年 8 月第 4 版　　2024 年11月第 3 次印刷
定价：48.00 元

营销中心电话：400-606-6496
出版社网址：http://www.class.com.cn
http://jg.class.com.cn

前　言

为了更好地满足全国技工院校计算机类专业的教学要求，适应计算机行业的发展现状，全面提升教学质量，我们组织全国有关学校的一线教师和行业、企业专家，在充分调研企业用人需求和学校教学情况、吸收借鉴各地技工院校教学改革的成功经验的基础上，根据人力资源社会保障部颁布的《全国技工院校专业目录》及相关教学文件，对全国技工院校计算机类专业教材进行了修订和新编。

本次修订（新编）的教材涉及计算机类专业通用基础模块及办公软件、多媒体应用软件、辅助设计软件、计算机应用维修、网络应用、程序设计、操作指导等多个专业模块。

本次修订（新编）工作的重点主要有以下几个方面。

突出技工教育特色

坚持以能力为本位，突出技工教育特色。根据计算机类专业毕业生就业岗位的实际需要和行业发展趋势，合理确定学生应具备的能力和知识结构，对教材内容及其深度、难度进行了调整。同时，进一步突出实际应用能力的培养，以满足社会对技能型人才的需求。

针对计算机软、硬件更新迅速的特点，在教学内容选取上，既注重体现新软件、新知识，又兼顾技工院校教学实际条件。在教学内容组织上，不仅局限于某一计算机软件版本或硬件产品的具体功能，而是更注重学生应用能力的拓展，使学生能够触类旁通，提升综合能力，为后续专业课程的学习和未来工作中解决实际问题打下良好的基础。

创新教材内容形式

在编写模式上，根据技工院校学生认知规律，以完成具体工作任务为主线组织教材内容，将理论知识的讲解与工作任务载体有机结合，激发学生的学习兴趣，提高学生的实践能力。

在表现形式上，通过丰富的操作步骤图片和软件截图详尽地指导学生了解软件功能并完成工作任务，使教材内容更加直观、形象。结合计算机类专业教材的特点，多数教材采用四色印刷，图文并茂，增强了教材内容的表现效果，提高了教材的可读性。

本次修订（新编）还针对大部分教材创新开发了配套的实训题集，在教材所学内容基础上提供了丰富的实训练习题目和素材，供学生巩固练习使用，既节省了教材篇幅，又能帮助学生进一步提高所学知识与技能的实际应用能力。

提供丰富教学资源

在教学服务方面，为方便教师教学和学生学习，配套提供了制作素材、电子课件、教案示例等教学资源，可通过技工教育网（http://jg.class.com.cn）下载使用。除此之外，在部分教材中还借助二维码技术，针对教材中的重点、难点内容，开发制作了操作演示微视频，可使用移动设备扫描书中二维码在线观看。

致谢

本次教材修订（新编）工作得到了河北、山西、黑龙江、江苏、山东、河南、湖北、湖南、广东、重庆等省（直辖市）人力资源社会保障厅（局）及有关学校的大力支持，在此我们表示诚挚的谢意。

编者

2023 年 4 月

目 录

CONTENTS

项目一
工具软件常识

课题 1　工具软件的认识和获取

1. 了解工具软件的概念。
2. 了解工具软件的类型。
3. 了解获取常用工具软件的途径。
4. 了解工具软件下载安装的注意事项。

工具软件通常指为了满足计算机用户的功能需求而开发的具有专门用途的计算机软件，例如用于下载的迅雷、用于图片处理的美图秀秀、用于安全管理的360安全卫士、用于驱动程序管理的驱动精灵等。此类软件一般具有操作简单、占用空间小、更新较快等特点。

一、工具软件的类型

工具软件的类型较多，功能几乎涉及了计算机使用的方方面面，常用工具软件类型见表1–1。

表1–1　常用工具软件类型

类型		实例
办公工具	中文输入工具	搜狗输入法、百度输入法、微软拼音输入法、汉王输入法
	文件阅读工具	Adobe Acrobat Reader、福昕阅读器、Apabi Reader
	翻译工具	有道词典、金山词霸、必应词典

续表

<table>
<tr><th colspan="2">类型</th><th>实例</th></tr>
<tr><td rowspan="3">网络工具</td><td>浏览器工具</td><td>360 极速浏览器、搜狗高速浏览器、Chrome</td></tr>
<tr><td>下载工具</td><td>迅雷、BitComet</td></tr>
<tr><td>即时通信工具</td><td>腾讯 QQ、微信、阿里旺旺</td></tr>
<tr><td rowspan="2">音视频播放工具</td><td>音频播放工具</td><td>酷狗音乐、网易云音乐、QQ 音乐</td></tr>
<tr><td>视频播放工具</td><td>暴风影音、爱奇艺万能播放器、腾讯视频</td></tr>
<tr><td rowspan="3">多媒体编辑工具</td><td>截屏工具</td><td>FastStone Capture、Snagit、Screenpresso</td></tr>
<tr><td>音频处理工具</td><td>GoldWave、Audacity</td></tr>
<tr><td>图像处理工具</td><td>美图秀秀、格式工厂、光影魔术手、会声会影</td></tr>
<tr><td rowspan="4">系统优化与安全防护工具</td><td>系统安全优化工具</td><td>360 安全卫士、腾讯电脑管家</td></tr>
<tr><td>杀毒工具</td><td>金山毒霸、360 杀毒、Kaspersky</td></tr>
<tr><td>驱动安装工具</td><td>驱动精灵、360 驱动大师</td></tr>
<tr><td>一键还原工具</td><td>Ghost、U 启动</td></tr>
<tr><td rowspan="5">磁盘管理工具</td><td>磁盘分区工具</td><td>DiskGenius、Acronis Disk Director Suite</td></tr>
<tr><td>文件压缩工具</td><td>WinRAR、360 压缩、7-Zip</td></tr>
<tr><td>文件恢复工具</td><td>FinalData、EasyRecovery</td></tr>
<tr><td>光盘刻录工具</td><td>Nero、Alcohol 120%</td></tr>
<tr><td>网络存储工具</td><td>百度网盘、腾讯微云</td></tr>
</table>

二、获取工具软件的途径

1．通过官方网站下载

软件的开发商通常都有自己的网站，直接通过官方网站下载更加安全可靠，也能保证是最新版本。官网上不仅提供软件的下载链接，而且还提供软件的功能和使用说明等信息。

下面以 360 安全卫士安装程序的下载为例，说明通过官方网站下载的操作方法。

（1）启动浏览器（这里以 360 极速浏览器为例）。

（2）在打开的浏览器地址栏中输入 360 官方网站的网址 https://www.360.cn，然后按 Enter 键进入网站首页，如图 1-1 所示。

（3）当鼠标移至“电脑软件”四个字上时，会自动展开列表，如图 1-2 所示，用鼠标左键单击（以下简称单击）其中的“安全卫士”链接。

图 1-1　360 官方网站首页

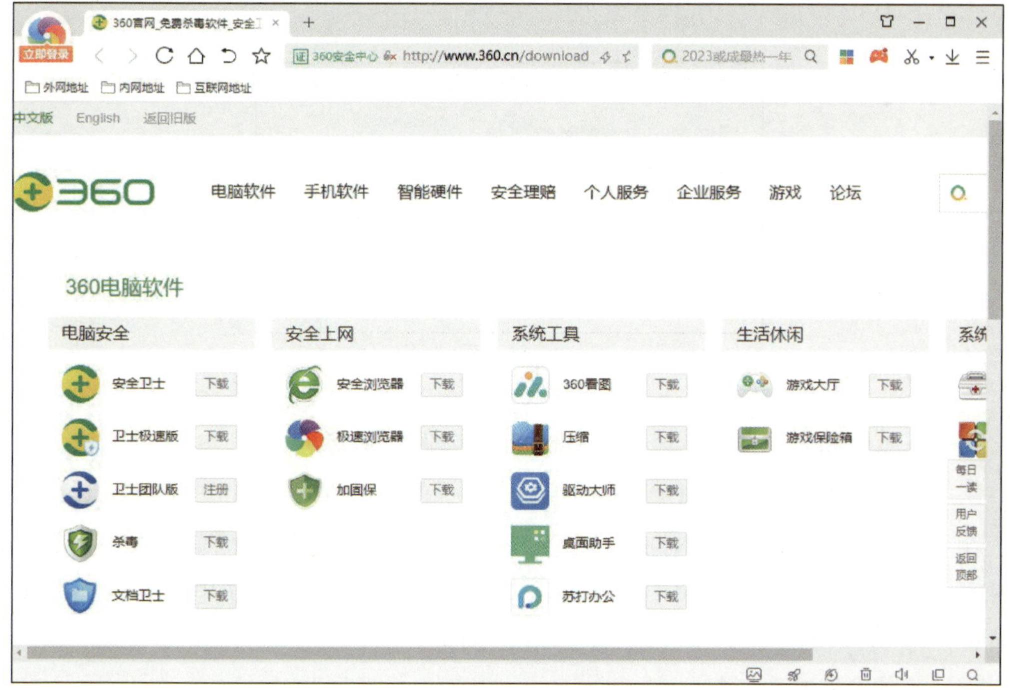

图 1-2　“电脑软件”展开列表页面

（4）在打开的页面中，单击“立即下载”按钮，如图 1-3 所示。

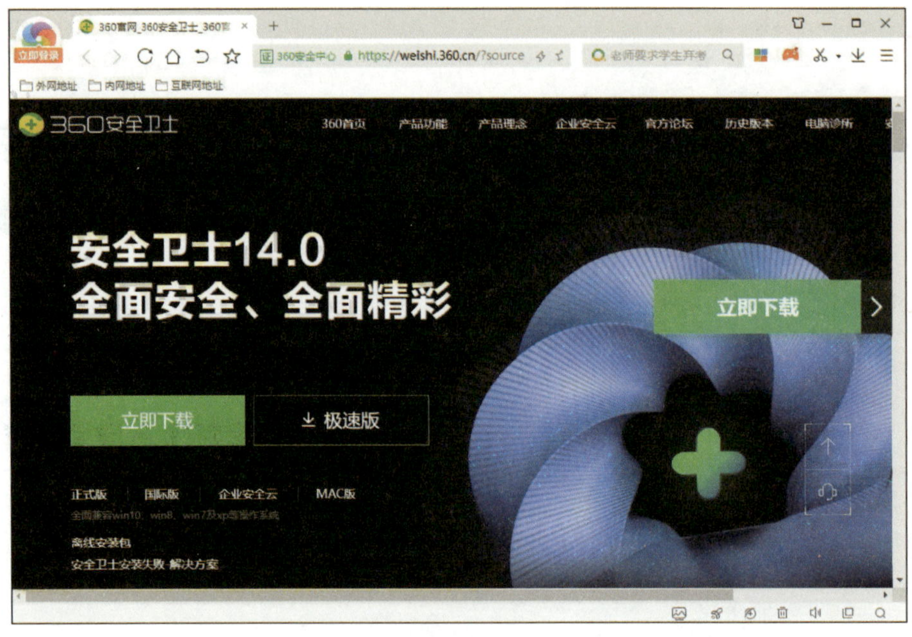

图 1-3 “安全卫士”链接页面

（5）在弹出的“新建下载任务”对话框中设置下载路径后，单击“下载”按钮，如图 1-4 所示。

图 1-4 “新建下载任务”对话框

（6）下载成功后，在下载路径中运行该程序即可进行安装。

2. 通过下载网站搜索并下载

在互联网上有许多专业网站提供软件下载服务，如比较知名的天空软件站（http://www.skycn.com）、华军软件园（http://www.onlinedown.net）、太平洋电脑网（http://www.pconline.com.cn）、非凡软件站（http://www.crsky.com）等。

（1）软件的搜索和下载

下面以非凡软件站下载“酷我音乐”软件为例，讲解下载软件的过程。

1）启动浏览器，打开非凡软件站首页（http://www.crsky.com），如图 1–5 所示。

图 1–5　非凡软件站首页

2）在首页“搜索栏”中输入需要查找的软件名称，如这里输入“酷我音乐”，然后单击搜索按钮，在打开的图 1–6 所示搜索结果中会显示所有与“酷我音乐”相关的软件，单击选择需要下载版本的文字链接，这里单击“酷我音乐 v9.1.1.5［音乐播放器］”链接。

图 1–6　“酷我音乐”搜索结果页面

3）在弹出的页面中提供了若干下载链接，如图 1–7 所示，单击下载链接即可开始下载。

图 1–7 “酷我音乐”下载页面

（2）下载链接的正确识别

通过网站下载软件时会发现，很多网站出于商业目的会在下载页面上放置广告链接，其中有些广告链接还会模仿正常下载链接的样子，诱导用户点击，在下载过程中应注意识别。

下面以在某网站下载“MySQL”为例，介绍识别这种链接的方法。

1）如图 1–8 所示，该网站的 MySQL v5.7.30 下载页面中会出现标有“下载”字样的链接。

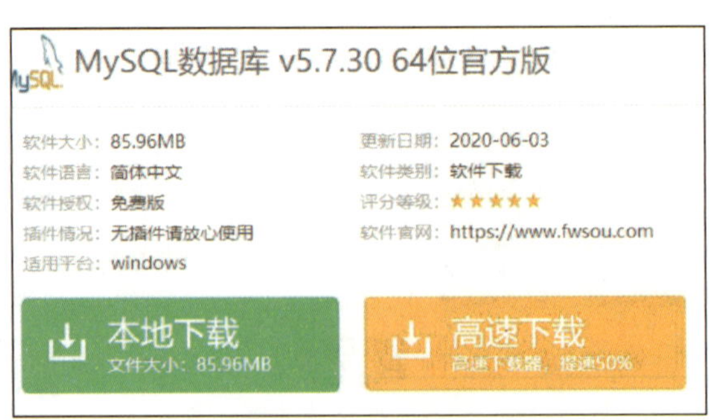

图 1–8 “MySQL”下载页面

2）鼠标置于所谓“下载链接”按钮周围的空白处时仍呈“小手”形状，且按住鼠标左键不放进行拖动时，出现的是一张整体移动的图片，则该图片一般为广告链接，如图 1-9 所示。

图 1-9　“下载链接”页面

3）真实的直接下载链接常为文字形式，并不显眼，且位于页面的中下部。文字链接在拖动鼠标左键框选时是可以逐字选中且是可以复制的，如图 1-10、图 1-11 所示。

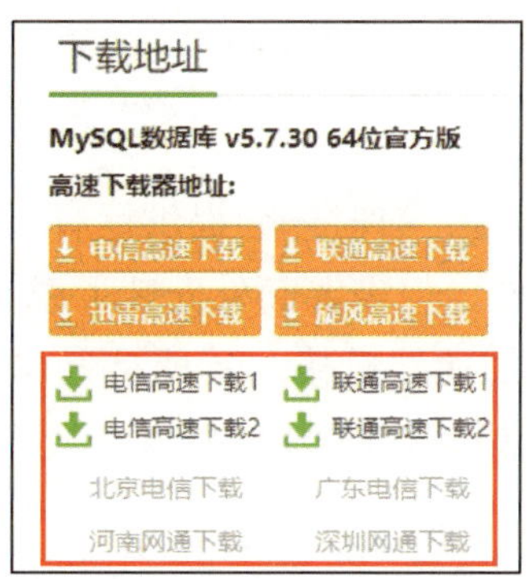

图 1-10　文字形式下载链接页面

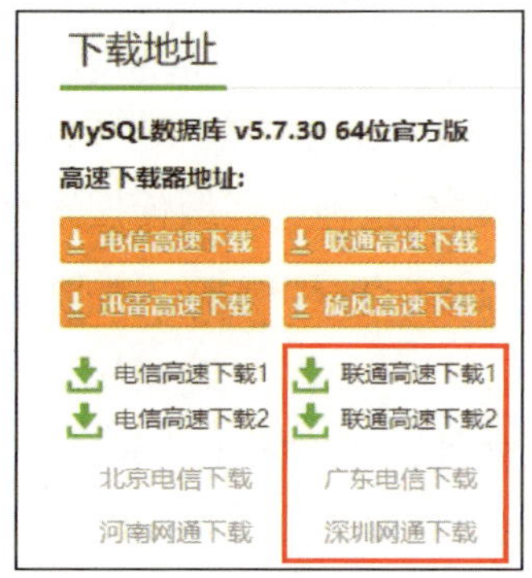

图 1-11　框选并复制文字

4）单击下载链接后，查看下载文件名和文件大小是否和所需下载的文件相同，如果和页面信息一致则为真实链接，如图 1–12、图 1–13 所示。

图 1–12 “新建下载任务”对话框

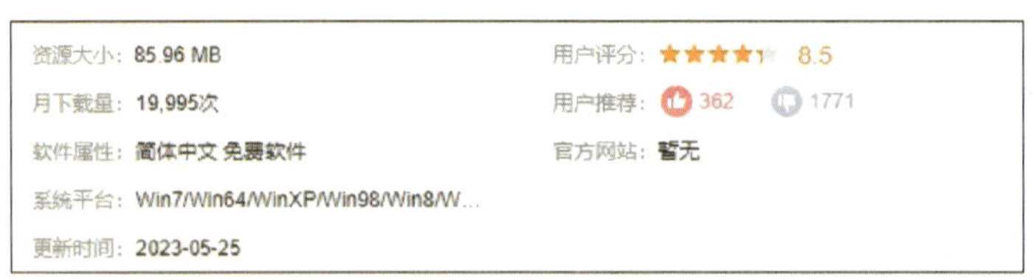

图 1–13 “MySQL”软件下载详细介绍页面

5）在上述直接下载链接附近，有时还会提供标有“高速”等字样的链接，这些链接一般也可以下载到正确的软件，但需要额外安装下载工具，有时是迅雷等下载软件，有时是该网站专用的加速器。加速器链接的特征是，在下载对话框中显示的软件名往往正确，但文件明显较小，常常只有几百 KB。

3. 通过搜索引擎搜索并下载

在搜索需要下载的软件时，除了通过官网和专业软件下载网站查找外，还可以直接通过搜索引擎进行搜索。

搜索引擎是根据一定规则并运用特定的计算机程序从互联网上收集信息，然后对信息进行组织和处理后，将检索到的相关信息展示给用户的一种服务系统。使用搜索引擎下载软件需要注意的主要问题是正确选择最佳搜索结果。

下面以下载“KMPlayer 播放器”软件为例，简要说明通过搜索引擎搜索软件的方法。

（1）打开百度搜索引擎的主页，在文本框中输入“KMPlayer”，单击“百度一下”按钮，进入“KMPlayer”搜索结果页面，如图 1–14 所示。

（2）在搜索页面中对比各个链接的提示信息，选择符合使用要求的版本。需要注意的是，在搜索某些内容时，部分排在前面的搜索结果是广告，带有“广告”字样，应注意识别和判断。

图 1-14　“KMPlayer”搜索结果页面

（3）查看下载链接的地址，一般应尽量选用比较知名的网站，如图 1–15 所示，这个链接是“腾讯软件中心”提供的下载链接，单击该链接打开下载页面，直接下载即可。

图 1-15　“KMPlayer”下载链接

三、工具软件下载安装的注意事项

1. 下载软件一定要到正规大型的网站或软件官方网站，尽量不要选择不知名的小型网站。正规大型的网站，其软件资源安全性更有保障，而不知名的小型网站，其软件资源可能被嵌入了各种病毒和木马。

2. 如果计算机中安装了 360 安全卫士等安全管理类软件，那么可以通过该软件提供的软件管理功能下载到所需软件。例如 360 安全卫士中可以通过“软件管家”进行常用工具软件的下载。

3. 下载和安装软件时要注意下载和安装的地址。多数情况下软件下载和安装是默认在 C 盘的，但是 C 盘一般是计算机的系统盘，如果 C 盘中安装了过多的软件，就有可能因空间不足导致系统运行缓慢，在安装时可将软件的安装位置指定到其他磁盘中。

4. 下载和安装软件时要注意是否有捆绑软件。在软件下载后常发现下载和安装了很多并不需要的软件，这些就是捆绑软件。这些捆绑软件的安装选项往往被放在下载或安装界面中不起眼的角落，并默认勾选，因此在下载和安装过程中应避免求快，注意阅读界面中的文字和选项内容，将不必要的选项取消掉。

5. 使用专用下载工具下载大文件。如果要下载的软件过大，那么可以选用迅雷等专用工具进行下载，而不是用浏览器本身的下载工具。借助专业下载工具的加速功能可以加快软件的下载速度，不容易出现卡顿现象，同时，此类软件支持断点续传，可以避免在较长时间的下载过程中因网络中断、死机等原因造成下载失败。

6. 计算机中不要下载和安装过多或者功能相同的软件。每一个软件安装在计算机中都会占用一定的系统资源，安装软件过多将会影响计算机的运行速度，对于功能相同的软件，一般选择一款，能满足使用需求即可。对于安全管理软件、杀毒软件等，如果重复安装，除了会造成资源的浪费，往往还会导致软件之间的冲突，影响计算机的正常使用。

7. 尽量选择正式版软件，而不是测试版软件。测试版软件意味着这一版本可能并不完善，很多问题还在发现和解决过程中，而正式版软件则是经过了很多次测试，确认使用不会出现问题才推出的最新版本。

8. 下载和安装的软件一定要经过安全管理软件的安全扫描。经过安全管理软件扫描后确认无病毒、无木马的软件才可以放心使用。如果下载和安装过程中出现了存在病毒、木马的安全提示，应立即停止下载和安装，重新选择安全的站点进行下载。

技能训练

通过小组讨论或根据教师要求，按照表 1–2 所列各功能需求，查找并通过适当渠道获取可实现该功能的工具软件，将练习过程中的主要信息记录在表 1–2 中。

表 1–2　工具软件的获取练习

项目	说明
功能需求描述	1. 可以播放计算机中常见格式的视频 2. 可以在线观看影视作品 3. 可以从视频中截取图片

续表

项目	说明
软件名称	
软件版本	
获取渠道或获取方式描述	
软件获取过程中的操作要点、所遇问题和解决方法	

课题 2　工具软件的安装和卸载

掌握工具软件的安装和卸载方法。

从网上获取工具软件的安装程序后，便可将其安装在计算机中使用。一般情况下，工具软件较为小巧，其安装步骤相对于大型商业软件来说要少很多，所需要的时间也较短。同时，工具软件一般专用于某项功能，不一定会长期使用，可删除或卸载计算机中较早版本或很少使用的工具软件，以便节省磁盘空间。

一、工具软件的安装

工具软件的安装方法基本相同。首先，找到安装软件中的可执行文件，其扩展名一般为“exe”。然后用鼠标左键双击（以下简称双击）该可执行文件，便可打开安装向导进行安装。下面以安装“金山打字通”为例说明工具软件的一般安装方法。

1. 在计算机中找到存放“金山打字通”安装程序的文件夹，如图 1-16 所示，打开该目录后，双击金山打字通的可执行安装文件即可开始安装。

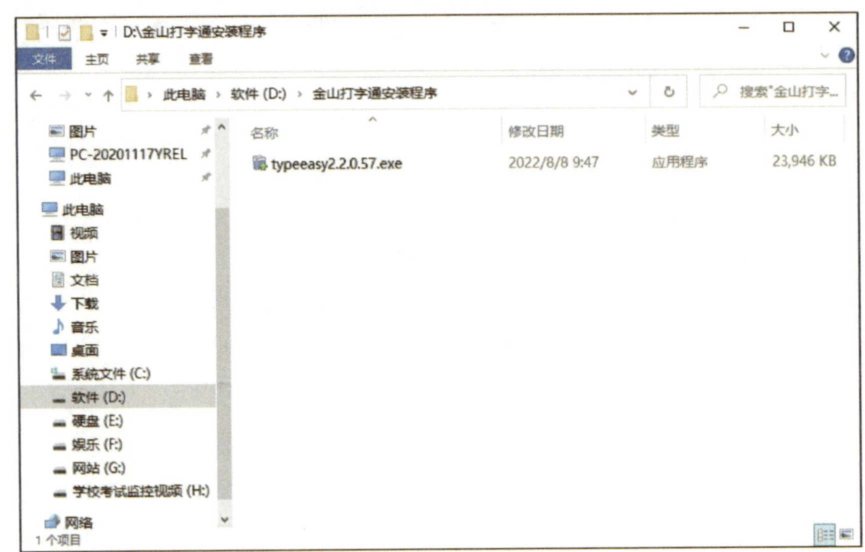

图 1–16 存放“金山打字通”安装程序的文件夹

2. 金山打字通安装文件会自动弹出图 1–17 所示的“金山打字通 2016 安装”对话框，按照提示单击“下一步”按钮，即可进行安装。

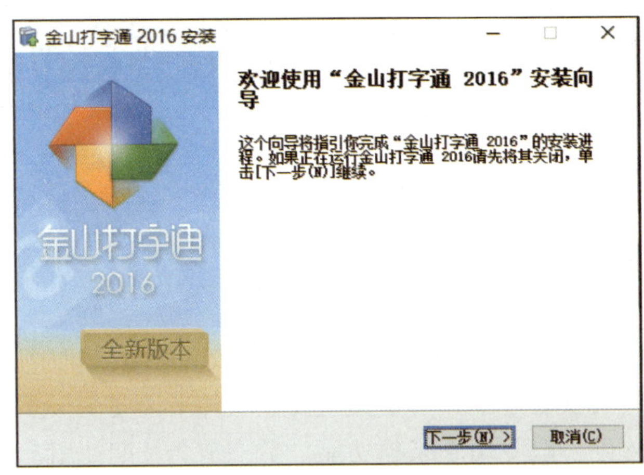

图 1–17 “金山打字通 2016 安装”对话框

3. 在按照提示逐步操作的过程中，有时会有捆绑软件的安装选项，这时应注意识别，如不需要，则需取消勾选，如图 1–18 所示。

4. 安装进度完成后，安装向导显示安装完成界面，如图 1–19 所示，单击“完成”按钮退出安装。操作中注意阅读各复选框的内容，例如，若不需要创建爱淘宝桌面图标，应取消勾选相应选项。

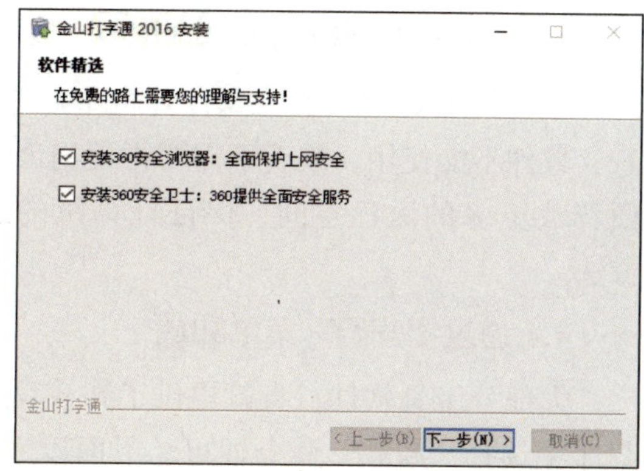

图 1-18　安装时捆绑软件界面

图 1-19　安装向导显示安装完成界面

双击桌面上的快捷方式图标或单击“开始”菜单的“所有程序”中该应用程序的图标，即可打开该程序，进入“金山打字通 2016”首页界面，如图 1-20 所示。

图 1-20　“金山打字通 2016”首页界面

二、工具软件的卸载

成功将工具软件安装到计算机中后就可以使用了，如果对工具软件的功能不满意、软件不能使用，或者不需要再使用该工具软件时，可以将其从计算机中卸载，以便释放更多的磁盘空间，保证计算机的运行速度。下面介绍卸载软件的两种常用方法。

1. 通过“开始”菜单卸载

大部分工具软件自身就提供了卸载程序及快捷方式，只需要在“开始”菜单相应程序中选择“卸载”命令即可。下面以通过“开始”菜单卸载工具软件“美图秀秀”为例讲解操作方法。

（1）单击桌面左下角的“开始”按钮，在弹出的“开始”菜单中选择“所有程序”–“美图”–“卸载美图秀秀”选项，如图 1–21 所示。

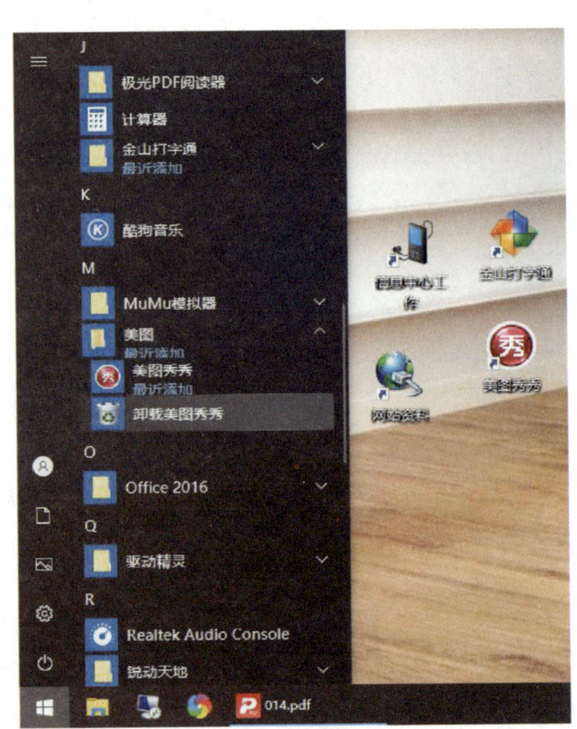

图 1–21 “卸载美图秀秀”菜单

（2）弹出的卸载提示对话框中提示“确定要卸载程序吗?”，由用户确认是否卸载该软件。单击“确定”按钮，开始卸载。

（3）系统弹出卸载进度提示框，提示“正在卸载，请稍候!”。

（4）系统弹出“美图秀秀 4.0.1 卸载”对话框，如图 1–22 所示，单击“确定”按钮后，即完成了工具软件“美图秀秀”的卸载操作。

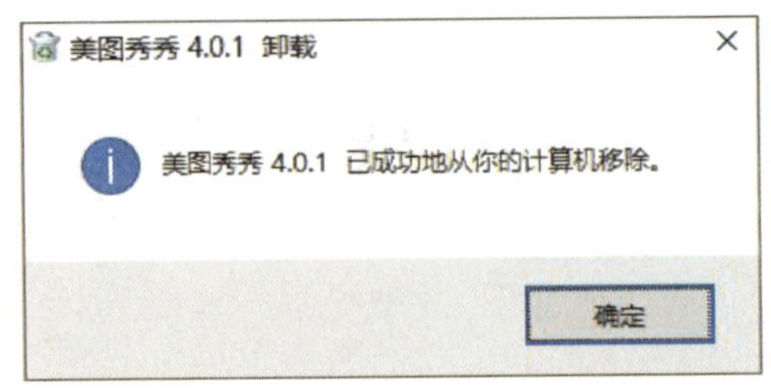

图 1–22 “美图秀秀 4.0.1 卸载”对话框

2. 通过控制面板卸载

有些工具软件在“开始”菜单中找不到相应的“卸载”命令，此时就需要利用操作系统中的“控制面板”进行卸载操作。下面以通过控制面板卸载工具软件“酷狗音乐”为例讲解操作方法。

（1）单击桌面左下角的“开始”按钮，在弹出的“开始”菜单中选择“控制面板”命令，如图 1–23 所示。

图 1-23　在弹出的“开始”菜单中选择“控制面板”命令

（2）在弹出的“控制面板”窗口中单击“程序和功能”选项，如图 1-24 所示。

图 1-24　“控制面板”窗口

（3）选择“卸载或更改程序”列表框中“酷狗音乐”选项，如图 1-25 所示。

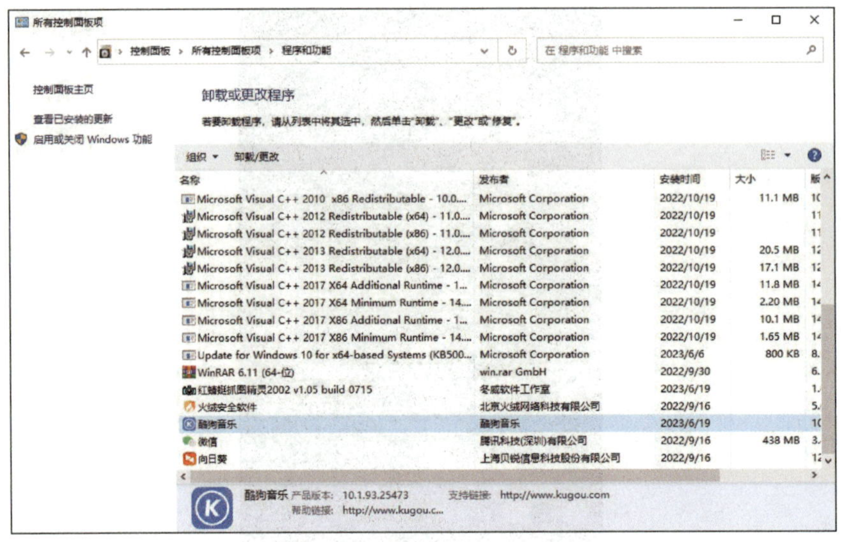

图 1-25　选择“卸载或更改程序”列表框中“酷狗音乐”选项

（4）使用鼠标右键单击（以下简称右键单击）该选项，在弹出的快捷菜单中选择“卸载 / 更改”选项。在弹出的“酷狗音乐卸载”对话框中，根据提示选择是否卸载该软件，然后单击“下一步”按钮，如图 1-26 所示。这里应注意，个别软件为阻止用户卸载，卸载选项上的文字常有一定的误导性，应注意避免选错。

（5）此时，系统开始卸载该软件，并显示出相应的卸载进度。当提示“卸载完成!”后，如图 1-27 所示，单击“完成”按钮，此时已将该软件从计算机中成功卸载。

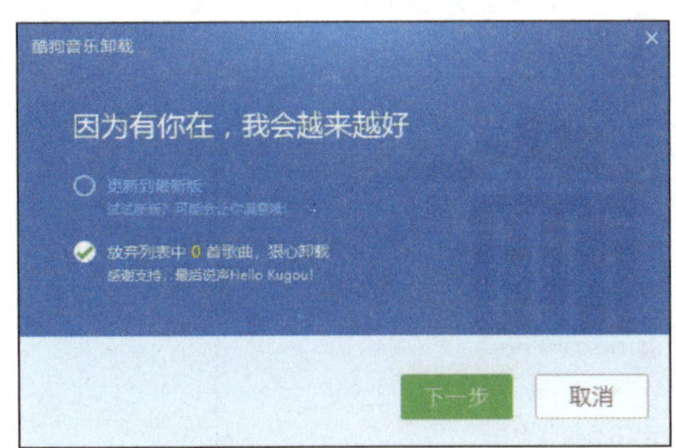

图 1-26　“酷狗音乐卸载”对话框

图 1-27　“卸载完成”对话框

完成上一课题中所下载软件或教师指定软件的安装，运行软件，检查软件安装是

否成功，然后卸载该软件。将练习过程中的主要信息记录在表 1-3 中。

表 1-3　工具软件的安装、卸载练习

项目	说明
软件名称	
软件版本	
安装过程中的操作要点、所遇问题和解决方法	
卸载过程中的操作要点、所遇问题和解决方法	

项目二 办公工具

课题 1　中文输入工具——搜狗拼音输入法的使用

1. 了解常用中文输入法的编码类型。
2. 熟练掌握搜狗拼音输入法的使用方法和特色功能，提高打字效率。

计算机键盘上只有英文字母、数字、符号以及功能按键，因此汉字不能像英文单词一样直接输入，而是需要通过编码，将汉字和键盘上按键的组合对应起来，从而实现汉字的录入，这就需要用到专门的文字输入工具——中文输入法。

一、常用中文输入法的编码类型

汉字编码常用的方式有两种，按读音特征编码的称为音码，按字形（部首）特征编码的称为形码，这与查字典时所用的方法很相似。另外还可以将读音和字形两个特征结合在一起进行编码，称为音形码。除此之外，还可以按照某一指定的规律性不强且排序固定的序列进行编码，称为序号码。

1. 音码

以汉语拼音为基础或按其一定规则的缩写形式为编码元素的汉字输入法编码都是音码。微软拼音输入法、智能 ABC 输入法、搜狗拼音输入法、百度拼音输入法等都是按照拼音来编码的，即属于音码。

2. 形码

以汉字的形状结构及书写顺序特点为基础，按照一定的规则对汉字进行拆分，从而得到若干具有特定结构特点的形状，然后以这些形状为编码元素“拼形”而成的汉字输入法编码属于形码。五笔字型输入法采用的就是形码。

3. 音形码

这是一类兼顾汉语拼音和汉字形状结构两方面特性的输入码，它同时利用音码和形码两者的优点，一方面降低音码的重码率，另一方面减少形码需较多学习和记忆困难的缺点。音形码的设计目标是重码少、易学、少记、好用。

4. 序号码

这是一类基于国标汉字字符集某种形式的排列顺序编码的汉字输入码。将国标汉字字符集以某种方式重新排列以后，以排列的序号为编码元素的编码方案即是汉字的序号码。

二、搜狗拼音输入法的常用功能

从用户使用难度来看，拼音输入法是门槛最低的一类，只要会用汉语拼音、知道汉字的正确读音就可以打字了。由于汉字同音字较多，拼音输入法的一大缺陷就是重码率高，输入一个拼音之后往往需要在众多候选字中进行选择，从而降低了录入的效率。但随着联想输入、词频动态调整、云词库等技术的不断发展，现在拼音输入法的输入效率也已大幅提高，是应用最为广泛的一类输入法。

除了最基本的用拼音进行输入外，软件开发商还提供了众多辅助功能，以进一步提高汉字的输入效率。这里以“搜狗拼音输入法”为例，介绍主流拼音输入法中常见的一些特色功能。

1. 拆分输入

对于一般的音码输入法，当出现不认识的汉字时，就没有办法使用拼音来输入，搜狗拼音输入法为用户提供一种拆分汉字的输入方法来输入不认识的汉字。该功能还可以将汉字的读音在旁边显示出来，便于用户认识汉字。如想输入“犇”又不知道其读音时，可根据字形和笔画顺序将其拆分为牛、牛、牛，然后按照“u+ 各组成部分拼音”的格式，输入“uniuniuniu”，如图 2-1 所示。

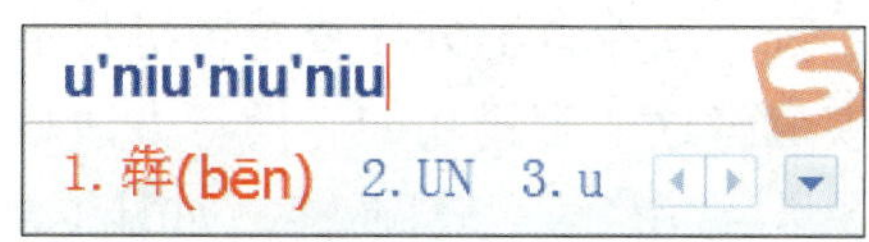

图 2-1　输入“犇”

当一个汉字不能拆成独立的汉字时，也可以使用“u”加笔画来输入。各笔画均使用其名称拼音的第一个字母表示，即横（h）、竖（s）、撇（p）、点（d）、捺（n）、折（z）。如“朩”这个汉字就可以输入“uhspn”，如图 2-2 所示。

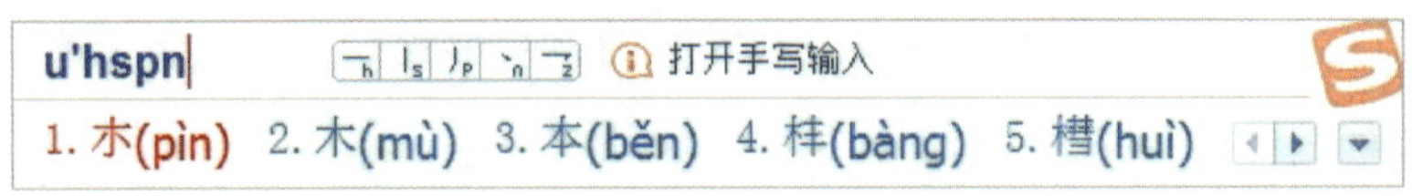

图 2-2　输入“朩”

2. 拆分选字

输入某些不太常用的汉字时，其在同音字中往往排位很靠后，使用“+”或“.”键逐页向后翻找很不方便，这时可用类似上面拆字的思路输入附加信息对候选字进行筛选。其方法是，输入拼音后按 Tab 键，再依次输入该字各组成部分（或偏旁、笔画）的全部或部分名称（或缩写）。例如，输入“朦”字时，可在输入“meng”之后按 Tab 键，再输入“yuemeng”即可，如图 2-3 所示。另外，搜狗拼音输入法在拆字上比较灵活，在按 Tab 键后，不输入完整的拼音，而只输入缩写“ym”、仅输入第一部分“yue”甚至“y”，或依次输入部分笔画“pzh”等，都能起到筛选候选字的作用。

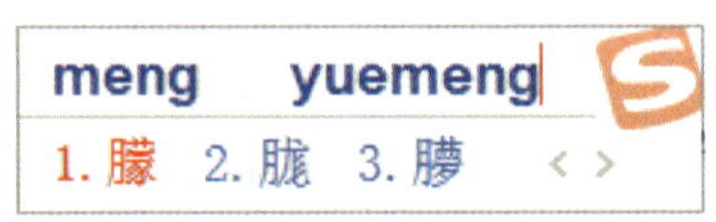

图 2-3　输入“朦”

3. 繁体输入

一些特殊文档排版时需要用到繁体字，在搜狗拼音输入法中只要按下“Ctrl+Shift+F”组合键，即可切换到繁体字输入方式，如图 2-4 所示。

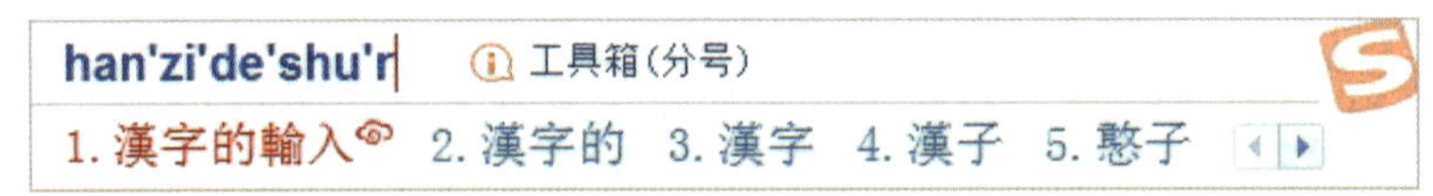

图 2-4　输入繁体字

4. 模糊音输入

考虑到前后鼻音，平舌音、翘舌音不分导致拼音拼写不正确的情况比较普遍，搜狗拼音输入法中还引入了模糊音这一容错功能。设置方法如下：右键单击输入法状态栏，依次选择“属性设置” – “常用” – “模糊音”，如图 2-5 所示，勾选上需要的模糊音即可，如图 2-6 所示。如果还需要其他的模糊音，可以单击“添加”按钮自行添加，如图 2-7 所示。

允许模糊音后，在输入拼音时软件就会进行容错处理，例如“牛奶”正确的拼音是“niunai”，但输入“liunai”时，软件也会给出“牛奶”这一候选词，并提示正确读音，如图 2-8 所示。

图 2-5 “属性设置”对话框

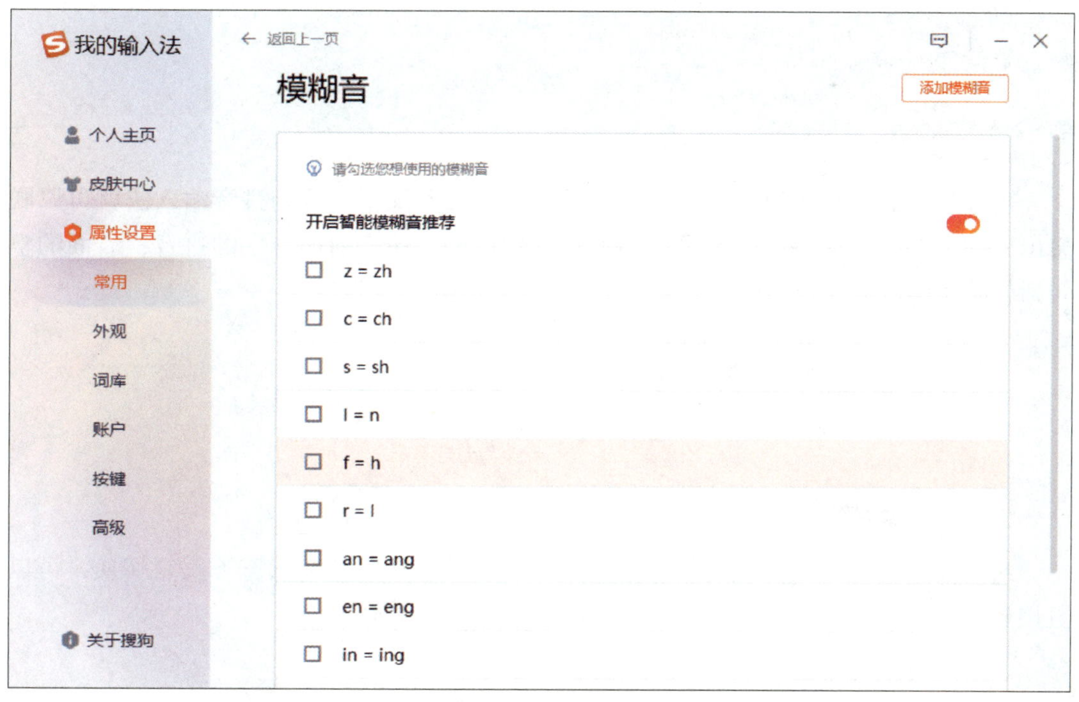

图 2-6 “模糊音”设置复选框

图 2-7 “添加模糊音”对话框

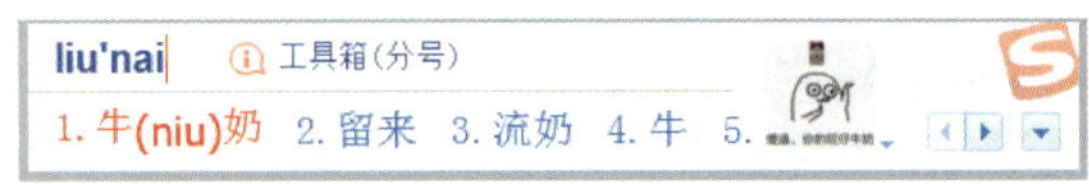

图 2-8 输入“牛奶”

5. 错音提示

输入“烘焙”两个字时，如果误输入为“hongpei”，搜狗拼音输入法不但能将这两个字显示出来，还可以将正确的读音在提示栏中显示出来，纠正用户的读音，如图 2–9 所示。

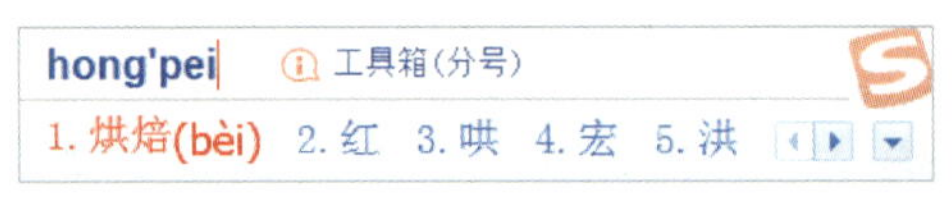

图 2-9 输入“烘焙”

6. 长句联想

输入常见的长句（如诗词等）时，只要输入几个汉字，搜狗拼音输入法就可以联想出完整的句子。如“人生若只如初见”这句诗词，输入前四个字的拼音，后面的整句话就能在候选词列表中显示出来，如图 2–10 所示。

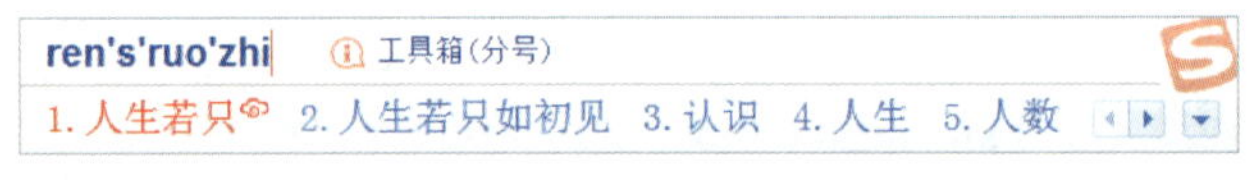

图 2-10 输入“人生若只”

7. 中英文混输

当待输入的一句话中既有中文又有英文时，无须在中英文状态下反复切换，可以直接输入。如输入“我要去 party”，其效果如图 2–11 所示。

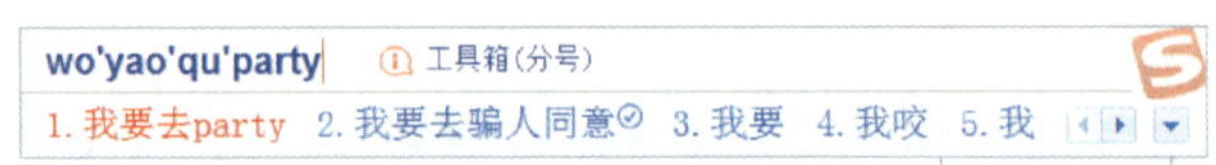

图 2-11 输入“我要去 party”

8. 快速插入日期

搜狗拼音输入法中提供了快速输入日期的方法，只要输入日期的简拼“rq”，候选词提示框中就能将当前的公历和农历日期列为候选词，如图 2–12 所示。

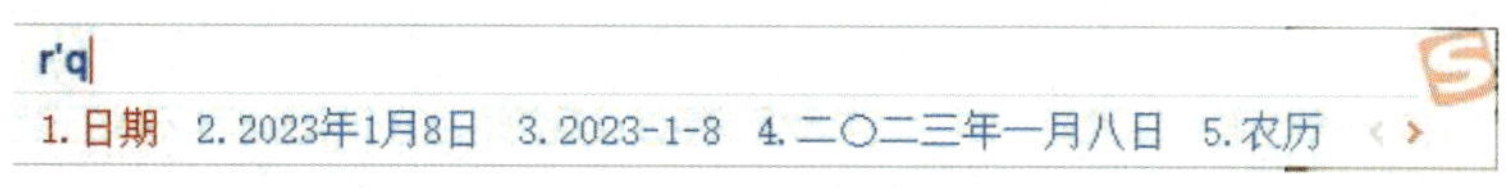

图 2–12　输入“日期”

9. 打字测速

右键单击输入法的状态栏，选择输入统计，弹出“我的输入法”对话框，选择不同的选项卡，就可以查看对应的数据统计，如图 2–13 所示。

图 2–13　“我的输入法”对话框

10. 账号数据同步

搜狗拼音输入法支持用户使用习惯的数据同步功能，可以将用户的常用词库、软件皮肤、习惯设置等信息备份到服务器上。用户在不同的计算机上使用该输入法，只要使用同一账号登录，这些信息就可以全部同步，使用户有相同的使用体验。

11. 语音输入

搜狗拼音输入法还支持语音输入，需要将音频设备的声音调整至打开状态，直接输入语音，即可完成文字的输入，如图 2–14 所示。

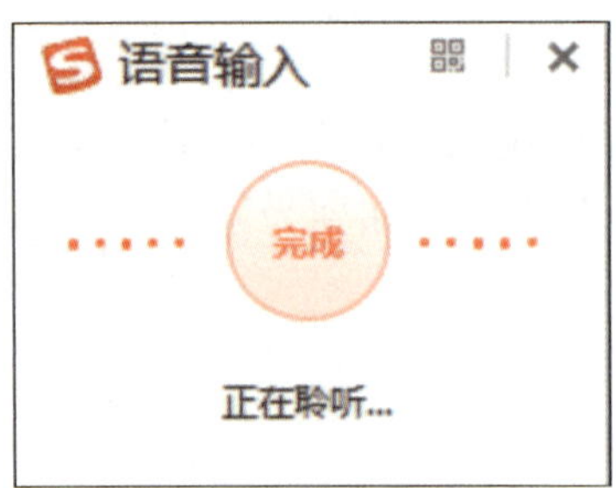

图 2-14 语音输入

任选一篇短文，使用拼音输入法完成录入。录入过程中注意使用各种技巧，提高录入效率。

课题 2 PDF 文件阅读工具——Adobe Acrobat Reader 的使用

1. 了解 PDF 文件的特点。
2. 掌握 Adobe Acrobat Reader 的使用方法。

一、PDF 文件的特点

PDF 是一种电子文件格式，可以将文字、图片等信息封装在一个文件中，该格式的文件还可以包含超链接、声音和动态影像等信息，并支持特大文件，集成度和安全可靠性都较高。PDF 文件的主要优点如下。

1. 阅读方便

通过 PDF 阅读软件，可以在任何计算机上观看、浏览和打印 PDF 文件，并避免不同计算机兼容性上的差异。由源文件转换格式生成的 PDF 文件通常比源文件的体积小很多。

2. 适合打印

PDF 文件以 PostScript 语言图像模型为基础，在任何一台打印机上都可保证内容格式精确、颜色准确的打印效果。

3. 适合在屏幕上阅览

无论用户的显示器是何种类型，PDF 文件精确的颜色匹配能够保证准确再现原文。PDF 文件可以放大到 800% 而丝毫不损失清晰度。

4. 高效的浏览

PDF 创建者可以加入书签或 Web 链接来使 PDF 文件容易浏览，可以直接使用电子化的便签、高亮显示、下画线等对 PDF 文件进行标注。观看时，可以放大和缩小一个文件以适应屏幕和自身的视觉习惯。

5. 加密特性

通过 PDF 阅读软件，用户可以对 PDF 文件的安全性进行设置，如设置文件的访问权限。

6. 跨平台

PDF 文件独立于软件、硬件和创建它的操作系统。用户可以从运行 UNIX 操作系统的网站下载一个由苹果 macOS 操作系统创建的 PDF 文件，然后在 Windows 操作系统中阅读。

7. 打印与注释

PDF 格式支持打印和添加注释等内容，在阅读时可以边读边在所读内容旁边添加注释，方便实用。注释内容也可以保存并打印出来。

二、常用的 PDF 文件阅读工具

随着 PDF 文件应用得越来越广，针对该类文件的阅读工具也越来越多，表 2-1 所列为常用 PDF 文件阅读软件的功能特点。

表 2-1 常用 PDF 文件阅读软件的功能特点

名称	功能特点
Adobe Acrobat Reader	Adobe 公司官方出品的 PDF 阅读器，具有较好的兼容性，可免费使用，但仅可用于阅读等基本功能
Adobe Acrobat	Adobe 公司官方出品的 PDF 阅读和编辑工具，具有较好的兼容性，除阅读等基本功能外还具有强大的编辑功能，需要付费使用
Smart PDF 阅读器	小巧精致，文件载入速度是目前同类产品中最快的

续表

名称	功能特点
福昕阅读器	支持将 PDF 文件转为 Word 文件；支持直接在 PDF 文件中编辑文本；支持在 PDF 文件中添加的编辑形状，可将不同类型的文件有序地合并成一个 PDF 文件包
迅读 PDF 大师	启动速度极快，占用内存极少；提供多种阅读模式，支持全屏、幻灯片模式；查找和目录功能使阅读更加精准；除 PDF 格式外，还同时支持 EPUB、MOBI 等多种文件格式；提供 PDF 转换功能，可导出 Word、Excel、PowerPoint 等 Office 文件的格式

三、Adobe Acrobat Reader DC 软件的使用

1. Adobe Acrobat Reader DC 软件的操作界面和快捷键

（1）Adobe Acrobat Reader DC 软件的操作界面

Adobe Acrobat Reader DC 较之前的版本，在操作界面上有了很大的变化，图标迎合了当前的流行趋势，从立体化变得扁平化，同时新的工具界面与更自由化的自定义工具让其变得更加易于操作。其主界面主要包括标题栏、菜单栏、标签栏等，如图 2–15 所示。

图 2–15　Adobe Acrobat Reader DC 主界面

（2）Adobe Acrobat Reader DC 软件的常用快捷键

在使用 Adobe Acrobat Reader DC 时，要想提高阅读效率，一些常用的快捷键是必

不可少的，该软件中常用的快捷键见表 2-2。

表 2-2　Adobe Acrobat Reader DC 常用的快捷键

名称	快捷键	功能
打开	Ctrl+O	打开计算机中的 PDF 文件
翻页	PageUp/PageDown Home/End	进行快速翻页
缩放	Ctrl+ 滚轮 Ctrl+ “+” /Ctrl+ “–”	进行缩放页面的大小
平移	空格 + 拖动鼠标	在任何状态下（打字时除外），可以实现视图的平移

2. Adobe Acrobat Reader DC 的基础功能

（1）选择与复制对象

在使用 Adobe Acrobat Reader DC 阅读 PDF 文件时，可以选择并复制文件中所需的文本和图像，然后将它们粘贴到 Word 或记事本等文字处理软件中。具体操作如下。

1）在软件工作界面中直接按 Ctrl+O 组合键，弹出“打开”对话框，在其中选择需阅读的文件后，单击“打开”按钮。

2）单击工具栏中的“增加放大率”按钮，每单击一次将会按一定比例放大当前文件的内容，直到将放大率设置为 100% 时停止单击，如图 2-16 所示。

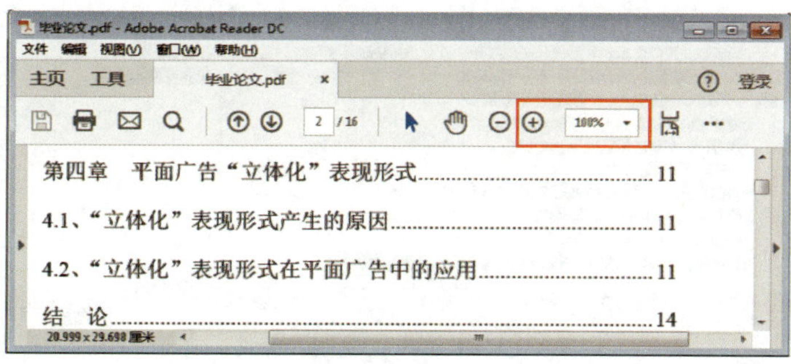

图 2-16　放大工具

3）使用工具栏中的“文本和图像选择工具”，如图 2-17 所示。

4）将鼠标指针移至文档浏览区中，当其变为 I 形状时，在需选择文本的起始点单击并按住鼠标左键进行拖动，直到目标位置后释放鼠标，此时被选中文本的背景将变为蓝色，如图 2-18 所示。

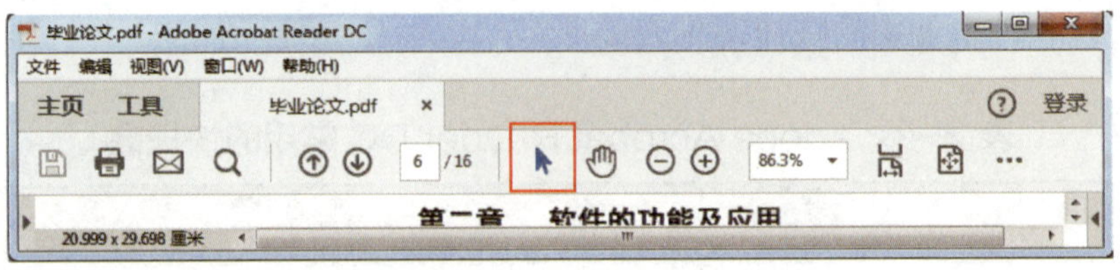

图 2-17　选择工具

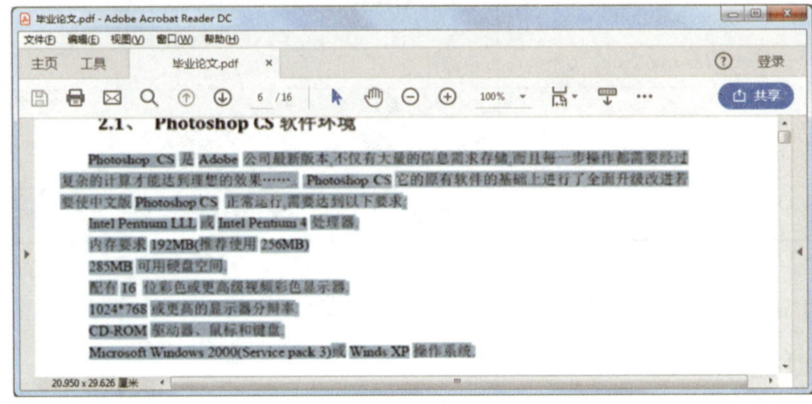

图 2-18　选中要复制的文本

5）在已选择的文本中右击，在弹出的快捷菜单中选择“复制”命令，如图 2-19 所示。

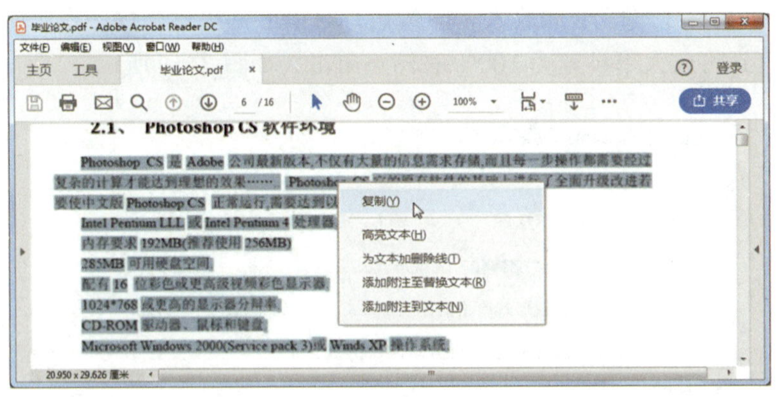

图 2-19　选择“复制”命令

6）启动 Word 文档，在其工具栏中单击“粘贴”按钮或直接按 Ctrl+V 组合键，将在 PDF 文件中选择的文本复制到 Word 文档中，如图 2-20 所示。

7）回到 PDF 文件中复制图片。再次使用文本和图像选择工具，单击图片，图片背景变为蓝色后右击复制图像，如图 2-21 所示。

8）打开 Word 文档，在其工具栏中单击“粘贴”按钮或直接按 Ctrl+V 组合键，将在 PDF 文件中选择的图片复制到 Word 文档中，如图 2-22 所示。

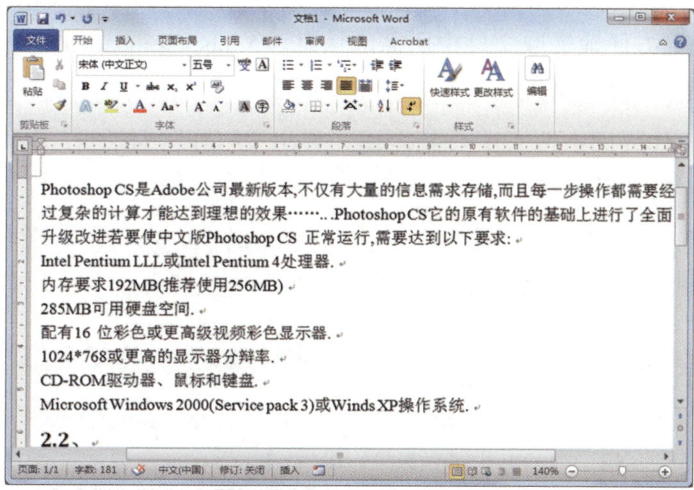

图 2-20　粘贴所选文本

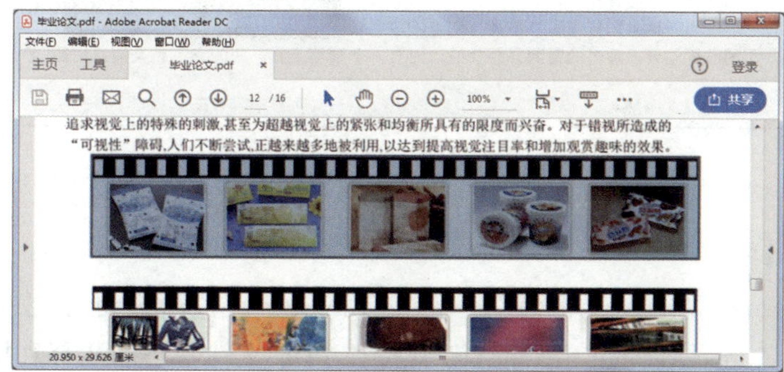

图 2-21　选中复制图像

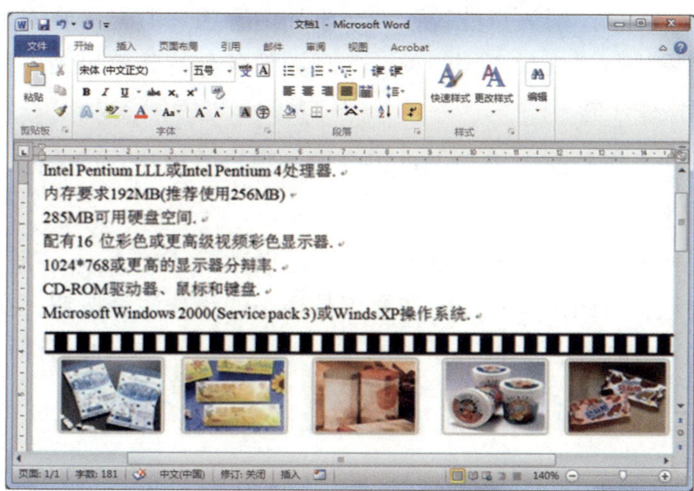

图 2-22　粘贴复制图像

（2）查找文本

在阅读 PDF 文件时，有时需要通过某个关键字或关键词来查找相关的内容，以便提高阅读速度，更方便地提取文件中所需的信息。Adobe Acrobat Reader DC 软件提供了查找文本的功能。下面举例说明。

1）在软件工作界面中按 Ctrl+O 组合键，弹出“打开”对话框，在其中选择需阅读的文件后，单击“打开”按钮。

2）按 Ctrl+F 组合键，打开查找文本状态栏，如图 2-23 所示。在状态栏中输入欲查找的文本，如此处的“STAMP”，单击“下一个”按钮即可逐个查看文件中相应内容。

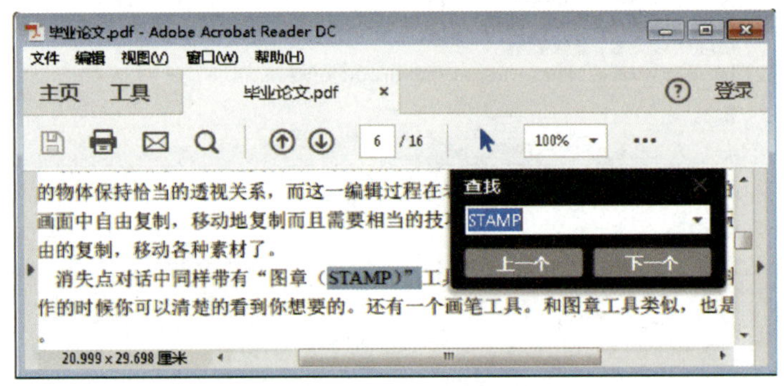

图 2-23 “查找”命令窗口

（3）注释和标记

在阅读书籍、稿件时，经常会对一些重要的文字、段落进行标记或注释，以便下次阅读时查看。Adobe Acrobat Reader DC 支持在 PDF 文件中添加注释和标记。

1）添加注释

下面以为文件中的“消失点滤镜”文字添加内容为“消失点滤镜是允许您在包含透视平面的图像中进行透视校正编辑的，实现图像各种特殊效果的一种滤镜”的注释为例，说明具体操作步骤。

首先，在软件工作界面中按 Ctrl+O 组合键，弹出“打开”对话框，在计算机中找到并打开所需文件。

然后，按 Ctrl+F 组合键，打开查找状态栏。在状态栏中输入“消失点滤镜”，单击“下一个”按钮，找到该文本后，选择工具栏中的添加注释按钮，在该文本位置单击，弹出注释栏，在注释栏中输入所需的文本，单击“发布”按钮即可生成注释，如图 2-24 所示。

2）添加标记

在阅读一篇文章时，往往需要标注一些重点内容，方便下次阅读时能更有针对性，

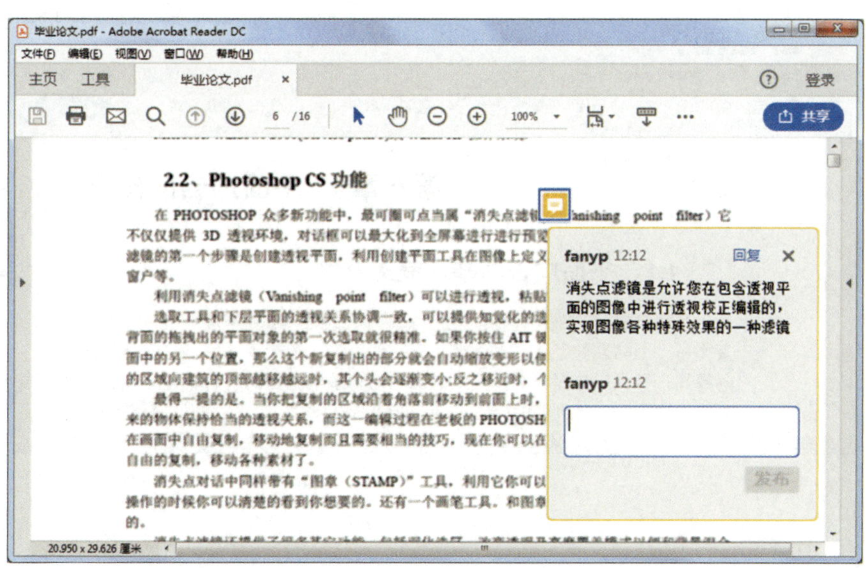

图 2-24 添加注释

下面举例说明在 PDF 文件中添加重点标记的操作步骤。

首先，打开所需文件后，选择工具栏中的标记按钮，如图 2-25 所示。

然后，按住鼠标左键拖动鼠标，选中需要标记的文本，此时当前文本会以黄色底纹显示，如图 2-26 所示。

将文章中重点位置都添加标记后，对文件进行保存，下次阅读时，还能看到已经添加好的标记。

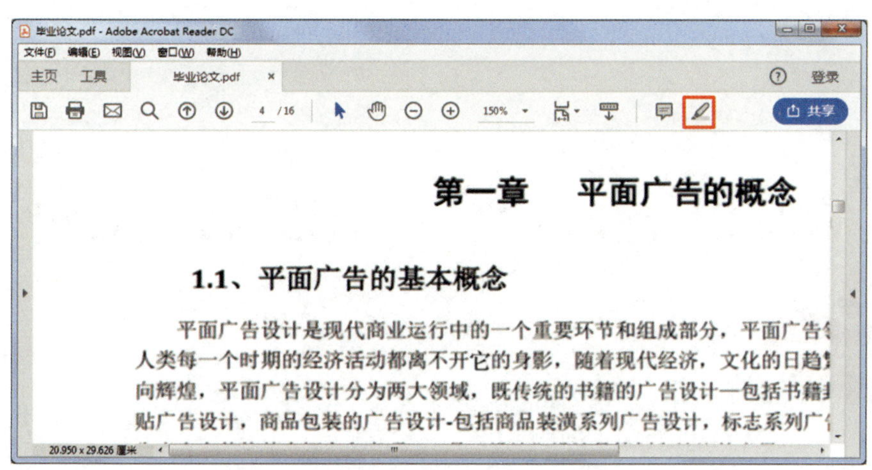

图 2-25 标记按钮

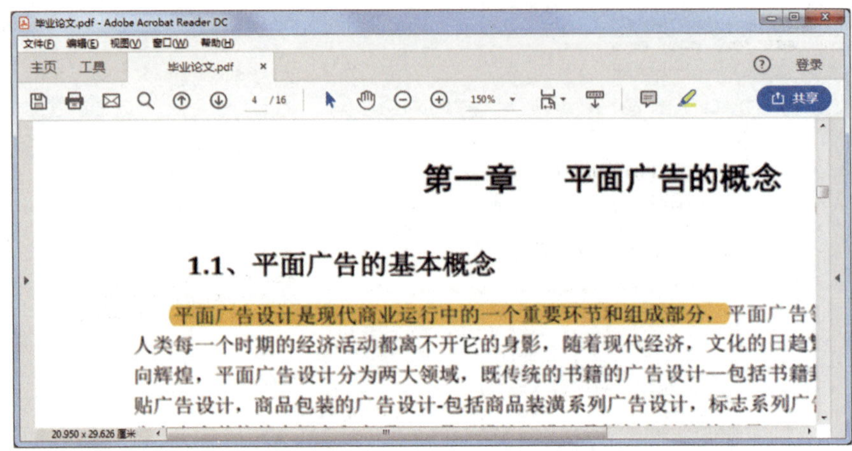

图 2-26　选中文本并标记

根据教师要求，使用 Adobe Acrobat Reader DC 软件浏览一篇 PDF 文件，完成以下任务。

1. 查找指定关键词句，使用注释功能进行标记，并复制到 Word 文档中保存。
2. 找到指定图像，并将其复制到 Word 文档中保存。

课题 3　翻译工具——有道词典的使用

1. 了解常用翻译工具的功能特点。
2. 能使用有道词典查询单词、翻译文本。

一、常用翻译工具

在平时浏览网页或阅读文章时，都会或多或少遇到几个不认识的英文单词，在写文章时，有时也需要将中文翻译成英文。传统的方法是使用纸质的英汉或汉英词典，查找起来较为麻烦，而且新词汇不能及时更新。随着计算机和互联网的普及，出现了越来越多的翻译工具，提供了多种方式，以方便用户使用。

如常用的百度翻译、谷歌翻译，在计算机上主要为网页形式，地址分别为 http://fanyi.baidu.com 和 http://translate.google.cn。凭借服务器上海量的数据，这些网站可以为用户提供全面的查询结果，对于单词的查询，可以提供来自多个权威词典的详尽解释、丰富的例句以及标准的音频发音示例；对于整句、整段文字，可以做到实时翻译。百度翻译还针对部分浏览器提供了插件，可实现划词翻译等功能。

各类翻译和词典软件中，客户端软件形式的代表是有道词典。有道词典集成了中、英、日、韩、法等多语种的专业词典，切换语言环境，即可快速翻译所需内容。

除了在计算机上使用，各类主流翻译工具还都提供了在手机和平板电脑等智能设备上使用的版本，在原有基础上，还可以结合智能设备本身的功能特点提供更为便捷的功能，如利用摄像头直接扫描文字进行翻译、对屏幕上的内容进行文字识别并实时翻译等。

二、有道词典的使用

本课题以有道词典软件为例，介绍其基本功能和使用方法。

1. 单词查询

（1）在“开始”菜单中选择“有道词典”命令，启动有道词典，并进入其主界面，如图 2-27 所示。

图 2-27　有道词典主界面

（2）系统默认选择“查询”选项卡，在文本框中输入需要查询的单词，如“qualified”，内容显示框中即可显示该单词的简短解释，如图 2–28 所示。

图 2–28 “查询”选项卡界面

（3）按下 Enter 键可以查看该单词的详细解释，将鼠标移至内容显示中音标右侧的声音图标上，即可收听到该单词的标准发音，如图 2–29 所示。

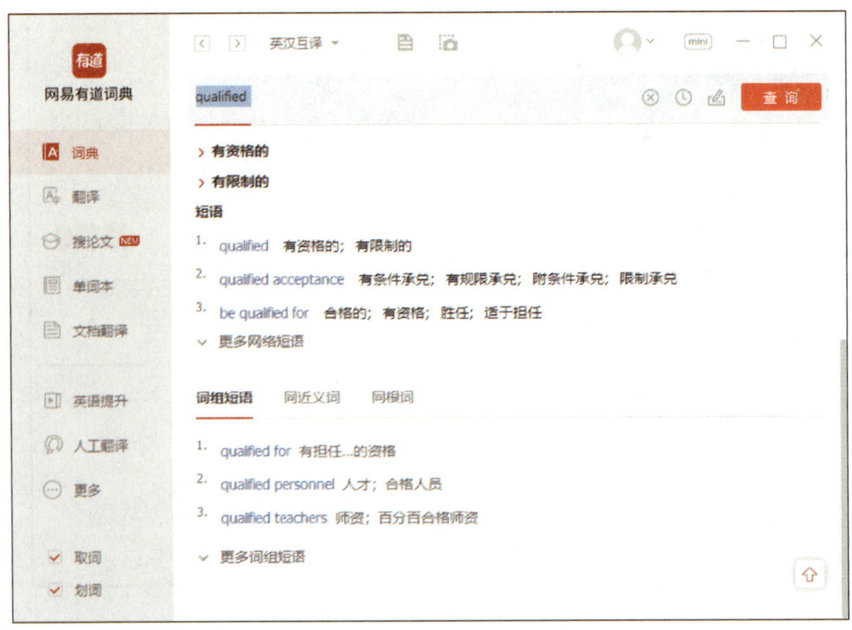

图 2–29 查询单词详细介绍界面

（4）拖动滚动条即可显示该单词在不同词典中的解释，以及与该单词相关的词组短语、同义词等多项内容，如图 2–30 所示。

图 2–30　查看相关的短语和例句

2. 屏幕取词

屏幕取词是指当鼠标指针移至屏幕上任何出现文字的位置时，将自动弹出一个浮动窗口，如图 2–31 所示，在其中显示所指向单词的释义、音标等内容。

在有道词典主界面中，勾选“取词”复选框，如图 2–32 所示，就能打开屏幕取词功能，如不想使用，取消勾选即可。

单击图 2–31 中的“更多释义”选项，即可打开该词语的详细介绍，如图 2–33 所示。

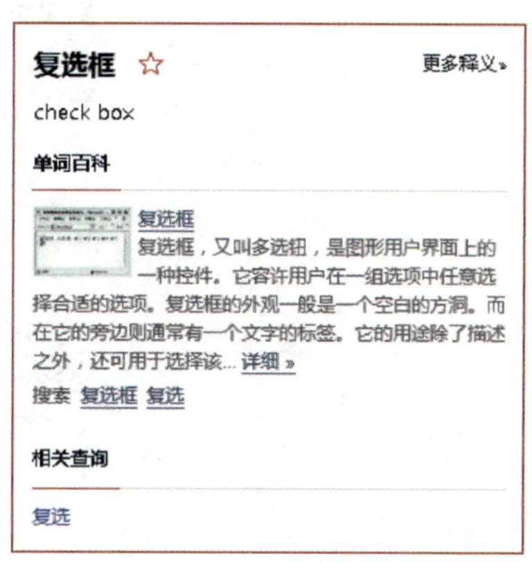

图 2–31　屏幕取词效果图

3. 全文翻译

单击“翻译”选项，在文本框中输入一段文本后，程序会自动进行语言检测，也可以单击语言选择框自主选择翻译环境，单击“自动翻译”按钮即可查看翻译结果，如图 2–34 所示。

图 2-32 “取词”复选框

图 2-33 所取词语的详细解释界面

4. 速查功能

输入查询词时，程序会根据当前输入的内容实时输出与之相符的单词或词组，无须按 Enter 键即可浏览该词条的基本翻译，如图 2-35 所示。如果还希望查看包括网络释义和例句在内的完整解释，只需在输入完毕后按 Enter 键即可。完整解释界面如图 2-36 所示。

图 2-34　全文翻译界面

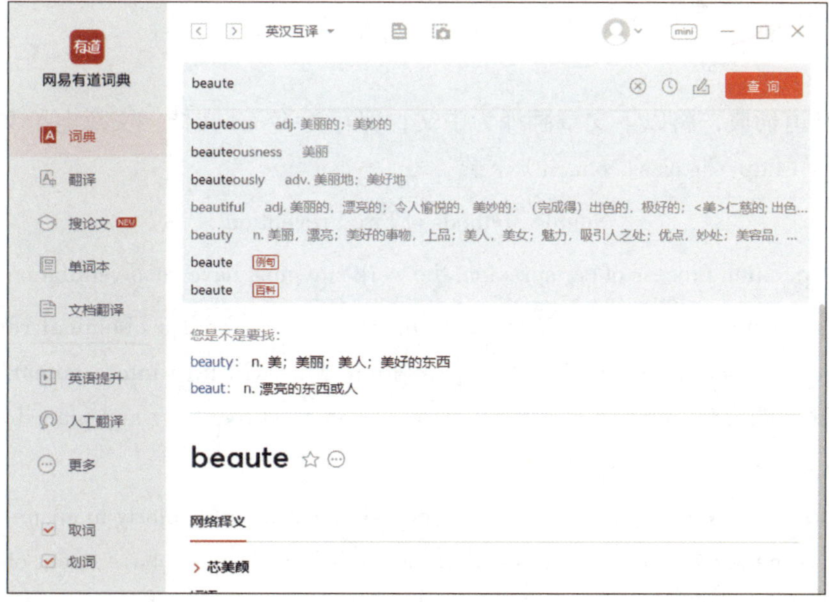

图 2-35　速查功能界面

图 2-36　完整解释界面

利用有道词典，将以下文章翻译为中文，保存为 Word 文档。文章电子文档可通过技工教育网（http://jg.class.com.cn）下载。

Simple Methods of Fire Prevention

In the operation process of car spraying, the work site must have good ventilation.

Different wiping materials soaked with oil may bring about a chemical reaction and gradually release heat in a long-term accumulation. This will turn into a potential security problem. Therefore, these wiping materials must be cleaned regularly and placed in a closed metal container.

We must prepare enough fire extinguishers and check them regularly to ensure the safety. Once a fire is found, we should raise the alarm immediately. Then we have to cut off the power supply and close the windows and doors of the adjacent workshop to prevent the fire from spreading.

课题 4　文件压缩工具——WinRAR 的使用

1. 了解文件压缩工具的功能。
2. 掌握使用 WinRAR 压缩和解压缩文件、文件夹的操作方法。
3. 掌握使用 WinRAR 制作自解压文件的操作方法。
4. 掌握使用 WinRAR 对压缩文件进行加密压缩和解密的操作方法。

一、文件压缩工具的功能

文件压缩工具的功能就是对文件进行压缩，减小文件占用的磁盘空间。除此之外，文件压缩工具还可以将多个文件、文件夹“打包”成一个压缩文件，在解压缩时再按原结构恢复，这就为文件的传输提供了很大便利。同时，在文件压缩过程中，还可以对文件压缩包进行加密，只有使用正确的口令才可以进行解压缩，从而保障文件的安全。

常用的文件压缩工具有很多，如 WinRAR、360 压缩、7-Zip 等，其功能大同小异。本课题以 WinRAR 为例介绍这类软件的使用方法。WinRAR 界面友好，使用方便，压缩率高，除了 RAR 和 ZIP 格式外，还支持 ARJ、CAB、LZH、TAR、UUE、BZ2、JAR、ISO 等多种格式，同时还支持创建自解压文件。

二、WinRAR 的使用

WinRAR 支持多种文件格式，在安装过程中，可根据实际需要选择关联文件，如图 2-37 所示。关联后，双击相应格式的文件将默认使用 WinRAR 打开。WinRAR 主界面如图 2-38 所示。

图 2-37　WinRAR 安装向导－选择关联文件

1．压缩文件

WinRAR 既可以和其他软件一样，通过打开软件主界面进行操作，也可以利用鼠标右键快捷菜单进行快捷操作。

（1）一般压缩

1）在图 2–38 所示主界面中选择要压缩的文件或文件夹。

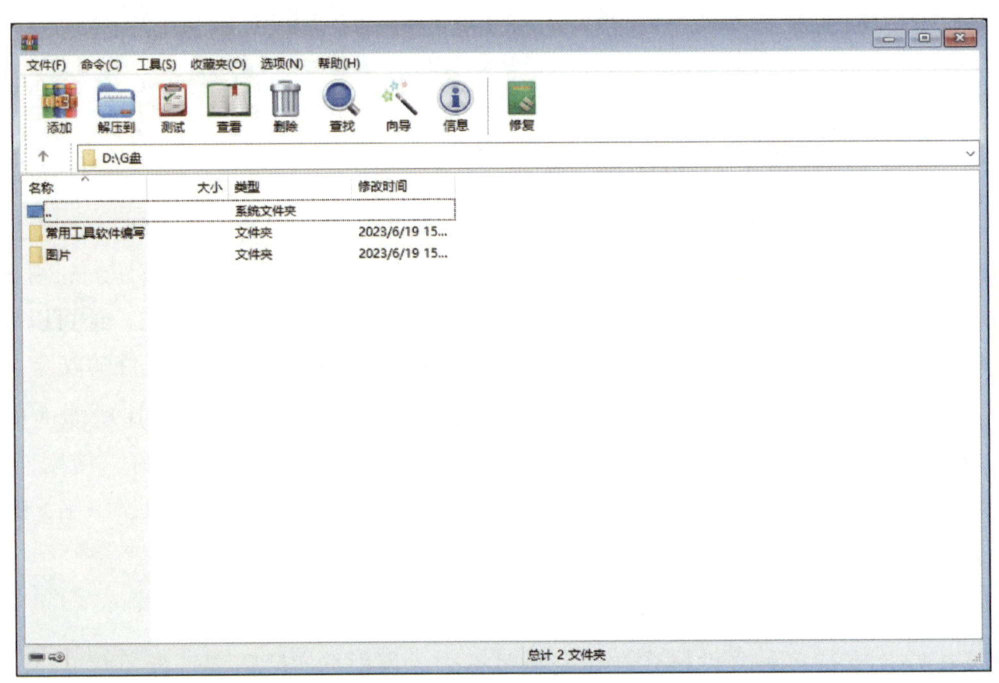

图 2–38　WinRAR 主界面

2）单击 WinRAR 窗口工具栏上的“添加”按钮，弹出“压缩文件名和参数”对话框，如图 2–39 所示。在“常规”选项卡中的“压缩文件名”文本框中输入压缩文件保存路径和文件名，或直接接受默认名。如果不指定保存路径，则保存到原文件所在的目录中。

在该对话框中还有“压缩文件格式（RAR、RAR4、ZIP）”“压缩方式”“字典大小”“压缩为分卷，大小”“更新模式”“压缩选项”等选项，可根据需要进行选择。

“压缩文件格式（RAR、RAR4、ZIP）”选项提供三种文件格式，不同的文件格式采用不同的算法，其压缩效果也略有不同，可根据需要进行选择。RAR 格式压缩比更高，但需要安装支持该格式的软件才能压缩和解压缩；RAR4 格式的文件名后缀也是“.rar”，但使用了更高效的算法，因此低版本的文件压缩工具可能无法对该格式的文件进行解压缩；ZIP 格式通用性强，Windows7 操作系统本身就自带对该格式压缩和解压缩的功能。

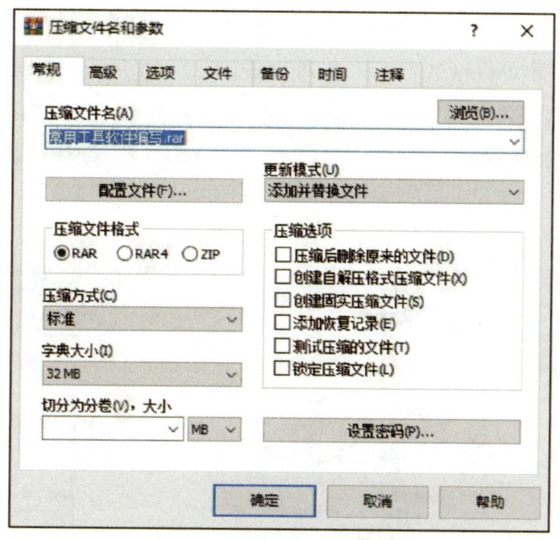

图 2-39 “压缩文件名和参数”对话框

“压缩方式”包括“最好”“标准”“最快”等选项，可根据时间和存储空间需求进行选择。

“字典大小”用于设置压缩过程中所使用字典的大小。字典是指被压缩算法使用的内存区域，用来查找和压缩重复数据，字典越大，压缩后的文件越小，但压缩速度就越慢，占用内存就越多。应根据所用计算机的实际性能和时间、存储空间需求等合理设置，通常选用默认值即可。

WinRAR 不仅支持将多个文件“打包”为一个文件，也支持将一个文件分解为多个压缩包。电子邮箱的普通附件大小通常都有限制，如不想使用需要借助邮箱服务器存储的超大附件功能，则可用此方法将文件分解，分别发送。利用“压缩为分卷，大小”选项即可进行该设置，软件将按照指定的每个压缩包（称为每个分卷）的大小进行压缩，设置时需注意选项中分卷大小的单位。

若保存压缩文件的目标文件夹中已有同名压缩文件，WinRAR 不会简单地对其进行替换，而是实现更新功能，更新时压缩包中新旧文件之间关系的处理方式可在“更新方式”中进行设置。

“压缩选项”中列举了若干复选框，可根据需要按照提示进行勾选。其中，若勾选“创建固实压缩文件”，可以进一步提高压缩性能，但在解压缩时，如果只想解压其中部分文件，也需要对整个压缩包进行分析，故速度较慢。

3）参数设置后，单击“确定”按钮，即可完成压缩操作。

（2）快捷压缩

快捷压缩即用单击鼠标右键展开的快捷菜单进行压缩操作。

在资源管理器中选中待压缩的文件或文件夹后，单击鼠标右键，在弹出的快捷菜单中选择“添加到压缩文件（A）...”选项，如图 2-40 所示，即可立即执行文件夹的压缩。压缩完成后，在原文件夹中将会出现一个名为“××××.rar”的压缩包文件。如需进入软件主界面进行各项设置，则可在右键快捷菜单中选择“添加到压缩文件”选项。

图 2-40 快捷压缩文件操作

2. 解压缩文件

与压缩相反的操作称为解压缩，WinRAR 可以解压缩多种格式的文件。

（1）一般解压缩

1）双击待解压缩的文件，进入 WinRAR 主界面。

2）单击工具栏上的“解压到”按钮，弹出“解压路径和选项”对话框，如图 2-41 所示。

3）在“常规”选项卡中的“目标路径”下拉菜单中输入解压路径，或者接受默认路径，也可在右侧树状目录中选择目标文件夹。

4）单击“确定”按钮即可开始进行解压缩操作。

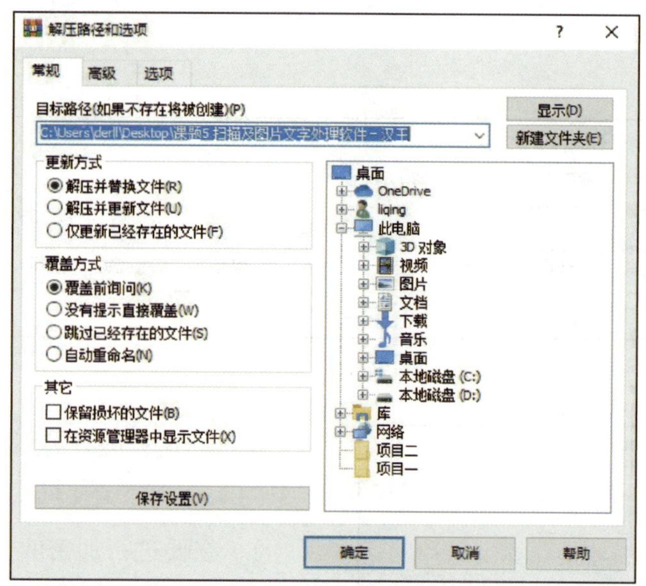

图 2-41　“解压路径和选项”对话框

（2）快捷解压缩

在需要解压的文件上单击鼠标右键，在弹出的快捷菜单中选择“解压到当前文件夹”选项，可以直接将文件解压到当前文件夹。

在弹出的快捷菜单中选择“解压到 ××××\”，可以在当前目录下创建一个与压缩文件同名的文件夹，并将压缩文件解压到该文件夹中。如果压缩包中根目录下有较多文件，建议选择此选项，以避免与目标文件夹中原有的内容混淆。

（3）部分解压缩

除了将压缩包完整地解压缩出来，WinRAR 还支持仅提取其中的部分文件。双击打开压缩文件，选中需要提取的文件（可配合 Shift 键或 Ctrl 键选择多个文件），直接按住鼠标左键拖拽到目标文件夹即可。

3. 创建自解压文件

创建自解压文件，即创建一个后缀为“.exe”的可执行文件，其好处在于在其他计算机中无须安装压缩软件就能对压缩文件进行解压，具体创建方法如下。

在图 2-39 所示对话框中选择“常规”选项卡，在“压缩选项”组下勾选“创建自解压格式压缩文件”复选框，单击“确定”按钮，即可在原压缩文件所在的目录中创建一个文件名为“××××.exe”的自解压文件。

此外，还可以将已生成的压缩文件转换为自解压文件，其方法是，打开该压缩文件，在 WinRAR 主界面单击工具栏的“自解压格式”图标，如图 2–42 所示。在打开的图 2–43 所示对话框中选择“自解压格式”选项卡，设置完成后，单击“确定”按钮即可。

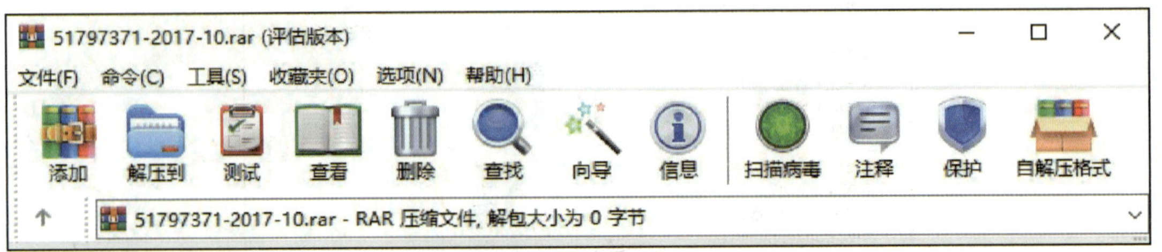

图 2–42　创建自解压文件按钮

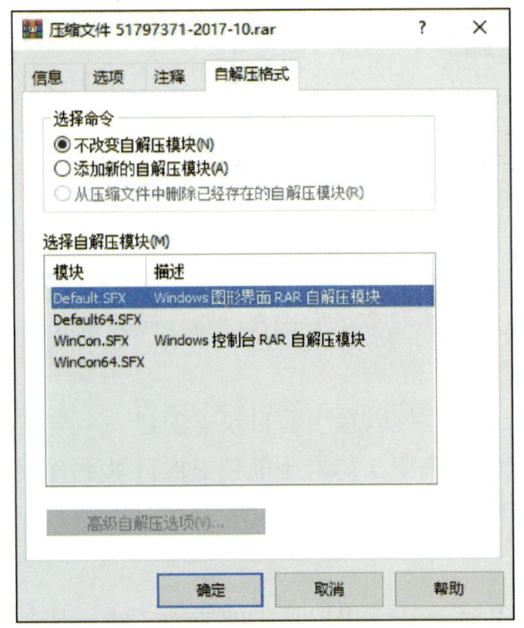

图 2–43　自解压格式设置

4. 加密和解密压缩文件

（1）加密压缩文件

1）在要进行加密的文件或者文件夹上单击鼠标右键，在弹出的快捷菜单中选择“添加到压缩文件”选项，弹出“压缩文件名和参数”对话框。

2）选择“常规”选项卡，单击“设置密码”按钮，弹出“输入密码”对话框，如图 2–44 所示，在对话框中输入密码，密码以●号显示。单击“确定”按钮，即可开始加密压缩该文件或文件夹。其中，若勾选“加密文件名”复选框，则会在用户试图双击打开压缩包时，直接弹出输入密码的界面，而不显示压缩包内的内容；若未勾选，则仍会进入 WinRAR 主界面，显示压缩包内的内容，在执行解压缩操作时才会提示输入密码。

（2）解密压缩文件

执行解压缩操作时将弹出“输入密码”对话框，如图 2–45 所示。若输入的密码正确，则解压成功；若输入的密码不正确，则会弹出“错误”对话框，如图 2–46 所示，提示密码不正确，解压不成功。

图 2-44　设置密码

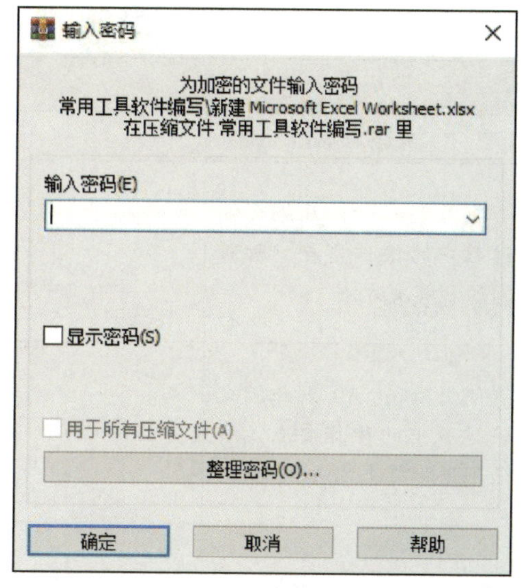

图 2-45　“输入密码”对话框

图 2-46　“错误”对话框

技能训练

使用 WinRAR 对指定的文件或文件夹进行压缩，然后再使用 WinRAR 解压缩，练习过程中注意尝试、体会各个不同参数设置的区别。使用自解压文件方式重复练习。将练习过程中的主要信息记录在表 2-3 中。

表 2-3　WinRAR 使用练习

项目	说明
软件版本	
使用 WinRAR 压缩文件过程中的操作要点、所遇问题和解决方法	
使用 WinRAR 解压缩文件过程中的操作要点、所遇问题和解决方法	
使用 WinRAR 创建自解压文件过程中的操作要点、所遇问题和解决方法	

课题 5　扫描及图片文字处理工具——汉王的使用

1. 掌握软件的安装方法。
2. 掌握图片扫描的方法。
3. 掌握扫描后图片的处理方法。
4. 掌握图片文字识别的方法。

目前，许多信息资料需要转化为电子文档以便于各种应用及管理，但因信息数字化处理的方式落后，不但费时费力，而且资金耗费巨大，造成了大量文档资料的积压，因此急需一种快速高效的软件系统来满足这种海量录入需求。汉王正是适用于个人、小型档案馆、小型企业进行大规模文档输入、大量资料电子化的软件系统。

一、软件的安装与启动

软件汉王的安装操作步骤如下。

1. 打开软件安装包窗口如图 2–47 所示，双击安装程序 Setup.exe 文件，弹出“欢迎使用汉王”安装界面，如图 2–48 所示。

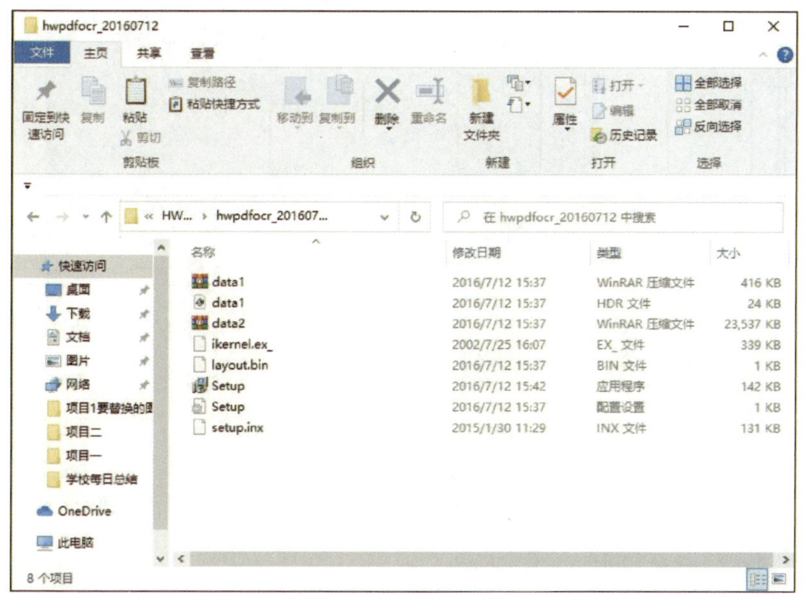

图 2–47 安装包窗口

2. 单击“下一步”按钮，并进行安装路径设置及注册码的输入，安装完成后弹出安装完成界面，如图 2–49 所示，单击“完成”按钮，结束安装操作。

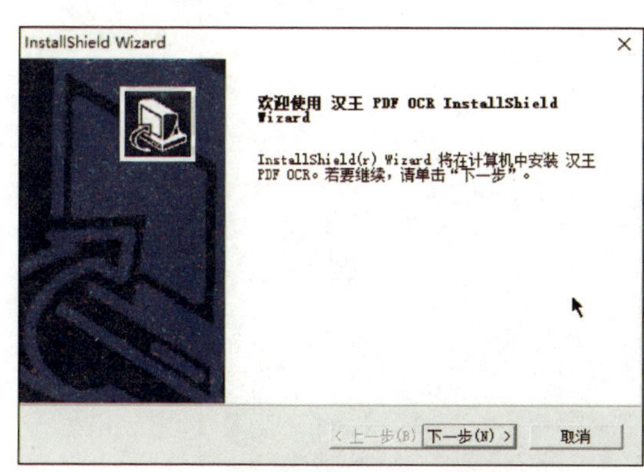

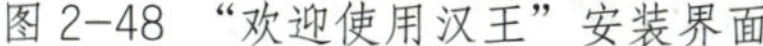
图 2–48 “欢迎使用汉王”安装界面

图 2–49 安装完成界面

3. 可双击桌面安装后的快捷图标，弹出“汉王 PDF OCR”主界面，如图 2–50 所示。

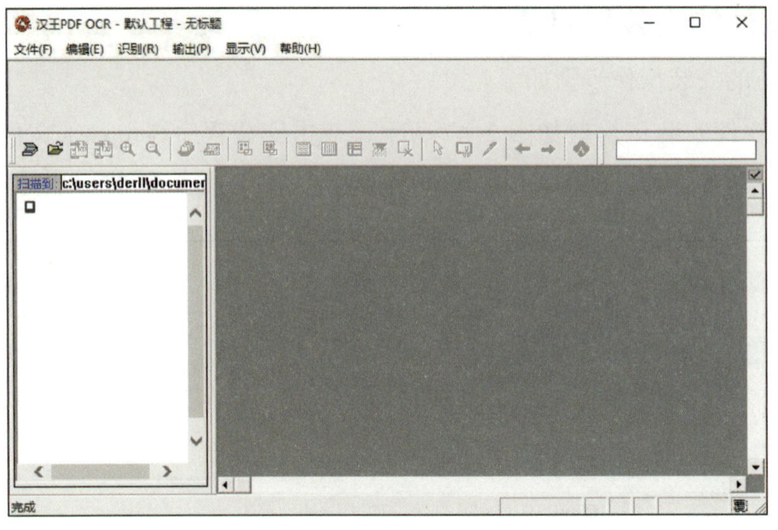

图 2-50 “汉王 PDF OCR”主界面

二、扫描的准备

1. 连接扫描仪

在进行扫描操作前，要先将扫描仪与计算机进行连接，操作步骤如下。

（1）先安装好扫描仪的驱动程序。

（2）将扫描仪连接到安装好汉王的计算机上，测试扫描仪是否能正常使用。

（3）测试完成后，打开汉王软件，依次单击“文件”-“选择扫描仪”选项，如图 2-51 所示。

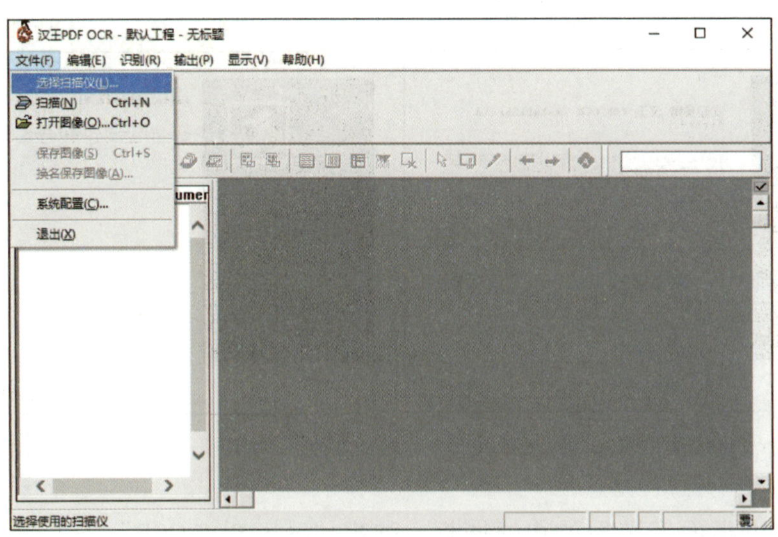

图 2-51 选择扫描仪菜单

（4）在弹出的“选择来源”对话框中选择扫描仪，如图 2-52 所示，单击“选定”按钮，即可完成扫描仪的连接。

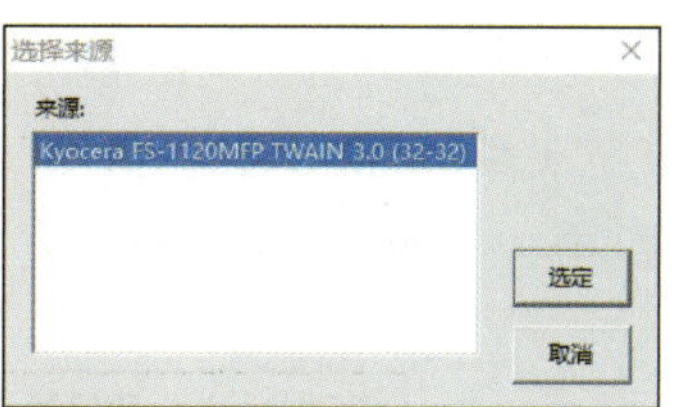

图 2-52　“选择来源”对话框

2. 扫描设置及操作

（1）将需要扫描的文档放在扫描仪面板上，依次单击“文件”-“扫描”选项，如图 2-53 所示。

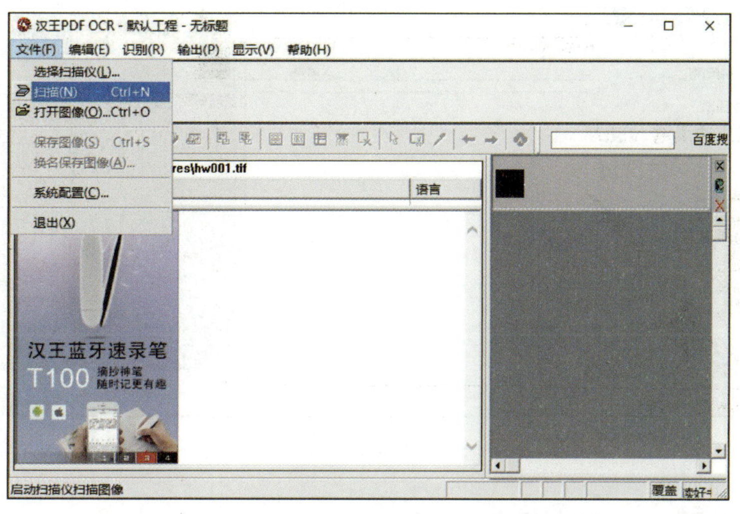

图 2-53　“扫描”选项

（2）在弹出的扫描对话框中可以对扫描选项进行所需要的设置，设置完成后单击“扫描”按钮，即可开始扫描文件，如图 2-54 所示。也可以先单击“预扫描”按钮，在屏幕上查看“预扫描”效果（此时还可以再进行相应的设置修改）。

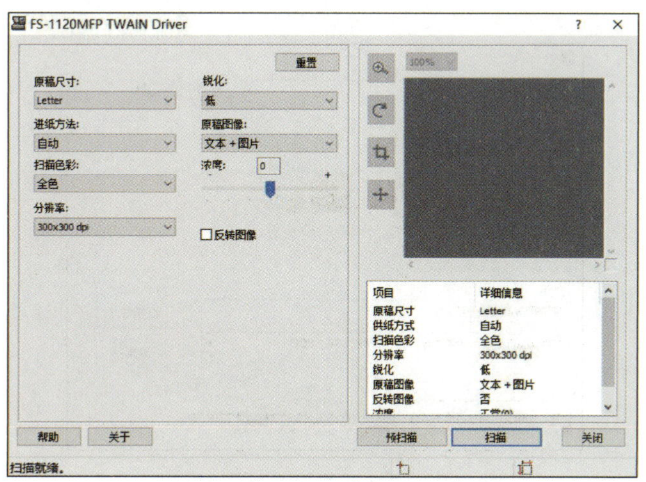

图 2-54　扫描对话框

（3）当扫描完成后，单击“关闭”按钮，即可关闭扫描对话框。

（4）依次单击“文件”-“换名保存图像”选项，即可将扫描好的文件保存到计算机中，如图 2-55 所示。

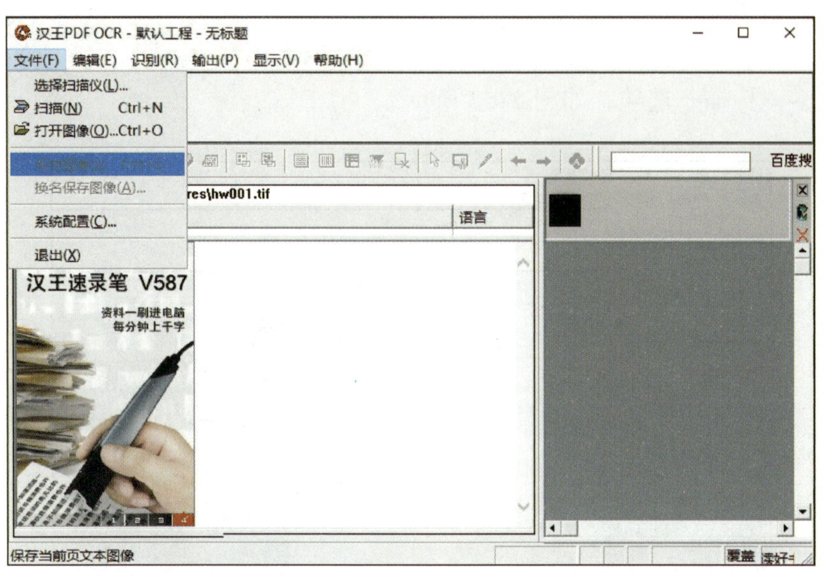

图 2-55 “换名保存图像”选项

三、扫描图片简单处理

1. 旋转图像

（1）打开汉王扫描软件，依次单击“文件”-“打开图像”选项，弹出“打开图像文件”对话框，单击“查找范围”右侧的下拉按钮，查找到要处理文件的文件夹，在其中选择要处理的文件，如图 2-56 所示。

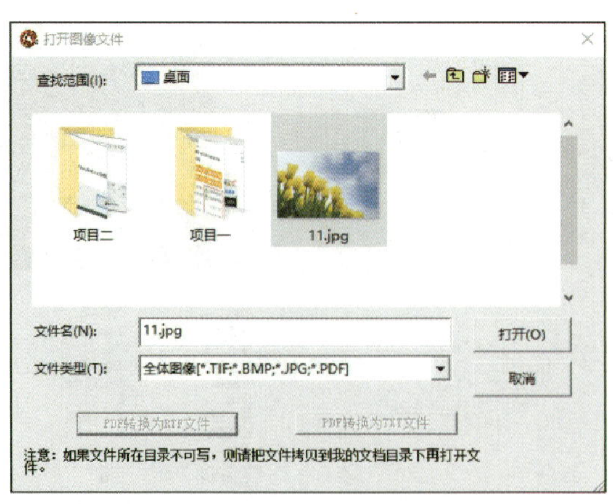

图 2-56 “打开图像文件”对话框

（2）选择需要编辑的图片，单击“打开”按钮后，弹出“图像编辑”窗口，如图 2–57 所示。

图 2–57 “图像编辑”窗口

（3）依次单击“编辑”–“旋转图像”–“左转 90 度”选项，如图 2–58 所示，即可将图像向左旋转 90 度，如图 2–59 所示。

（4）右转 90 度的操作步骤与左转 90 度相同。

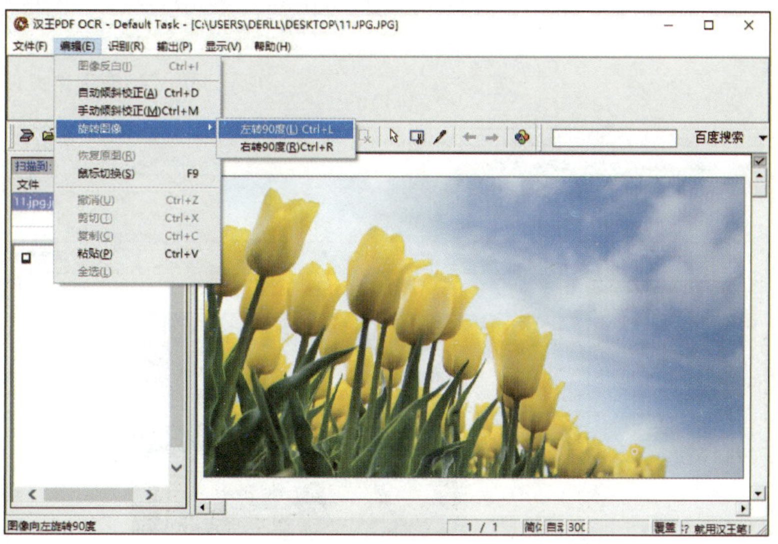

图 2–58 “左转 90 度”选项

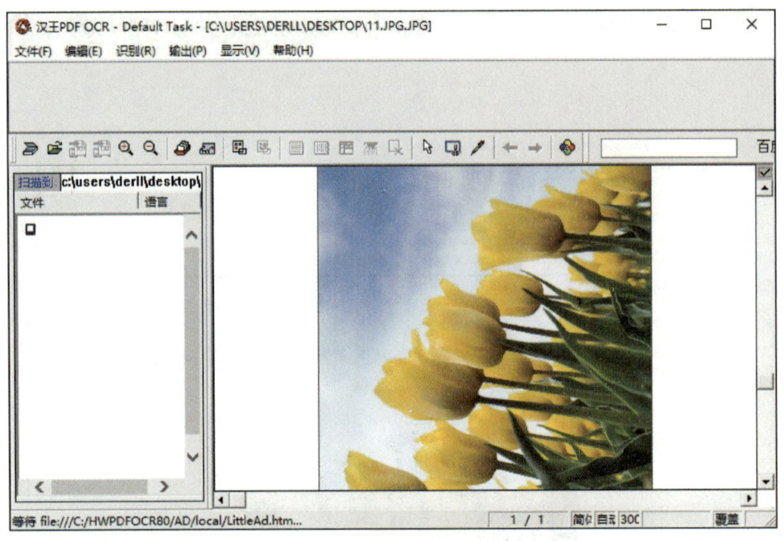

图 2-59 “左转 90 度”效果图

2. 自动倾斜校正

（1）打开汉王软件，依次单击“文件”-“打开图像”选项，选择图片 16.jpg，进行“自动倾斜校正”的操作，如图 2-60 所示。

图 2-60 “打开图像文件”对话框

（2）选择需要编辑的图片，单击“打开”按钮，弹出“图像编辑”窗口，如图 2-61 所示。

图 2-61 “图像编辑”窗口

（3）依次单击“编辑”–“自动倾斜校正”选项，如图 2–62 所示。

图 2–62　“自动倾斜校正”选项

（4）单击“自动倾斜校正”选项即可完成自动校正图像的操作，效果如图 2–63 所示。

图 2–63　“自动倾斜校正”效果图

3. 手动倾斜校正

（1）打开汉王软件，依次选择“文件”–“打开图像”命令，在弹出的“打开图像文件”对话框中，选择需要进行编辑的图片，如图 2–64 所示。

图 2–64 “打开图像文件”对话框

（2）选择需要编辑的图片后，单击“打开”按钮，弹出“图片编辑”窗口，如图 2–65 所示。

图 2–65 “图像编辑”窗口

（3）依次单击“编辑”–“手动倾斜校正”，如图 2–66 所示。

图 2-66 “手动倾斜校正（M）Ctrl+M”选项

（4）弹出“手动倾斜校正”对话框，如图 2-67 所示。

（5）按照图像倾斜的位置进行调整，预览效果满意后（见图 2-68）可单击“确认”按钮，“手动倾斜校正”效果如图 2-69 所示。

图 2-67 “手动倾斜校正”对话框

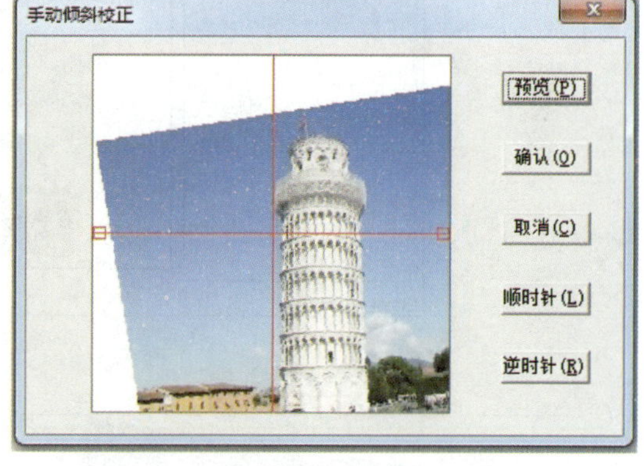

图 2-68 “手动倾斜校正”调整后对话框

（6）依次单击“文件”–“保存图像”选项，如图 2-70 所示。保存校正好的图片，如图 2-71 所示。

四、图片中文字的识别

1. 识别方法及步骤

（1）打开汉王软件，依次单击“文件”–“打开图像”选项，选择需要进行处理的图片（如本例 20.jpg 文件），如图 2-72 所示。

图 2-69 “手动倾斜校正”效果

图 2-70 “保存图像”选项

图 2-71 “手动倾斜校正”后导出的效果图

图 2-72 “打开图像文件”对话框

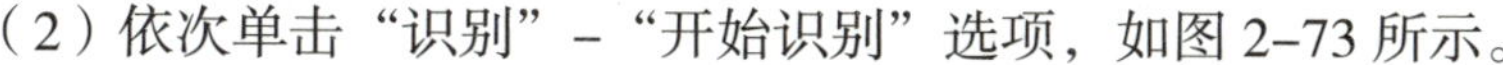

（2）依次单击“识别”–“开始识别”选项，如图 2–73 所示。

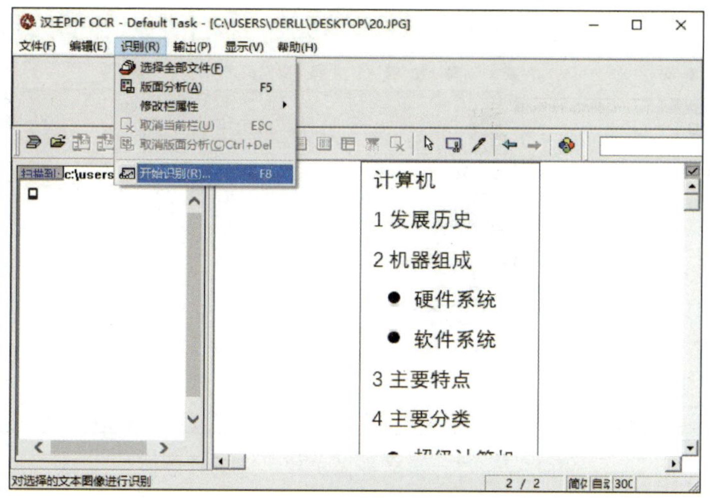

图 2–73　“开始识别”选项对话框

（3）单击“开始识别”选项，即可将图片中的文字转换为可编辑的文字，如图 2–74 所示。

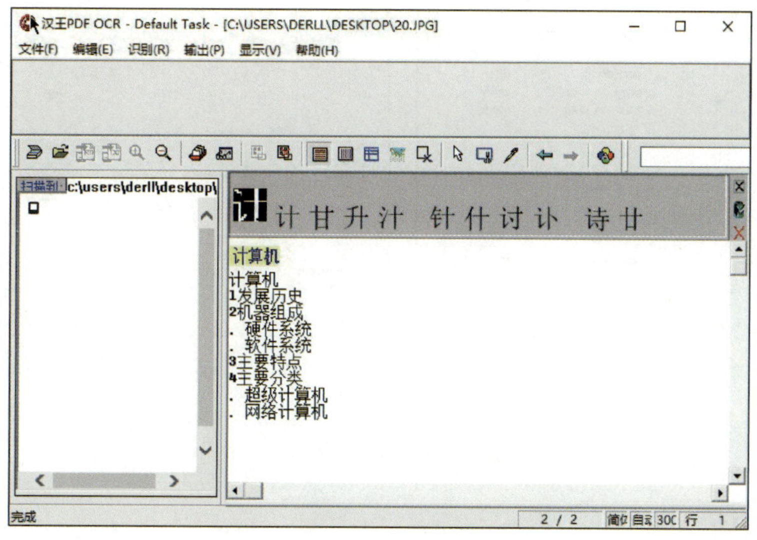

图 2–74　“图片转换为汉字”窗口

2. 输出格式的选择

（1）图片识别后，依次单击“输出”–“到指定格式文件”选项，如图 2–75 所示。

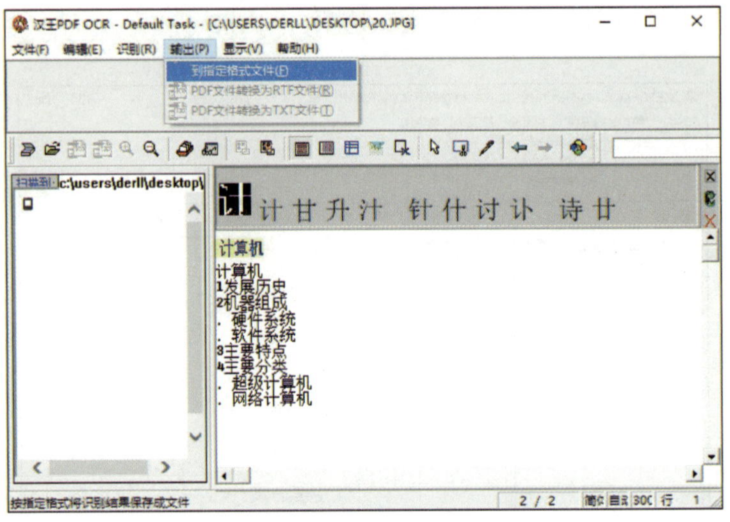

图 2-75 “到指定格式文件”选项对话框

（2）在弹出的“保存识别结果”对话框中，选择保存路径及文件名，如本例输入文件名为“识别文字 1”，选择要保存类型为“文件格式（*.TXT）”，最后单击“保存”按钮，如图 2-76 所示。最后生成识别后的文件，如图 2-77 所示。

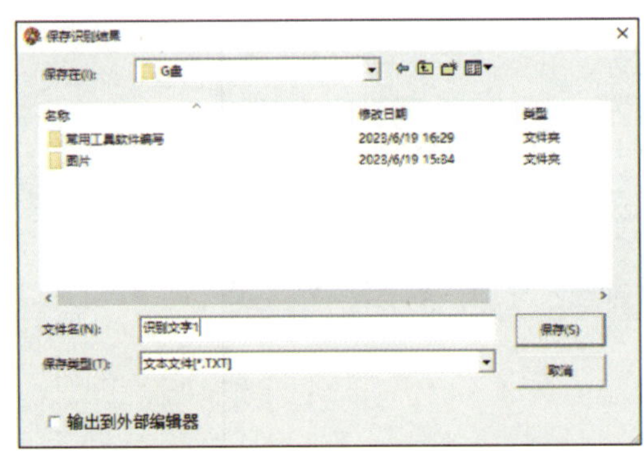

图 2-76 “保存识别结果”对话框

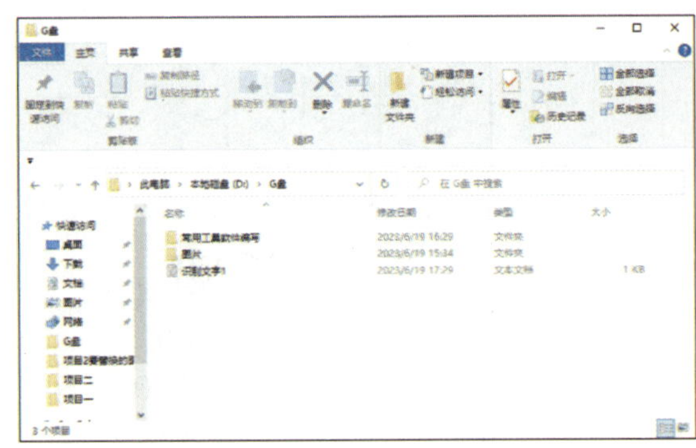

图 2-77 生成识别后的文件

使用汉王软件的扫描功能将纸质文档转换为电子版，并通过图像编辑功能对图像进行简单的修改、校正后导出图像。使用汉王软件的图像识别功能可以将图像上的文字识别为文本导出到记事本中。将练习过程的主要信息记录在表 2-4 中。

表 2-4　汉王软件的使用练习

项目	说明
软件版本	
使用汉王软件扫描文档操作中的要点分析	
活动实施步骤	
活动后的反思	

项目三
网络工具

课题 1　浏览器工具——360 极速浏览器的使用

1. 了解浏览器软件的功能特点。
2. 掌握使用 360 极速浏览器软件浏览网页的方法和常用功能设置。

在互联网高速发展的今天，浏览器工具几乎已成为计算机中最为重要的工具软件，便于用户浏览文字、视频、图像等信息。

一、常用的浏览器

目前常用的浏览器有 Internet Explorer、Firefox、Safari、Chrome、百度浏览器、搜狗浏览器、猎豹浏览器、360 极速浏览器等多种。不同浏览器有不同的特色，能带来不同的用户体验，如 360 极速浏览器以安全防护为特色，Firefox 具有较好的稳定性和扩展性，搜狗浏览器则突出其运行速度。

这些浏览器可以分为两大类：一类是独立开发内核的产品，如 Internet Explorer、Firefox、Safari、Chrome 等；另一类是基于某一种或几种内核扩展开发出来的产品，如百度浏览器、搜狗浏览器、猎豹浏览器、360 极速浏览器等。

由于 Windows 操作系统的广泛应用，Internet Explorer（简称 IE）也成为最为普及的一款浏览器，网页开发者也已经习惯按照 IE 的标准进行网页制作，甚至一些网站还必须使用 IE 才能正确显示，其所应用的控件也只支持 IE。相应地，在其他内核的浏览器中打开这些网页，往往会出现兼容性的问题。但 IE 的功能相对简单，在使用上不够方便，基于 IE 内核开发、丰富完善其功能的各类浏览器应运而生。为了兼顾多种不同内核浏览器的功能特点和优势，还出现了基于多个内核开发的浏览器，如 360 极速浏览器就是使用 IE 和 Chrome 双内核开发的浏览器。

二、360 极速浏览器的使用

下面以 360 极速浏览器为例，介绍浏览器工具的基本功能、特点和使用方法，其他浏览器工具的功能与之大同小异，在熟练掌握了 360 极速浏览器的使用方法后，其他浏览器工具的使用就会很容易上手。

关于 360 极速浏览器，本课题主要讲解主页的设置、下载文件夹的设置、鼠标手势设置、搜索栏的使用及其他特色功能。

1. 360 极速浏览器窗口

运行 360 极速浏览器，弹出图 3-1 所示的 360 极速浏览器窗口，其组件功能见表 3-1。

图 3-1　360 极速浏览器窗口

表 3-1　360 极速浏览器窗口组件功能

组件	功能
标题栏	显示当前网页的标题
地址栏	用于输入网页的网址（URL，统一资源定位 Uniform Resource Locator）

续表

组件	功能
工具栏	提供 360 极速浏览器的常用功能
搜索栏	用于搜索想要查询的内容
状态栏	显示浏览器的状态，如“正在加载网页”“正在下载图片”等

2. 主页的设置

主页（Home Page）也称为首页，是用户打开浏览器时默认打开的网页。360 极速浏览器的默认首页是上网导航页，用户也可根据上网习惯，设成其他网页（如“百度”等搜索引擎）或空白页。其设置的操作步骤如下。

（1）单击 360 极速浏览器首页界面右上角的打开菜单按钮，弹出的下拉菜单如图 3–2 所示。

图 3–2　360 极速浏览器下拉菜单

（2）在该下拉菜单中选择“选项”选项，选择“基本设置”选项卡，如图 3–3 所示。

（3）单击“打开主页”后的文本框，输入想要更改的主页地址，输入完成后单击空白处，即可保存为新主页地址，如图 3–4 所示。

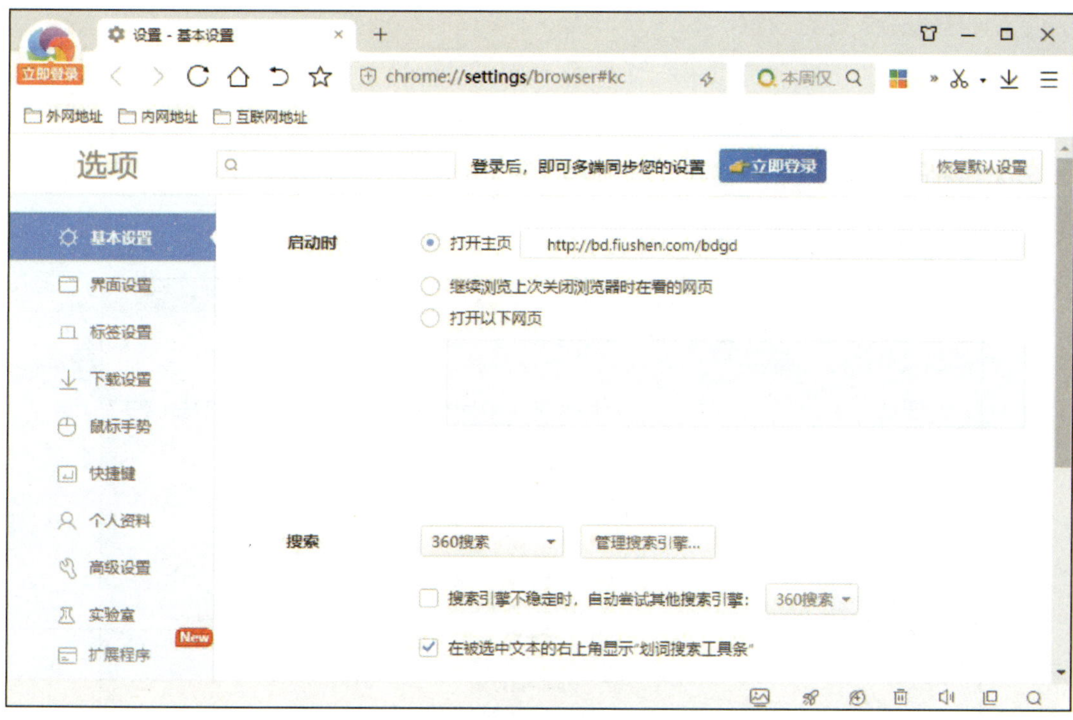

图 3-3　“基本设置”选项卡

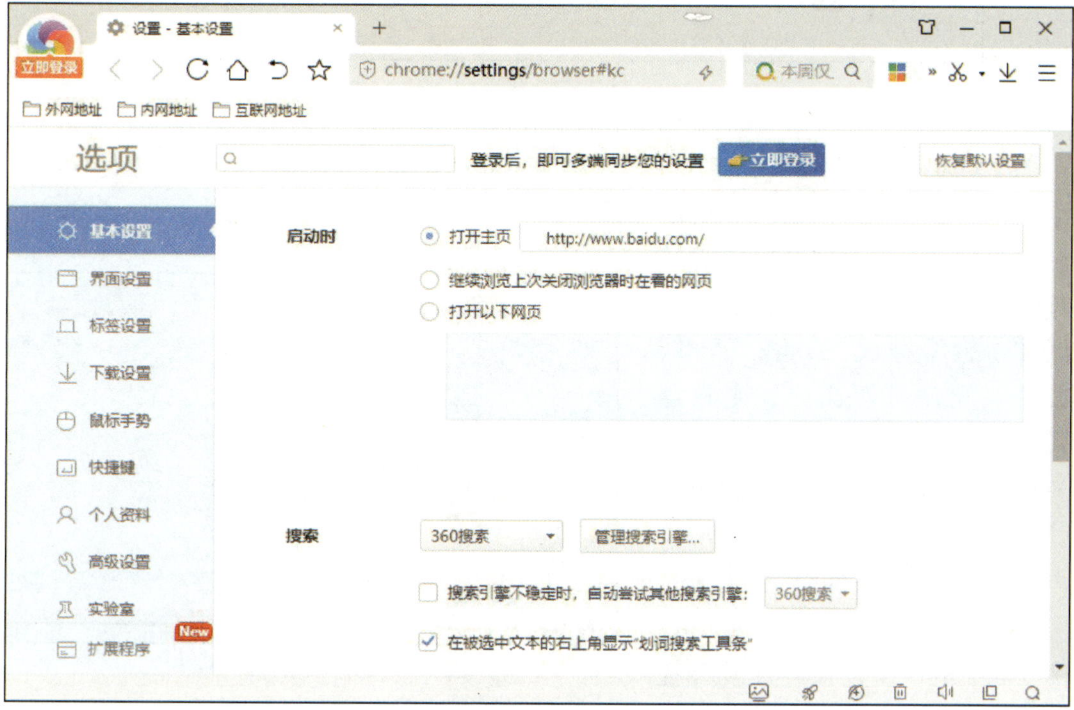

图 3-4　设置主页

3. 下载文件夹的设置

使用 360 极速浏览器可以进行文件的下载，下载的文件会根据设置保存在指定的文件夹中，如需调整默认的下载文件夹，可按以下步骤设置。

（1）在图 3–2 中选择“选项”选项后，在“基本设置”选项卡中选择“下载设置”选项，如图 3–5 所示。

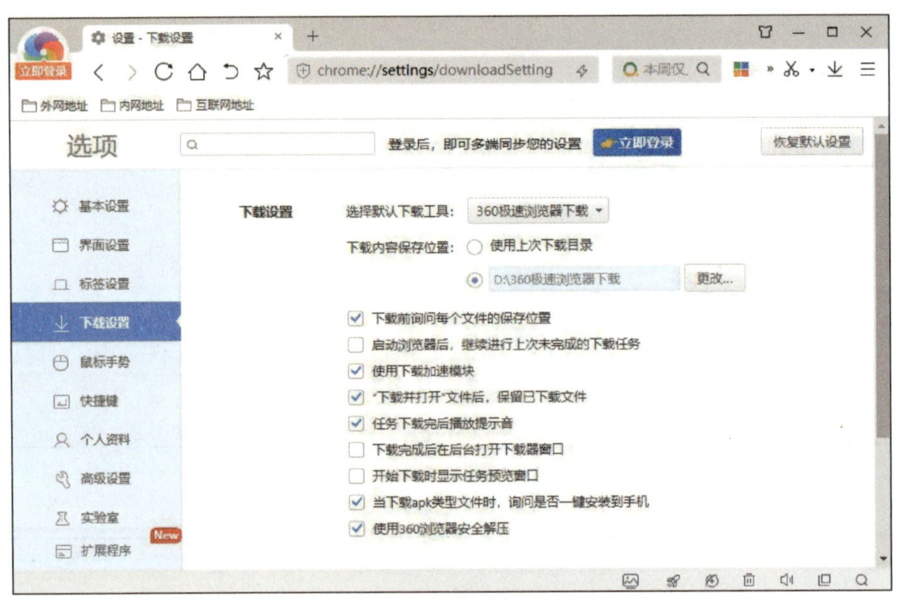

图 3–5 “下载设置”选项

（2）选中“下载设置”选项中“下载内容保存位置”组的第二个单选框，默认保存位置是 D 盘“360 极速浏览器下载”文件夹，也可以单击其后的“更改 ...”按钮，在弹出的“下载内容保存位置”对话框中，选择其他目标文件夹。例如，想要存放在 D 盘“下载”文件夹中，可双击“本地磁盘（D:）”将其展开，再选中“下载”文件夹，如不存在，可右键单击“新建文件夹”按钮新建，然后单击“确定”按钮，如图 3–6 所示。

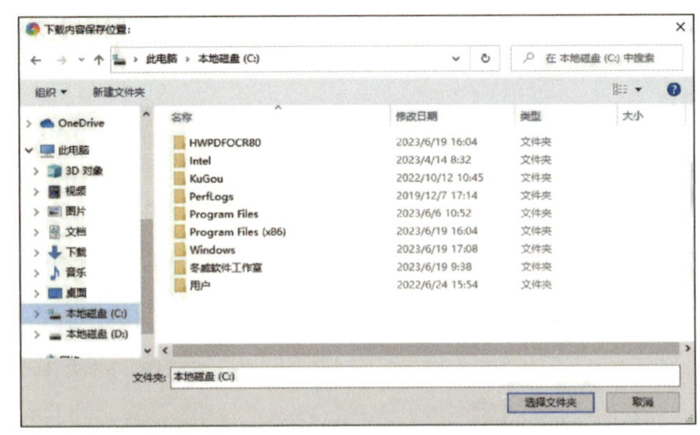

图 3–6 “下载内容保存位置”对话框

（3）在此同样会弹出类似图 3–5 中的“设置保存成功”提示信息。

至此，下载内容保存位置设置已完成，再使用 360 极速浏览器下载文件，就会默认保存到此次设置的文件夹中。

4. 鼠标手势的设置

鼠标手势源自 Opera 浏览器，简单地说，就是用鼠标做出一些动作以控制软件完成某些操作，就好比人们见面时打的手势一样。鼠标手势目前主要在浏览器和桌面窗口管理中得到比较广泛的应用，一般是按住鼠标右键，并在空白处划出某种特定的轨迹，即可实现预先定制的功能。“360 极速浏览器”鼠标手势设置操作步骤如下。

（1）在打开的选项设置画面左侧选择“鼠标手势”选项卡，如图 3-7 所示。

（2）在“鼠标手势”组中，列出了在 360 极速浏览器中可使用的各种鼠标手势。单击相应选项右侧的下拉按钮，在弹出的下拉菜单中选择相应的选项设置即可完成。以后在使用 360 极速浏览器浏览网页时即可使用该鼠标手势。

如果想要使用浏览器默认的鼠标手势，可单击图 3-7 窗口右上角的“恢复默认鼠标手势”按钮。

图 3-7　“鼠标手势”选项卡

5. 搜索栏的使用

在浏览互联网时，使用最为频繁的功能就是搜索信息。除了按浏览一般网页的方式进入搜索引擎网站进行搜索外，360 极速浏览器还提供了搜索栏，方便用户快速搜索信息。

在搜索栏输入想要搜索的内容，例如“常用工具软件”，如图 3–8 所示，然后单击搜索按钮或按 Enter 键，即可弹出搜索结果页面，其效果和先进入搜索引擎网站然后再进行搜索所得到的结果是一样的。单击搜索栏前的网站图标，还可切换不同搜索引擎，图 3–8 中选用的是百度搜索引擎。

各个搜索引擎的搜索结果都有着相似的页面，图 3–9 所示为通过上述方法在搜索关键词“常用工具软件”时打开的搜索结果页面。

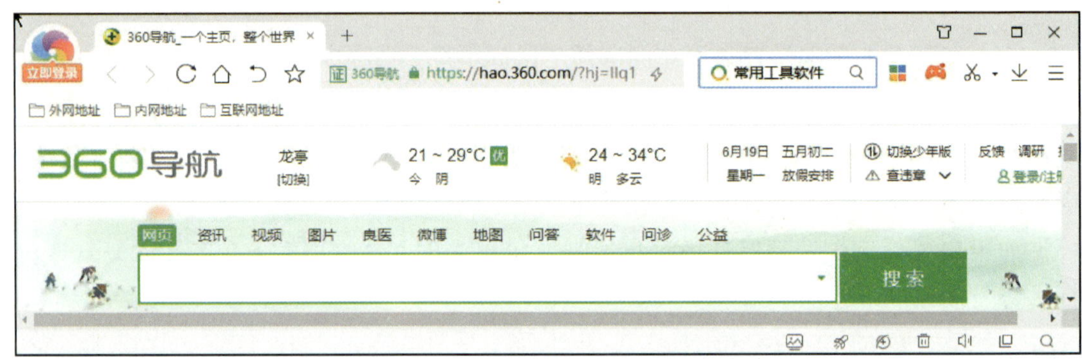

图 3–8　搜索栏中输入“常用工具软件”

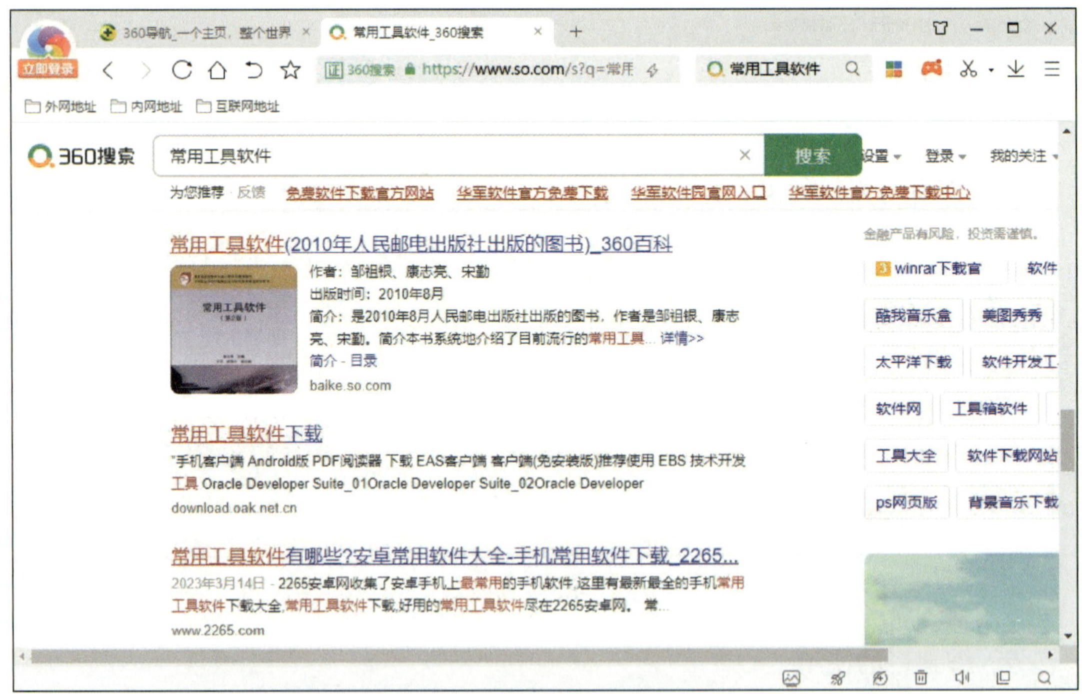

图 3–9　“常用工具软件”搜索结果

6. 其他特色功能

（1）安全红绿灯拦截技术

360 极速浏览器可通过多种方式实现对危险内容的拦截，保护用户的网络安全。

1）URL 拦截层

应用网页搜索技术在云端建立恶意网址库，定位木马、钓鱼、欺诈网址，拦截迅速、准确，并且其资源消耗由 360 后台的服务器承担，不会给用户计算机带来任何负担。此外，用户可以选择监督、举报欺诈网页，再结合后台智能分析技术，保证恶意网址库信息全面、更新快速。

2）恶意脚本拦截层

假设 URL 拦截层被突破，360 极速浏览器还可以拦截网页中的恶意脚本，同时不影响用户浏览网页的内容。

3）下载拦截层

如果黑客开发出新型的漏洞攻击方式，360 极速浏览器还可针对木马服务器实施全面封锁，使得木马程序根本无法被下载到用户的计算机中。

4）进程拦截层

上述 3 层拦截为主流防木马软件的主要工作原理，在理论上，黑客仍有绕开拦截的可能。360 极速浏览器还支持依据木马程序行为特征的进程拦截，所有通过浏览器悄悄下载的程序在运行前都会被提示阻止。

（2）浏览辅助功能

360 极速浏览器还支持多种浏览辅助功能，提高用户浏览网页的快捷性，包括 Flash 过滤、解除页面脚本对用户的限制、网页无级缩放、代理服务器快速切换、网页自动填表、快速保存页面内图片及动画视频等内容、增强的页面内容查找和高亮功能、隐私保护、自定义热键、地址栏自动完成、链接拖放等。

（3）性能优化模式

对于同时开启数十个页面时 CPU 占用率高的情况，360 极速浏览器提供了性能优化模式，开启此模式后，CPU 占用率可立即降低并维持到打开一个单页面的水准，此模式对于网络浏览用户不存在兼容性问题。

（4）隔离模式

如果使用 360 极速浏览器访问了带有木马的网页，360 极速浏览器将会自动拦截恶意的网络请求，并弹出“是否启动隔离模式”的提示。在 360 极速浏览器的隔离模式下，这些带有木马的网页只在封闭的虚拟环境中运行，所以将无法感染真实的计算机系统，保障了用户计算机的安全。

（5）无痕浏览

360 极速浏览器支持无痕浏览，在此模式下，浏览器不记录上网痕迹、不记录 Cookies、不记录 Internet 临时文件、不记录网页表单数据（用户名、密码、搜索关键词等）、不记录历史访问记录、不记录撤销页面列表标题栏，始终不显示网页标题。

（6）收藏夹

360 极速浏览器收藏夹支持网络功能，能够自动为用户备份收藏夹，具有误删恢复、异地漫游等功能。在重装系统后，只需安装 360 极速浏览器并登录 360 网络收藏夹，即可恢复到重装前收藏夹的状态。为避免收藏夹被无意删除，360 网络收藏夹还提供了多个网络备份，以便用户随时恢复。

通过小组讨论或根据教师要求，选择几款主流的浏览器工具进行试用，对比其功能，注意体验如鼠标手势、收藏夹、无痕浏览等功能，试用过程中总结经验与技巧，将练习过程中的主要信息记录在表 3-2 中。

表 3-2　浏览器工具使用练习

项目	说明
软件名称	
软件版本	
试用功能名称	
试用功能的过程与结果显示	
试用功能的经验与技巧总结	
不同浏览器之间该功能试用的差异	

课题 2　下载工具——迅雷的使用

1. 了解常用下载工具的主要功能。
2. 掌握使用迅雷下载互联网上相关资源的方法。

一、下载工具的主要功能

使用 IE 浏览器可以直接下载文件，但功能较为单一，使用上有很多不便之处，如不支持断点续传，一旦中途网络中断便只能重新下载，又如不支持加速技术，只能从对方服务器直接下载，其速度常常较慢等。下载工具则是一类可以使用户更方便、快速地从网上下载文本、图片、视频、音频、动画等信息资源的软件。下载工具支持断点续传技术，随时接续上次中止部位继续下载，有效避免了重复下载，也支持多点连接（分段下载）技术，可以充分利用网络上的多余带宽，提高下载速度。

迅雷软件是目前应用最为广泛的下载工具软件之一。迅雷利用多资源超线程技术，能将网络上存在的服务器和计算机资源进行整合，构成迅雷网络，以便进行传递。多资源超线程技术还具有互联网下载负载均衡功能，在不降低用户体验的前提下，迅雷网络可以对服务器资源进行均衡。迅雷同时还可向付费用户提供更快的下载速度。

二、迅雷 11 的使用

下面主要讲解启动迅雷、注册及登录迅雷账号、下载资源的方法及其他相关组件功能，并结合实例分别说明这些功能的操作方法。

1. 启动迅雷

双击迅雷 11 桌面快捷方式图标，会自动开启迅雷首页界面“欢迎登录迅雷”对话框以及“下载任务”提示框，分别如图 3–10、图 3–11、图 3–12 所示。其组件功能见表 3–3。

表 3–3　迅雷 11 首页界面组件功能

名称	功能
用户信息	用于显示当前用户的基本信息，针对会员迅雷可提供下载特权
工具栏	主要用于显示迅雷中常用命令的快捷方式，如新建、暂停、刷新等
菜单栏	位于页面右上方，包括消息通知、更改皮肤、新建菜单等菜单按钮，可以利用各菜单中的不同命令进行操作
任务管理窗口	该窗口中可分别显示正在下载、已完成和已删除的下载项目

续表

名称	功能
搜索栏	用于搜索资源信息
状态栏	显示下载的速度以及当前下载资源的状态

图 3-10　迅雷首页界面

图 3-11　“欢迎登录迅雷”对话框

图 3-12　“下载任务”提示框

2. 注册及登录迅雷账号

在下载资源之前登录一个迅雷账号，可以获得更为全面的服务。实际上，目前很多软件都需要注册账号才能获得完整的服务功能，有些甚至不注册账号就无法使用。这里以注册迅雷账号为例，说明注册账号的操作步骤。

（1）启动迅雷以后，单击图 3–11 中右下角的“立即注册”按钮，进入“欢迎注册迅雷”对话框，如图 3–13 所示。

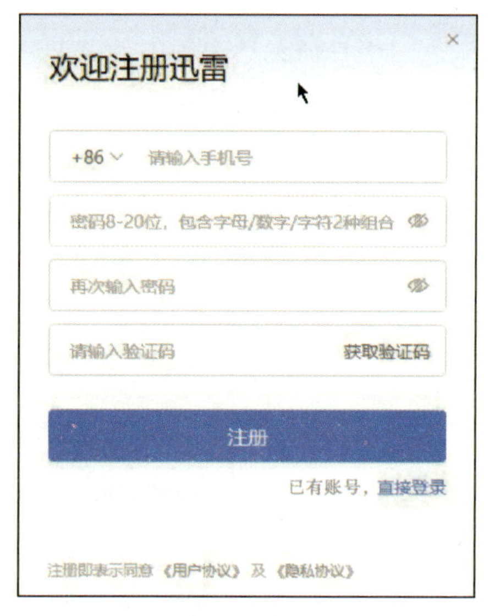

图 3–13 “欢迎注册迅雷”对话框

（2）在图 3–13 中有四个文本框，第一个文本框需要填写用户本人手机号码，目前仅支持国内手机号码。第二个文本框为“设置密码”框，在“设置密码”框中，会有“密码 8–20 位，包含字母 / 数字 / 字符 2 种组合”的提示信息，用户需根据提示信息，设置符合要求的密码。

（3）密码设置完成以后，进入第三个文本框，根据“再次输入密码”提示信息，在文本框中再次输入设置好的密码。

（4）在第四个文本框中单击“获取验证码”按钮，会有“** 秒后重新获取”提示信息，验证码会自动发送至注册的手机，输入验证码，单击“注册”按钮，完成注册。

图 3–14 “欢迎登录迅雷”对话框

（5）注册完成并登录后可以在服务器上保存上传下载记录等信息，方便使用。

（6）注册完成后，返回“欢迎登录迅雷”界面，在界面中有多种登录方式，如“账号密码登录”“手机验证登录”“微信登录”“QQ 登录”“微博登录”，可任意选择一种登录方式。这里以“账号密码登录”为例，如图 3–14 所示，输入注册好的账号和密码，可勾选“下次自动登录”复选框，下次登录迅雷时，系统会自动登录该账号。

3. 下载资源

在使用迅雷的过程中，用户可以方便、快捷地搜索视频、音频等数据资源，并利用“迅雷下载”的方式对资源进行下载，迅雷采用下载加速镜像服务器，自动匹配与资源相同的镜像资源。具体来说，就是利用互联网上其他服务器提供的资源进行下载，如用户下载一个软件，该软件在 A 网站存在，用户从 A 网站下载，同时 B 网站存在相同资源，则迅雷也可以从 B 网站下载，提升了下载速度。迅雷下载还支持 P2P 技术，利用 P2P 技术进行用户之间的下载加速，即若其他迅雷用户下载过该数据资源，则下载时可以由这些用户上传给自己。

（1）在浏览器中利用迅雷下载

在浏览器中可以将迅雷作为下载工具使用，其操作步骤如下。

1）以下载 QQ 软件为例，在网页中搜索 QQ 软件，单击下载链接，弹出“新建下载任务”对话框，如图 3–15 所示。

图 3–15 “新建下载任务”对话框

2）单击该对话框中左下角的“使用迅雷下载”选项，即可弹出使用迅雷软件的“新建下载任务”对话框，如图 3–16 所示，单击“立即下载”按钮，返回迅雷首页界面，如图 3–10 所示。在“下载”组中的“下载中”，可查看下载任务信息，如图 3–17 所示。

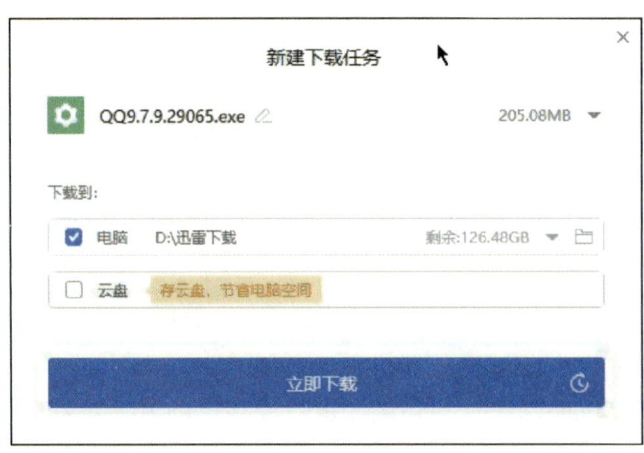

图 3–16 迅雷软件的“新建下载任务”对话框

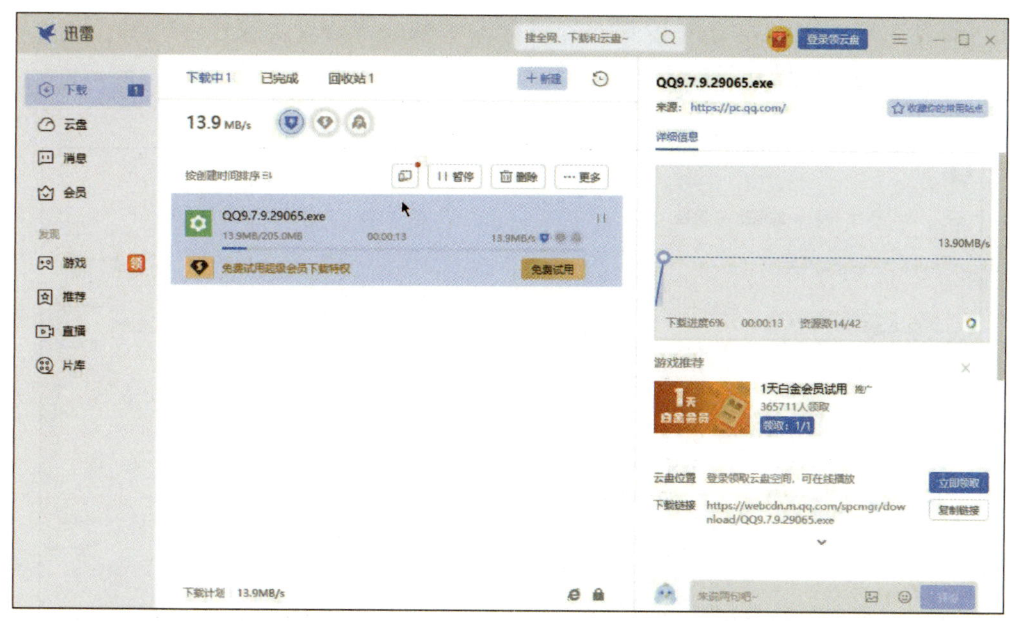

图 3-17 “下载中”下载任务框

在迅雷主界面中可直接进行资源搜索，其实质是调用迅雷内嵌的浏览器访问网页，和使用其他浏览器的区别是，单击下载链接时将直接弹出图 3-16 所示的对话框。

（2）利用 BT 技术进行下载

BitTorrent（简称 BT）是一个文件分发协议，它通过 URL 识别内容并且和网络无缝结合。与 HTTP/FTP 协议、MMS/RTSP 流媒体协议等下载方式相比，其优势在于，一个文件的下载者在下载的同时也在不断互相上传数据，使文件源（可以是服务器源也可以是个人源，一般特指第一个发布者）可以在增加有限负载的情况下支持大量下载者同时下载，BT 是最早知名的基于 P2P 技术的下载工具。迅雷中采用此方法下载资源的操作步骤如下。

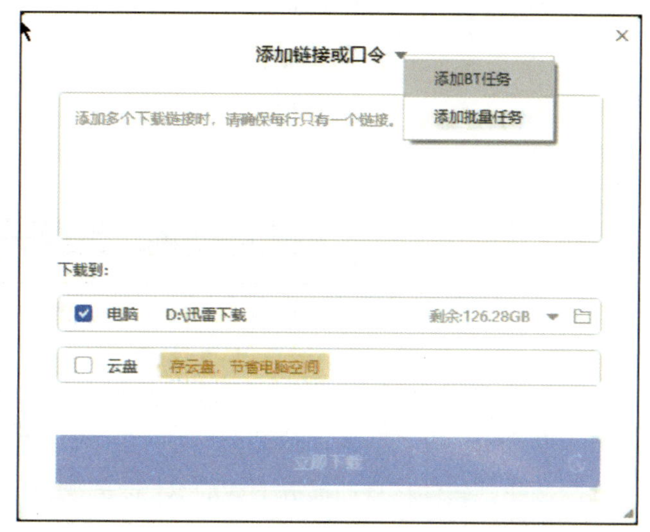

图 3-18 “添加链接或口令”对话框

1）在迅雷首页中的“下载”组中，单击“+ 新建”按钮，弹出“添加链接或口令”对话框，如图 3-18 所示。

2）单击“添加链接或口令”组中的下拉列表，在下拉列表框中，单击“添加 BT 任务”选项，弹出“打开”对话框，如图 3–19 所示。选择要下载资源的种子文件，单击“打开”按钮，返回“新建下载任务”对话框，如图 3–20 所示。

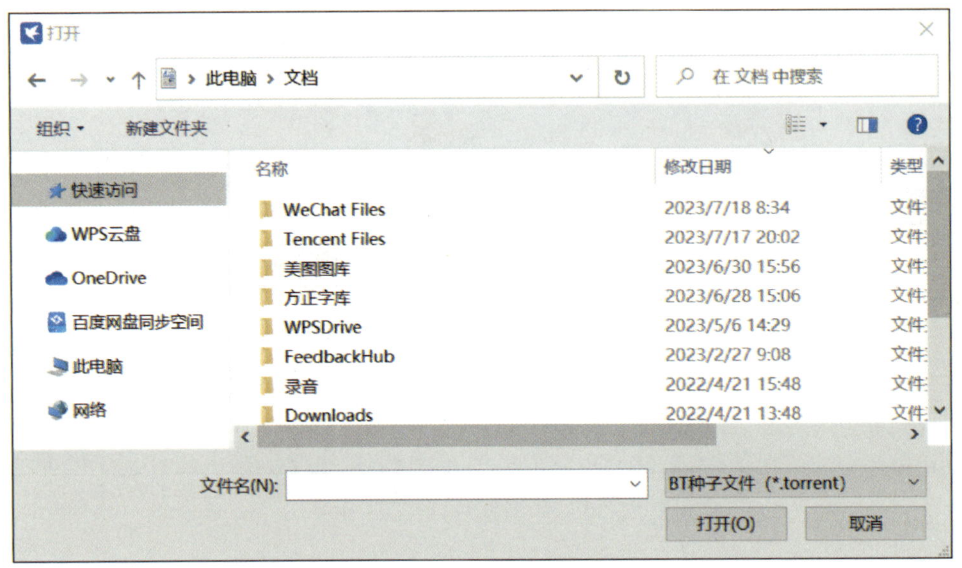

图 3–19 “打开”对话框

图 3–20 “新建下载任务”对话框

3）单击“立即下载”按钮，返回迅雷首页界面，在“下载”组中的“下载中”，查看下载的 BT 种子任务，如图 3–21 所示。在右侧“边下边播”组中，可单击“边下边播”按钮，软件将自动播放下载的 BT 种子视频，如图 3–22 所示。

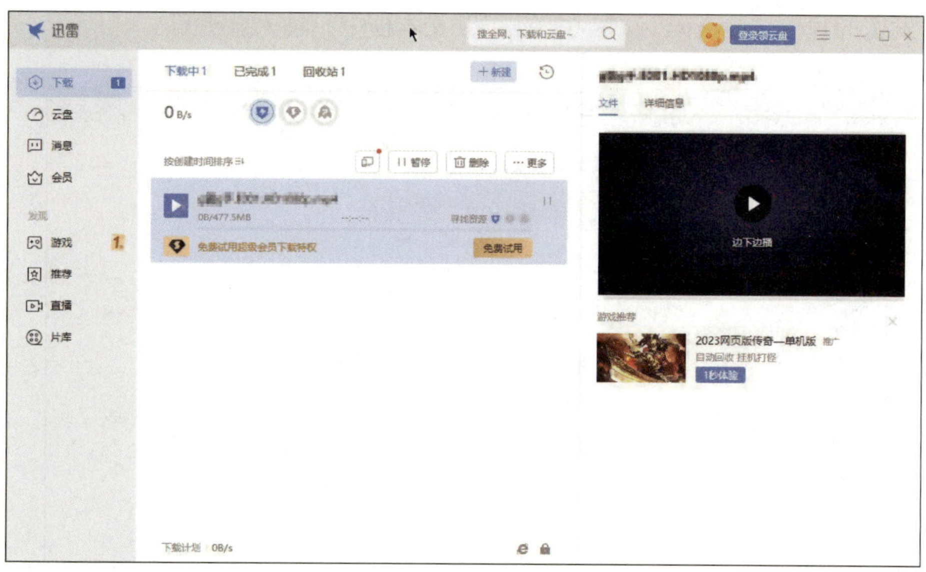

图 3-21　下载的 BT 种子任务

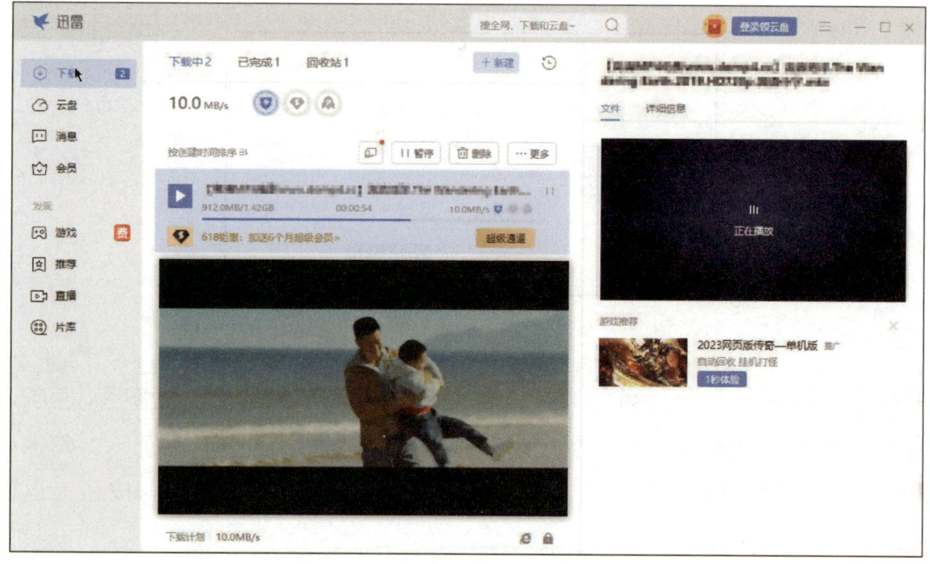

图 3-22　“边下边播”BT 种子任务

（3）私人空间

1）在迅雷首页界面的“下载”组中，单击🔒按钮，进入“私人空间”界面，如图 3-23 所示，分为“私人下载”和“私人文件”两个部分。

2）在“私人下载”组中，单击“开启私人空间”按钮，弹出“登录账号身份验证”对话框，如图 3-24 所示。在“手机号”文本框中输入正确的手机号，单击“获取验证码”按钮，将会显示“**s 后重新获取”提示信息，这时您的手机将会收到“迅雷网络”发送的短信“验证码”，在“验证码”文本框中，输入验证码。

图 3-23 “私人空间”界面

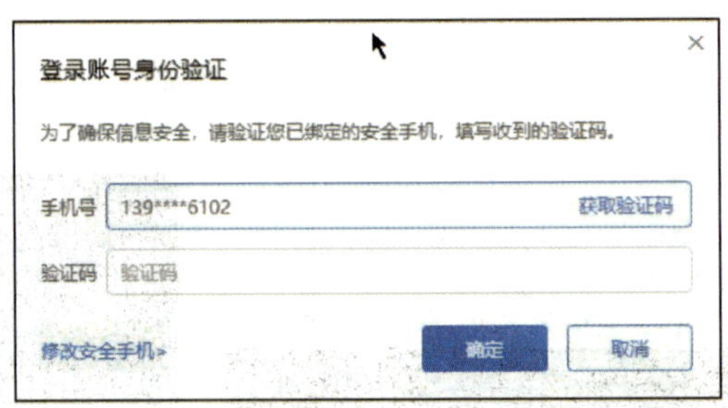

图 3-24 “登录账号身份验证”对话框

3）单击“确定”按钮，弹出“设置私人空间密码”对话框，如图 3-25 所示。在“输入密码”文本框中输入密码，在“确认密码”文本框中再次输入密码，勾选“在本地隐藏私人空间对应文件夹”复选框，设置完成以后，单击“确定”按钮，返回“下载”界面，如图 3-26 所示。

图 3-25 “设置私人空间密码”对话框

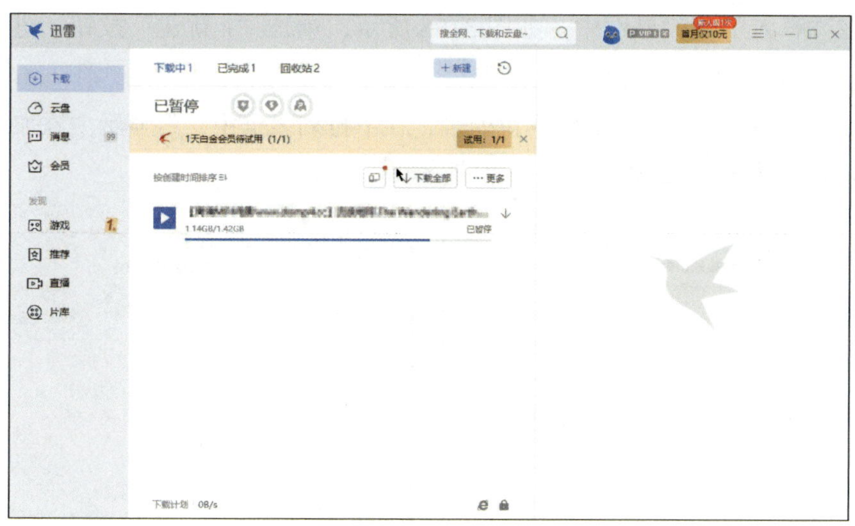

图 3-26 “下载”界面

4）单击🔒按钮，弹出“私人空间密码验证”对话框，如图 3-27 所示。正确输入密码，单击“确定”按钮，进入“私人空间”界面，如图 3-28 所示。

图 3-27 “私人空间密码验证”对话框

图 3-28 “私人空间”界面

5）在“私人下载”界面中，如图 3–28 所示，单击“+ 新建”按钮，进入“添加链接或口令”对话框，如图 3–29 所示。

6）单击“添加链接或口令”下拉列表，在下拉列表框中，将显示“添加 BT 任务”以及“添加批量任务”选项，如图 3–30 所示。

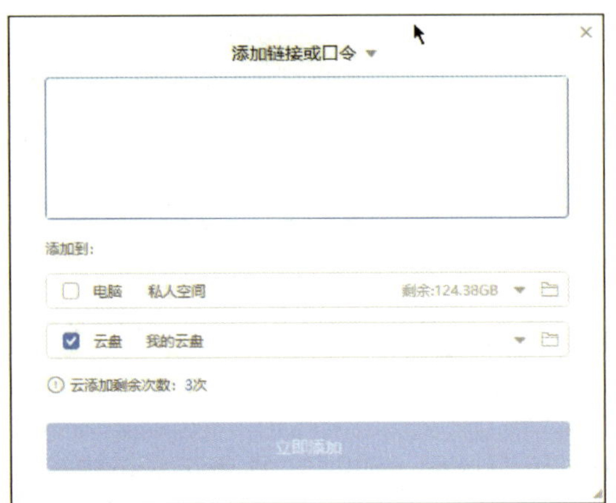

图 3–29 “添加链接或口令”对话框

图 3–30 “添加链接或口令”下拉列表

7）这里以“添加 BT 任务”为例，选择“添加 BT 任务”选项，进入“打开”对话框，如图 3–31 所示。

图 3–31 “打开”对话框

8）找到要添加的 BT 任务文件，单击“打开”按钮，弹出“新建下载任务”对话框，如图 3–32 所示。

9）在“添加到”组的“云盘”中，可单击“浏览”按钮，弹出“选择云盘保存路径”对话框，如图 3-33 所示。在“我的云盘”下拉列表中，可选择“我的转存”“我的资源”文件夹，也可单击“新建文件夹”按钮，建立新的文件夹（如 123），选择好云盘保存路径以后，单击“确定”按钮，返回“添加链接或口令”对话框，也可选择默认路径。

图 3-32　“新建下载任务”对话框

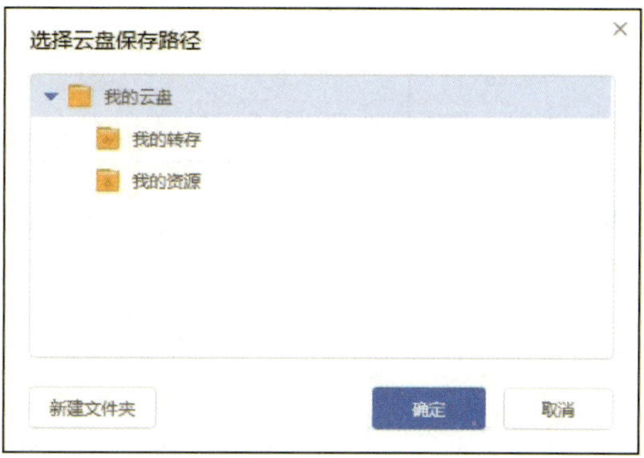

图 3-33　“选择云盘保存路径”对话框

10）单击“立即添加”按钮，弹出“传输列表”界面，完成“云添加”，如图 3-34 所示。

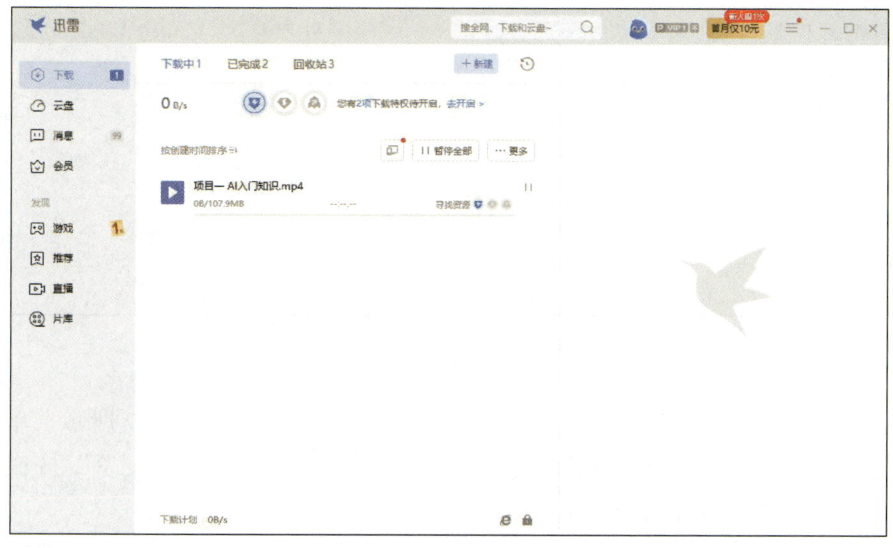

图 3-34　“传输列表”界面

11）单击“+ 新建”按钮，选择“本地上传”选项，弹出“选择文件”对话框，如图 3–35 所示。

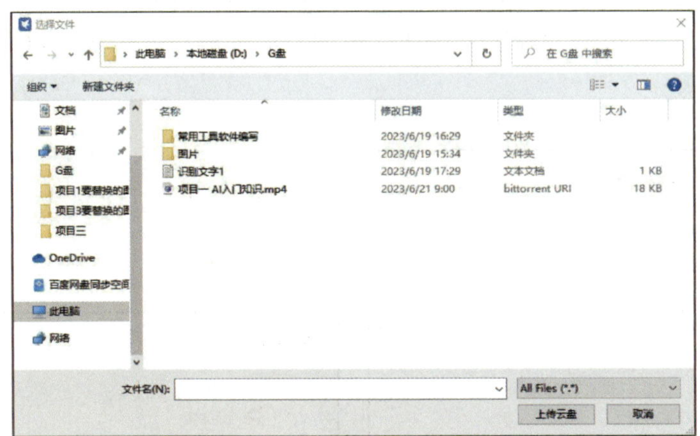

图 3–35 “选择文件”对话框

12）选择要上传的文件，单击“上传云盘”按钮，弹出“本地上传”界面，如图 3–36 所示。

图 3–36 “本地上传”界面

13）单击“云盘文件”按钮，弹出“云盘文件”界面，如图 3–37 所示。单击“下载”按钮，弹出“下载文件”对话框，在“下载到”组中，单击“浏览”按钮，弹出“选择文件夹”对话框，如图 3–38 所示。

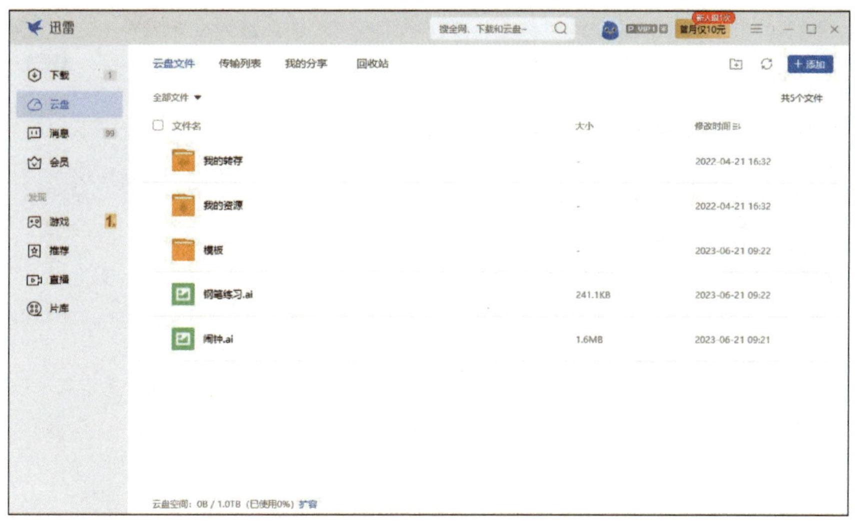

图 3-37　“云盘文件”界面

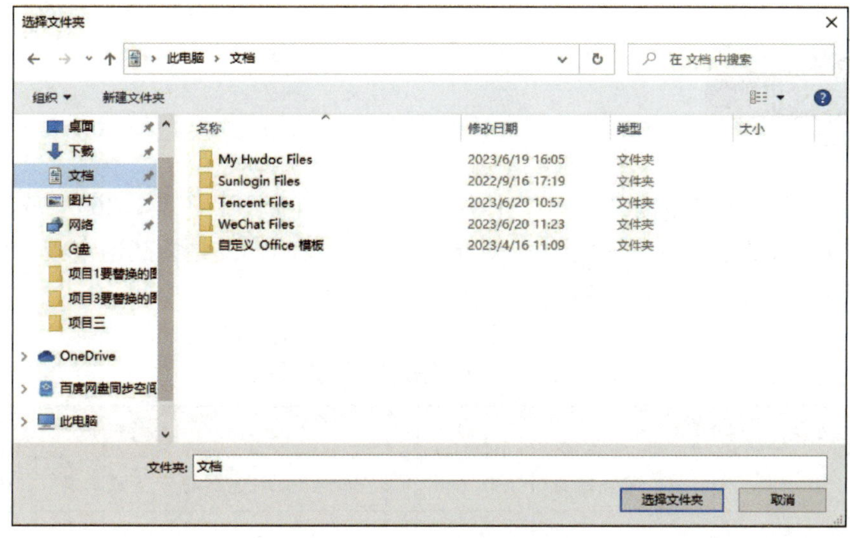

图 3-38　“选择文件夹”对话框

14）选择好文件夹以后，单击“选择文件夹”按钮，返回“取回文件”对话框，如图 3-39 所示，也可选择默认地址。勾选“默认此路径为下载路径”复选框，单击“立即取回”按钮，弹出“取回本地”界面，如图 3-40 所示，下载文件。

图 3-39　设置取回路径

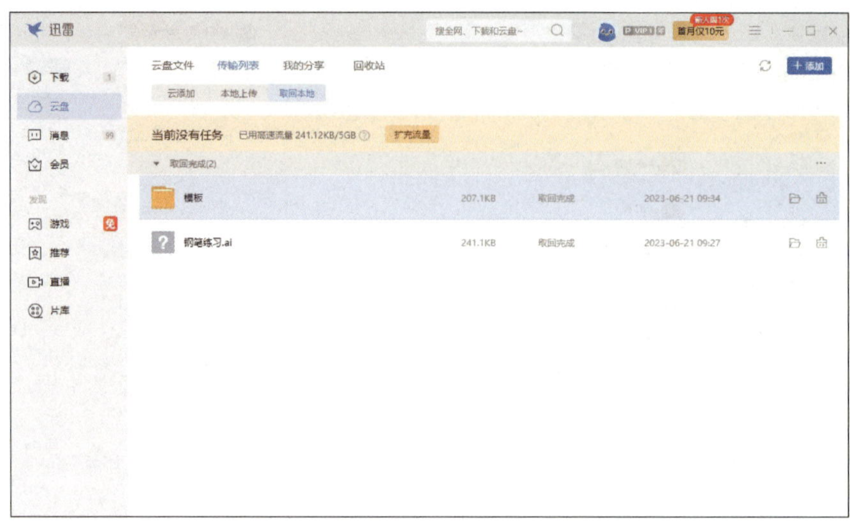

图 3-40 “取回本地”界面

技能训练

通过小组讨论或根据教师要求，使用 IE 浏览器自带下载工具、360 安全浏览器自带下载工具以及迅雷软件下载同一个对象，对比下载速度，并尝试迅雷中的多种方式下载同一资源，将练习过程中的主要信息记录在表 3-4 中。

表 3-4 网络资源下载练习

<table>
<tr><th>项目</th><th colspan="3">说明</th></tr>
<tr><td>使用的下载方式</td><td>IE 浏览器自带下载工具</td><td>360 安全浏览器自带下载工具</td><td>迅雷软件</td></tr>
<tr><td>下载资源的速度</td><td></td><td></td><td></td></tr>
<tr><td>资源下载过程中的操作要点、所遇问题和解决方法</td><td colspan="3"></td></tr>
<tr><td rowspan="2">使用迅雷多种方式下载资源的异同点</td><td colspan="2">相同点</td><td>不同点</td></tr>
<tr><td colspan="2"></td><td></td></tr>
</table>

课题 3　即时通信工具——腾讯 QQ 和微信的使用

1. 了解即时通信工具的功能。
2. 掌握使用腾讯 QQ、微信与他人通过互联网实现通信的方法。
3. 掌握使用腾讯 QQ、微信进行文件传输的方法。
4. 掌握使用腾讯 QQ 实施远程操作的方法。

一、常用的即时通信工具

通信是互联网的一个重要用途。利用计算机、手机、平板计算机等设备，通过安装腾讯 QQ、微信、阿里旺旺等即时通信工具，即可通过网络进行实时的语音、文字、视频等交流。利用即时通信工具还可以快速传递文本、照片、视频等文件。目前应用最广泛的即时通信工具包括腾讯 QQ 和微信等。

腾讯 QQ 和微信都是腾讯公司的产品。QQ 最早应用于 PC 端，可支持 Windows 和 macOS 操作系统，随着移动互联网的发展，也可应用于 Android、iOS 等移动设备操作系统中，其标志是一只戴着红色围巾的小企鹅。腾讯 QQ 支持在线聊天、视频通话、传输文件、共享文件、网络硬盘、自定义面板、QQ 邮箱等多种功能，并可在多种通信终端上使用。微信则是随移动互联网发展起来的一款产品，主要应用于移动设备，同时也提供了 PC 客户端和网页版供用户使用。

二、QQ 的使用

1. 申请 QQ 号

使用 QQ 与他人通信，首先需要有一个 QQ 号作为身份标识，用于彼此的联系。通过 QQ 的官方网站 https://im.qq.com 即可进行注册。注册过程较为简单，和上一课题中注册迅雷账号类似，按照页面提示逐步操作即可。

2. 添加好友

如图 3-41 所示，QQ 是一款即时通信工具，通信对象就是自己的好友。因此，使用 QQ 的第一步就是添加有通信要求的好友，其操作步骤如下。

（1）在 QQ 主面板最下方，单击添加好友按钮或＋均可显示在列表中，如图 3-42 所示，可选择“加好友 / 群”选项。

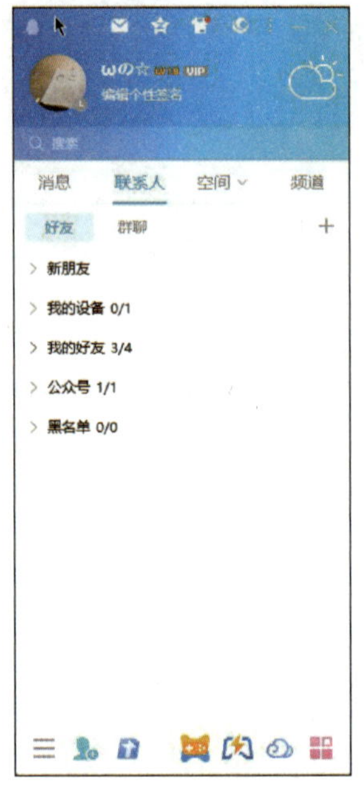

图 3-41 QQ 主页面

（2）弹出的“查找”对话框如图 3-42 所示，在“查找”对话框中，可以查找个人、群、课程等对象。在每个选项下方的文本框中输入想要查找的 QQ 号码或者 QQ 群号码就可以进行精准查找，还可以根据有效条件进行大范围查找，例如地区、性别、年龄等信息。查找出来按提示操作即可添加。

图 3-42 “查找”对话框

3. 建立 QQ 群聊与多人聊天

QQ 软件中可以建立群聊实现多人聊天，具体有两种方式，一种方式是直接建立 QQ 群，另一种方式是发起多人聊天。二者的区别在于添加好友的方式、文件保存的时限以及远程操作的功能。多人聊天偏向于临时聊天的窗口，功能简单，而 QQ 群功能则比较完善。

在添加好友方式上，多人聊天只能邀请加入，如果某人想要加入，必须由已加入的人邀请才可以进入，并且不需要创建人同意。QQ 群可通过邀请、群号码搜索等多种方式加入，但必须通过群管理员的同意才可以进入。文件保存时限上，多人聊天没有 QQ 群的群文件功能，发送的文件只能临时保存。QQ 群有群文件功能，可以上传临时文件，也可以上传永久保存的文件。多人聊天有远程演示和发送邮件功能，QQ 群却没有。建立 QQ 群聊的操作步骤如下。

图 3-43　加好友

（1）单击 QQ 主页面中上方的“+”按钮，在显示的列表中，单击“创建群聊”按钮，如图 3-43 所示，弹出“创建群聊”对话框，如图 3-44 所示，选择所要创建群聊的类型。

图 3-44　“创建群聊”对话框

（2）选择好创建群聊的类型后，填写群聊相关信息，如图 3-45 所示。

（3）首次建群需要输入个人认证信息，如图 3-46 所示，按要求输入个人信息即可。

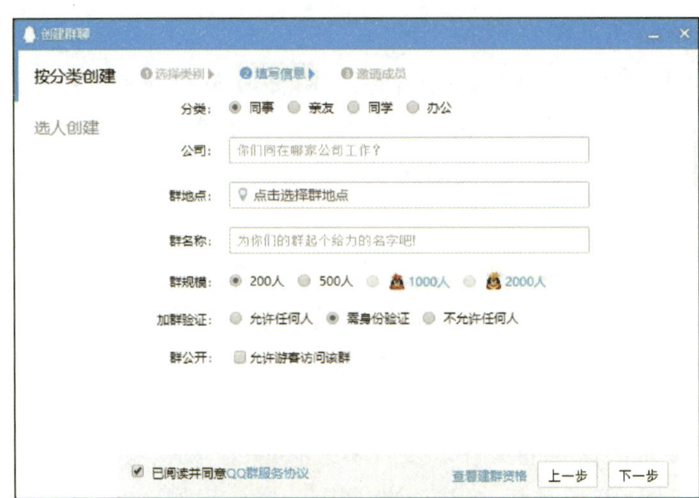

图 3-45　填写信息

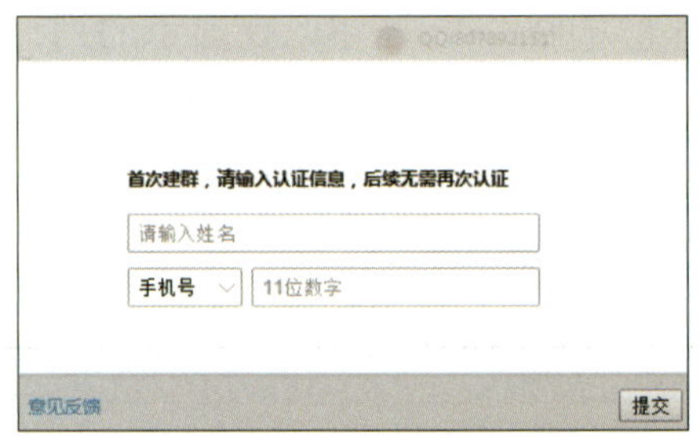

图 3-46　建群认证

（4）建群完成后，生成群二维码，可保存在计算机中或者发送到手机以分享该群，如图 3-47 所示。

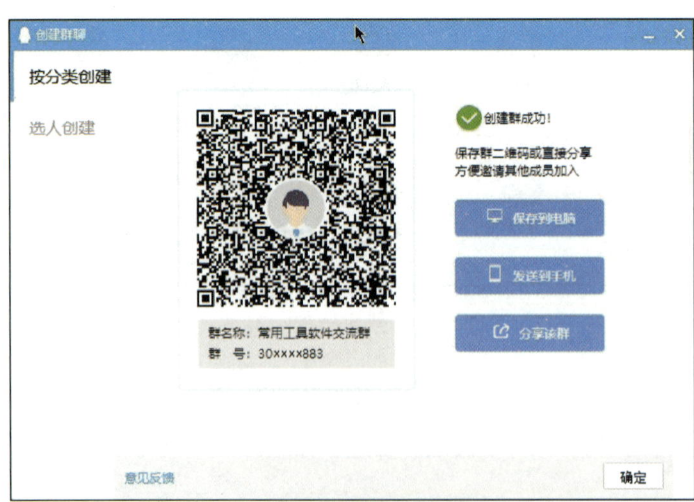

图 3-47　生成群二维码

（5）在QQ主面板中打开多人聊天面板，可看到“发起多人聊天”选项，如图3-48所示。单击该选项即可添加好友进行多人聊天。

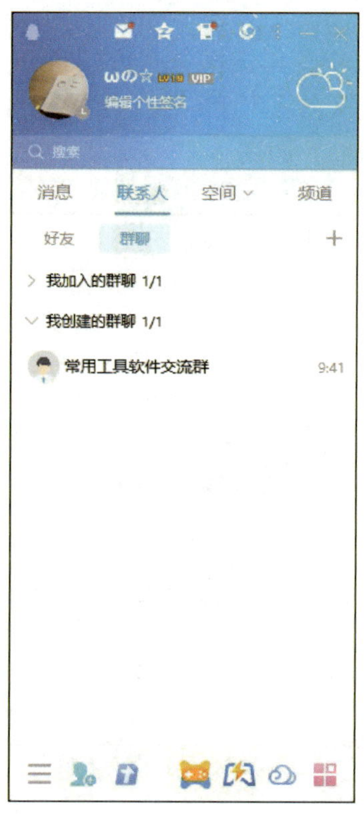

图 3-48　发起多人聊天

（6）在好友列表中添加好友进多人聊天，如图3-49所示，即可完成多人聊天的创建，如图3-50所示。最新版的QQ软件已取消了多人聊天功能，可使用群聊代替。

图 3-49　添加好友进多人聊天

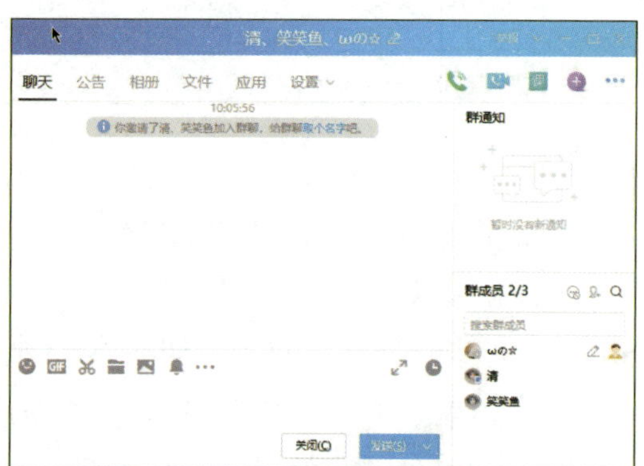

图 3-50　多人聊天窗口

4. 文件传输

文件传输功能用于将本地计算机中的文件（包括文本、声音、图片等）传输给 QQ 好友，其操作步骤如下。

（1）在打开的聊天对话框中，单击发送文件按钮，如图 3–51 所示，其中包括“发送文件”“发送在线文件 / 文件夹”和“发送微云文件”三个选项。单击“发送文件”选项，弹出“打开”对话框，如图 3–52 所示，找到要发送的文件并单击选中该文件，再单击对话框右下角的“打开”按钮即可发送。在聊天对话框中会显示出文件及发送状态的相应信息。

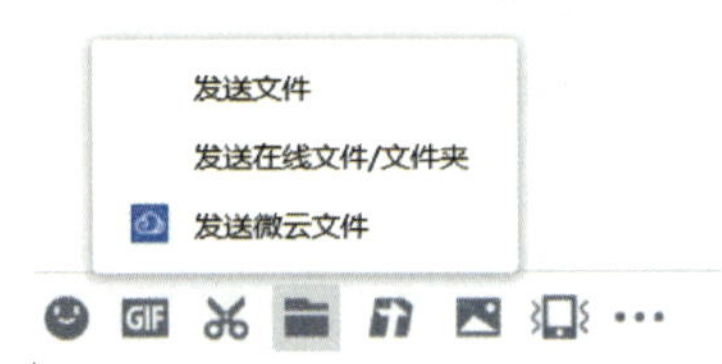

图 3–51　发送文件

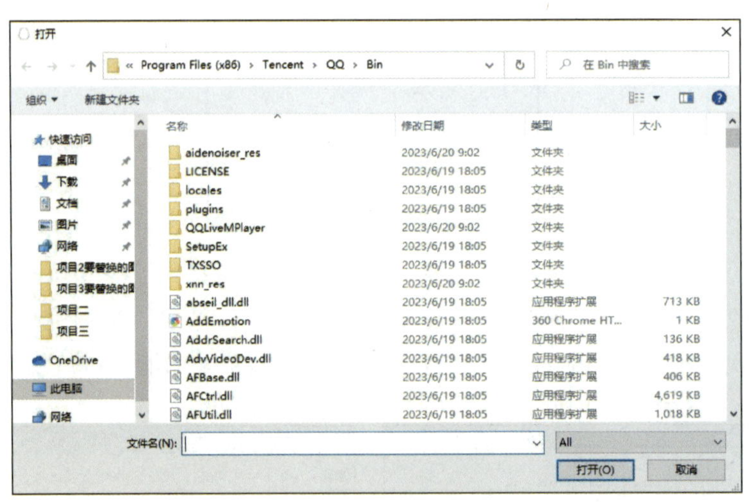

图 3–52　“打开”对话框

（2）QQ 微云是腾讯公司提供的一项智能云服务，可以通过微云方便地在手机和计算机之间同步文件、推送照片和传输数据。选择“发送微云文件”选项，可以将存储在微云中的文件发送给对方，如图 3–53 所示。

（3）如果在手机中安装并登录了 QQ，还可以将计算机中的文件传输到手机中。在联系人列表的“我的设备”中找到“我的手机”选项（本例中为“我的 Android 手机”），如图 3–54 所示，双击打开该“联系人”对话框，即可将文件发送至手机。

图 3-53　选择微云文件

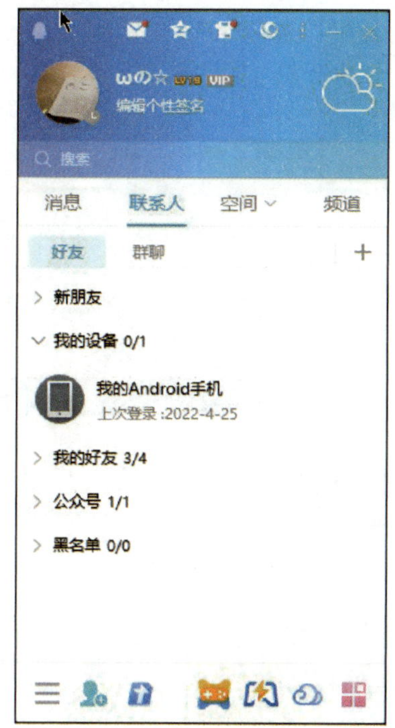

图 3-54　我的设备

5．远程协助

远程协助是腾讯 QQ 推出的一项用于远程控制计算机的功能，与远程桌面连接、TeamViewer、pcAnywhere 等相似。由于无法实现无人值守时进行远程操作，该功能一

般用于远程办公、远程协助领域，如协助好友处理计算机问题、管理员远程操作员工计算机处理业务等需要被控制一方有人值守的情况。远程协助中有“请求控制对方电脑”与“邀请对方远程协助”两个选项。具体操作步骤如下。

（1）在聊天的对话框上方，有远程桌面选项，将鼠标移至其上时，会弹出包括“请求控制对方电脑”与“邀请对方远程协助”的下拉菜单，如图 3–55 所示。

（2）选择“请求控制对方电脑”选项，即可向对方发出控制对方计算机的请求，如图 3–56 所示。对方 QQ 处于在线状态时，会弹出提示用户选择是否接受的对话框，当对方单击“接受”按钮后，即可控制其计算机。

图 3–55　远程协助操作

图 3–56　请求控制对方计算机

（3）如果想要请求对方远程控制己方的计算机，可选择“邀请对方远程协助”选项，即可向对方发出邀请，如图 3–57 所示，待对方接受后，己方的计算机即可被控制。

无论是“请求控制对方电脑”还是“邀请对方远程协助”都是远程协助的第一步，只有操作了这一步才可使互联网上的两台计算机建立连接，进而操作对方的计算机或被对方操作计算机。

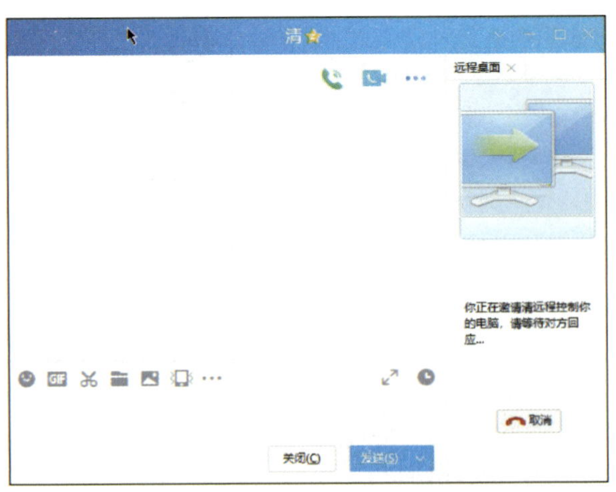

图 3–57　邀请对方远程协助操作

6. 分享屏幕和演示白板

QQ 提供了“分享屏幕”和“演示白板”功能，可用于远程视频会议或者空中课堂等领域。利用该功能可以将己方的屏幕分享给对方，还可在虚拟的白板上书写展示内容，并同步传递语音。其操作步骤如下。

（1）打开聊天对话框，在对话框上方工具栏中找到“分享”选项，其中即包括“分享屏幕”与“演示白板”两个功能选项，如图 3–58 所示。

图 3–58　“分享屏幕”操作

（2）选择“分享屏幕”，即可发出申请远程分享屏幕的邀请，如图 3–59 所示，待对方接受邀请后，即可完成屏幕分享，如图 3–60 所示，此时即可将己方的屏幕内容展示给对方，并可同步传播语音，此功能还支持邀请多个好友进入，一同观看屏幕内容。

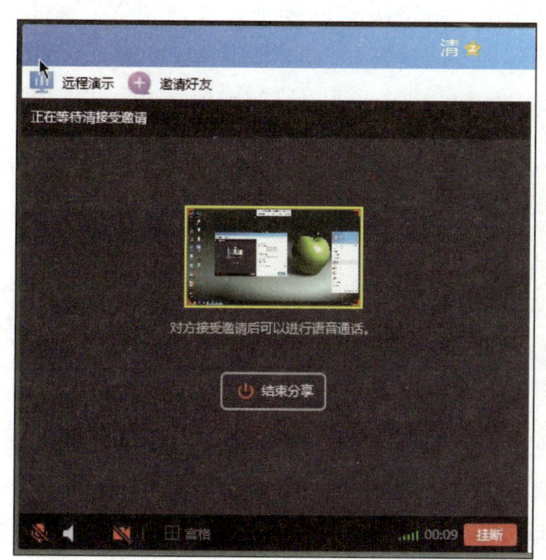

图 3–59　申请远程分享屏幕

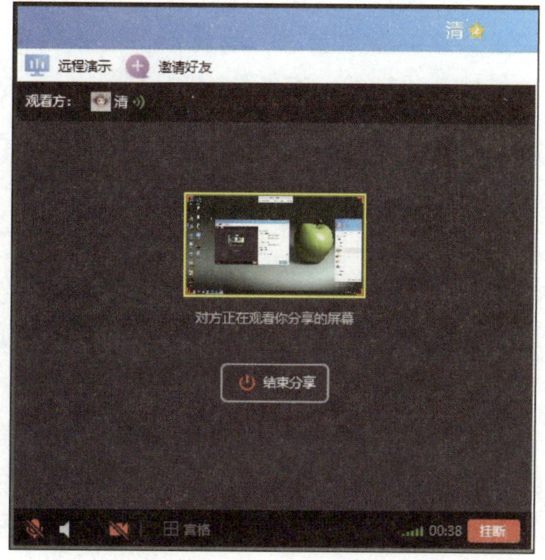

图 3–60　屏幕分享成功

（3）在分享屏幕的过程中，还可使用“演示白板”功能，如图 3–61 所示，在白板上绘图、写字、制表等，从而生动形象地表达内容，进行即时沟通。

图 3-61 “演示白板”功能

三、微信的使用

随着智能手机和移动网络的普及，手机的通信功能不再局限于接打电话和收发短信，越来越多以往需要在计算机上完成的事情被移植到了手机和平板计算机等智能终端上。微信就是在这样的背景下诞生的一款即时通信软件。QQ 诞生于 PC 端，从 PC 端扩展至移动端，而微信则正相反，侧重于移动端的应用，同时部分功能也支持在 PC 端使用。

微信在使用上大多与 QQ 相似，这里主要列举几个与 QQ 使用略有差别的功能进行说明。

1. 注册及添加好友

微信是一款主要服务于手机的软件，其主要功能都在其手机客户端上提供。使用微信，需要首先在手机上安装微信应用程序，为确保安全，应注意从正规的应用商店下载安装。微信的注册过程与其他软件类似，操作较为简单，按照系统提示逐步操作即可。在微信中，添加朋友的方式包括：可以在搜索栏中直接搜索对方的微信号或手机号；可以利用“雷达加朋友”功能，添加自己所在位置附近的微信好友；可以采用“面对面建群”让附近的人通过输入一组数字指令进行验证的方式加入微信群聊；可以利用“扫一扫”功能，通过扫描对方二维码名片的方式将其添加为好友；可以直接绑定手机通讯录，添加手机通讯录中的好友。添加朋友的界面如图 3-62 所示。

2. 在计算机上使用微信

除了手机客户端，微信也可以在计算机上使用，主要有微信网页版和微信 PC 客户端两种形式。对于微信网页版，直接用浏览器访问微信官方网站 http://wx.qq.com 即可；

对于 PC 客户端，则需要通过微信官方网站或其他正规途径下载安装。在使用上，二者大同小异，下面以 PC 客户端为例进行讲解。

与一般计算机上的即时通信软件最大的区别是，微信不支持在计算机上独立使用，必须与手机配合。运行安装好的微信 PC 客户端后需要使用已登录微信的手机扫描界面上的二维码，并在手机上确认后才能登录，如图 3-63 所示。用手机扫描二维码的方法是打开微信，单击右上角的“+”图标，选择“扫一扫”功能。

图 3-62　添加朋友的界面

图 3-63　登录界面

在手机上确认时，如果勾选“自动同步消息”，则进入 PC 客户端主界面（见图 3-64）后，手机上最近的聊天记录都会与 PC 客户端同步。PC 客户端登录后，在手机上的微信主界面里会提示“Windows 微信已登录”。这时如果有新消息到来，在手机上和计算机上会同步提醒，如不需要手机上的声音提醒，可在手机上单击“Windows 微信已登录”文字，选择“手机静音”功能；如不需要继续在计算机上使用微信，也可在此界面上退出计算机上的登录。

由图 3-64 可见，微信 PC 客户端的界面、功能都和 QQ 较为相似，可以和好友收发信息、传送文件，也可以进行语音聊天和视频聊天，但所包含的其他功能项目则少了很多，微信 PC 客户端对话窗口如图 3-65 所示。

图 3-64　微信 PC 客户端主界面和对话窗口

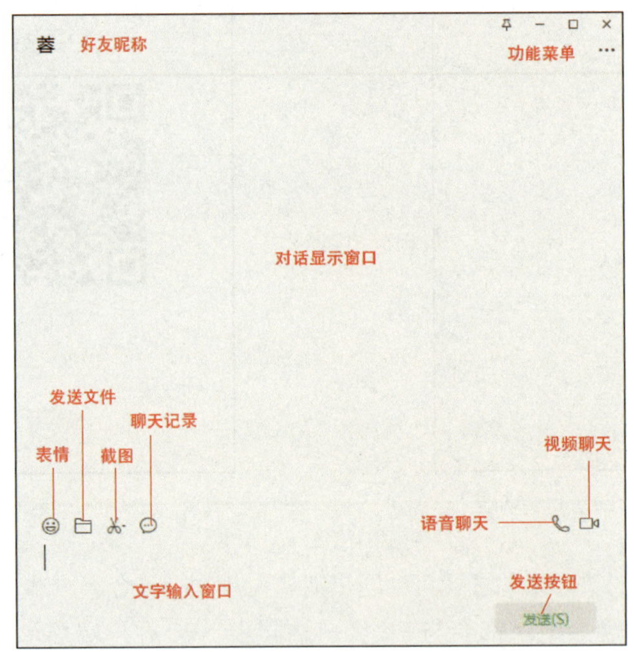

图 3-65　微信 PC 客户端对话窗口

3．在计算机和手机间传送文件

与 QQ 类似，微信 PC 客户端也支持在计算机和手机之间传送文件（包括文本、声音、图片等），可通过“文件传输助手”这一功能实现。

从手机向计算机传送文件的步骤如下。

（1）在计算机上登录微信。

（2）在手机微信中，直接在搜索栏中搜索“文件传输助手”功能。

（3）打开“文件传输助手”，可见其界面和普通好友聊天一样，相当于把“文件传输助手”当作了一个好友，向其发送文字、图片、文件等内容，即可在计算机上接收到。

从计算机向手机传送文件的过程与之类似，也是将“文件传输助手”当作一个好友，直接向其发送文件即可。

4. 其他扩展功能

除了聊天、传送文件这些基本功能，微信手机客户端还支持众多扩展功能，在某种程度上已经超出了一般即时通信软件的范畴，如“公众号”已经成为众多商家向客户提供服务的平台，也是重要的自媒体信息发布渠道；微信支付已成为应用最为广泛的移动支付工具之一，通过扫描二维码等方式即可实现资金的交易和往来，同时还可以作为一款理财工具使用。

通过小组讨论或根据教师要求，利用 QQ 进行一次远程桌面控制操作，并进行一次文件传输，将练习过程中的主要信息记录在表 3–5 中。

表 3–5　即时通信工具使用练习

项目	说明
软件版本	
进行远程桌面控制时的操作要点、所遇问题和解决办法	
传输文件过程中的操作要点、所遇问题和解决方法	

课题 4　网络存储工具
——百度网盘和腾讯微云的使用

1. 了解网络存储工具的功能。
2. 掌握百度网盘的使用方法。
3. 掌握腾讯微云的使用方法。

在日常生活中有时会遇到很多突发的计算机及设备的故障，比如硬盘坏了，这时将会导致计算机中很多重要的资料消失。如何既安全又节省成本地保存日常重要的文件呢？在此可以使用网络存储工具，例如，百度网盘、腾讯微云、115 网盘、360 云盘、华为云盘等。本课题重点讲解百度网盘和腾讯微云。

一、百度网盘的使用

1. 百度网盘的注册

（1）在计算机软件系统中成功安装百度网盘后，双击桌面上的百度网盘快捷方式，启动百度网盘并进入“百度网盘登录”界面，如图 3-66 所示。

（2）为方便、安全地使用百度网盘，需要先注册一个账号。单击界面中的“注册账号”按钮，弹出“欢迎注册”对话框，如图 3-67 所示。

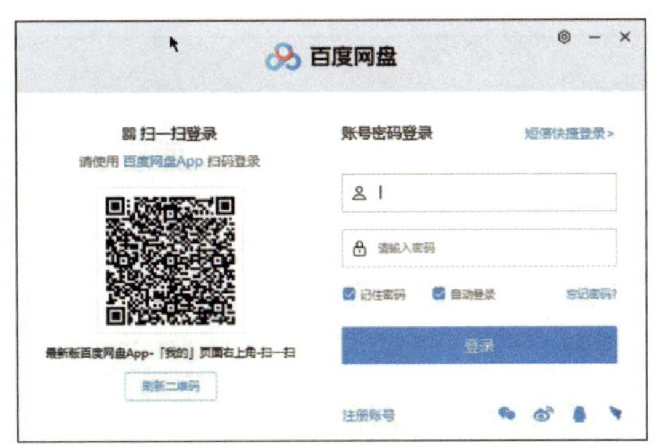

图 3-66　“百度网盘登录”界面

图 3-67　“欢迎注册”对话框

（3）在该对话框中，需要输入正确的手机号码、用户名、密码，并单击“获取验证码”按钮，同时还要勾选“阅读并接受《百度用户协议》、《儿童个人信息保护声明》及《百度隐私权保护声明》”复选框，完成所必需的操作。单击“注册”按钮，完成账号的注册，返回“百度网盘登录”界面。

2. 百度网盘的登录

在“百度网盘登录”界面中提供了 6 种登录方式，如扫码登录、账号密码登录、微信登录、微博登录、QQ 登录以及短信快捷登录等。用户可任意选择一种登录方式，登录后的“百度网盘”界面如图 3–68 所示。

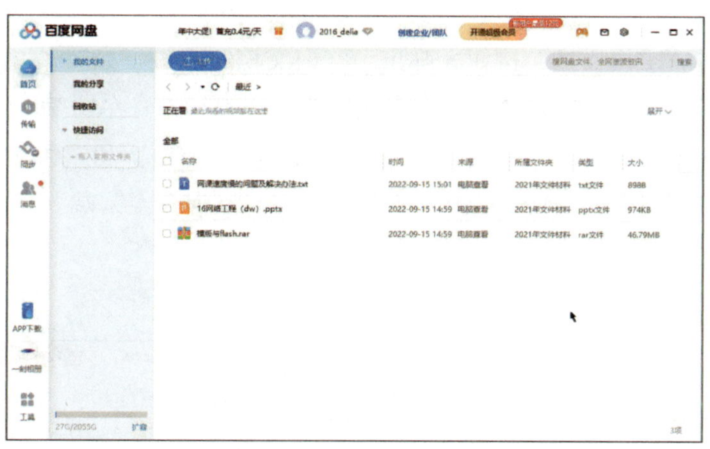

图 3–68 “百度网盘”界面

3. 上传文件或文件夹操作

（1）在如图 3–68 所示的“百度网盘”界面中，单击“首页”按钮，进入“首页”界面，单击“我的文件”按钮，可查看百度网盘中的文件。

（2）单击“上传”按钮，弹出“请选择文件 / 文件夹”对话框，如图 3–69 所示。在此浏览查找并选择要上传的文件或文件夹，然后单击“存入百度网盘”按钮，即可对文件或文件夹进行上传，上传完成后返回“首页”界面。

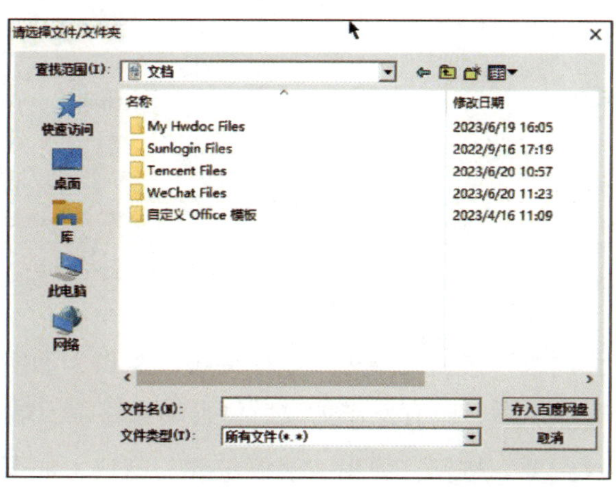

图 3–69 “请选择文件 / 文件夹”对话框

4. 新建文件夹及在线文档的操作

（1）单击 新建文件夹 按钮，在“我的文件”界面中新建一个文件夹，如图 3-70 所示。

（2）单击“新建在线文档”下拉列表，在显示的下拉列表框中，选择需要新建的文档类型（空白文档、工作日报、工作周报、会议纪要、更多模板），如图 3-71 所示。

（3）如单击“空白文档”按钮，弹出“空白文档”窗口，如图 3-72 所示，可对空白文档进行编辑，编辑完成以后，所有操作更改后将自动保存至云端。

（4）如单击“工作日报”按钮，弹出“工作日报”窗口，如图 3-73 所示，对工作日报进行编辑，编辑完成以后，所有操作更改后将自动保存至云端。

图 3-70　新建文件夹

图 3-71　“新建在线文档”窗口

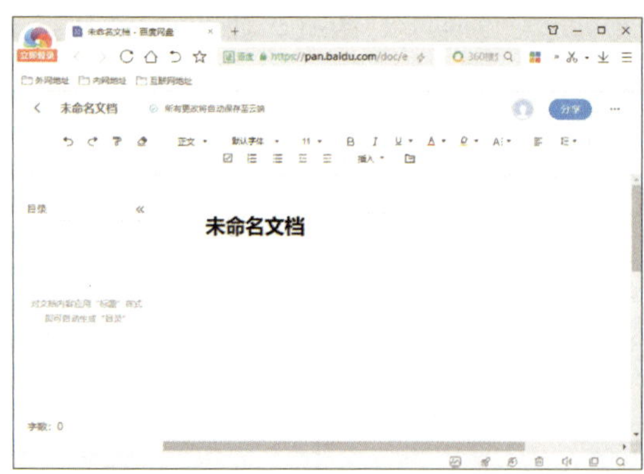

图 3-72　“空白文档”窗口

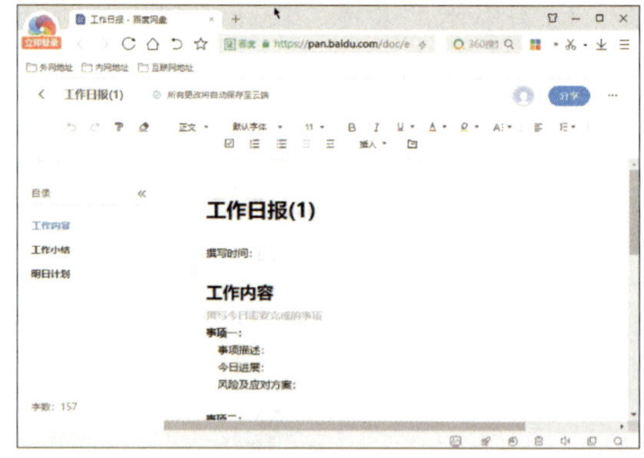

图 3-73　“工作日报”窗口

（5）如单击“工作周报”按钮，弹出“工作周报”窗口，如图 3-74 所示，对工作周报进行编辑，编辑完成以后，所有操作更改后将自动保存至云端。

（6）如单击“会议纪要”按钮，弹出“会议纪要”窗口，如图 3-75 所示，可对会议纪要进行编辑，编辑完成以后，所有操作更改后将自动保存至云端。

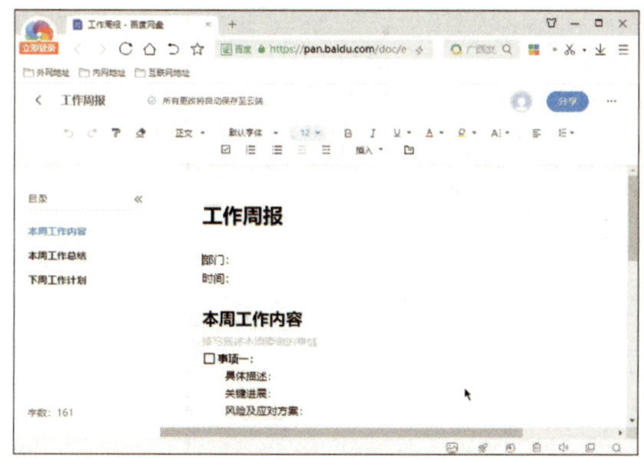

图 3-74　“工作周报”窗口

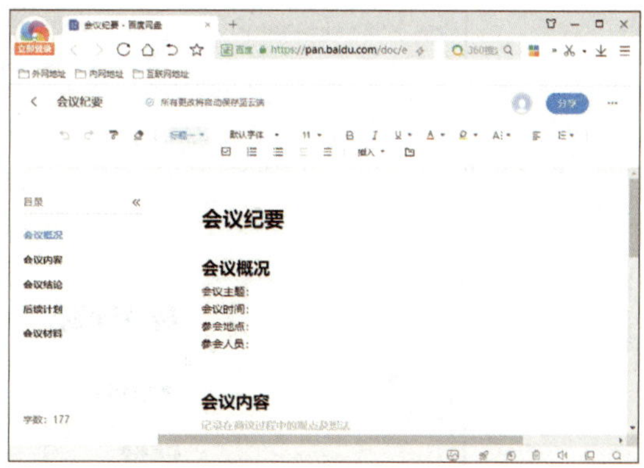

图 3-75　“会议纪要”窗口

（7）如单击“更多模板”按钮，弹出“更多模板”窗口，如图 3-76 所示，可对“学习效率”“办公必备”“生活日常”组的文档进行创建。所有操作更改后将自动保存至云端。

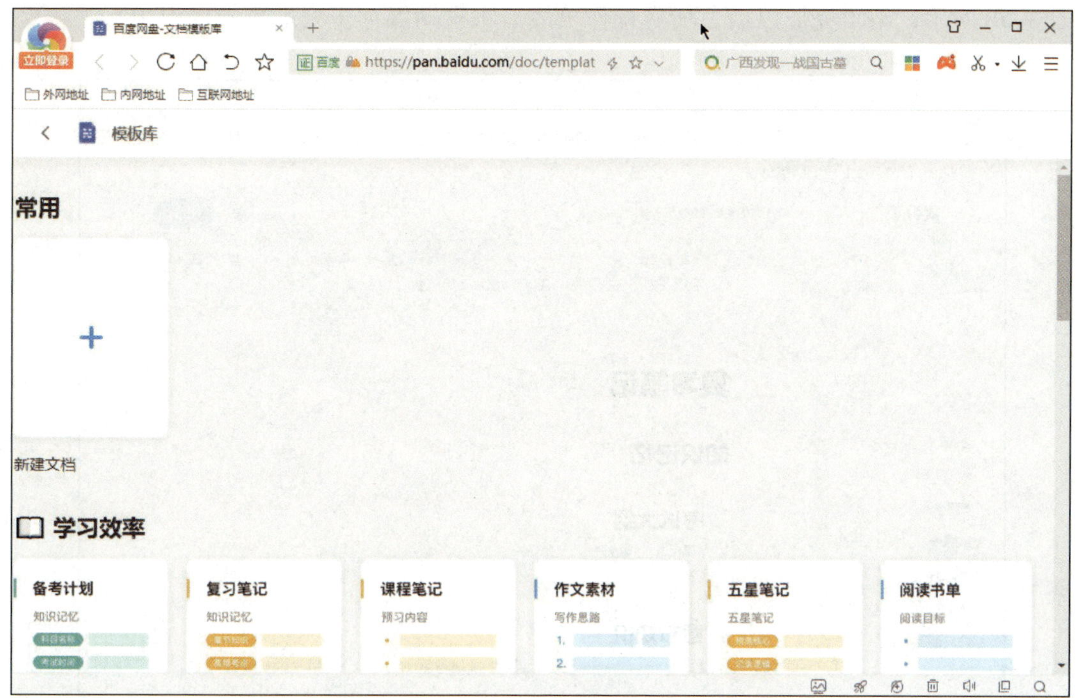

图 3-76　“更多模板”窗口

（8）如单击“学习效率”组中的“备考计划”按钮，弹出“备考计划”窗口，如图 3-77 所示，编辑完成以后，所有操作更改后将自动保存至云端更多模板中。

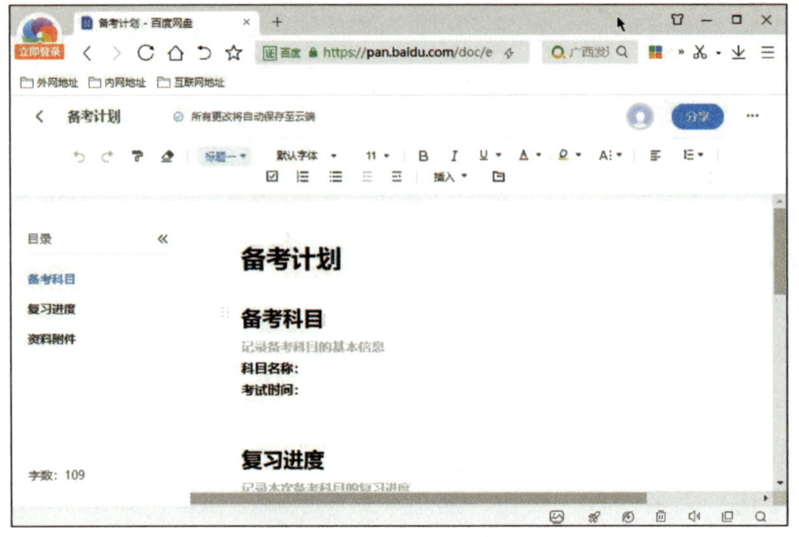

图 3-77 “备考计划”窗口

（9）如单击“学习效率”组中的“复习笔记”按钮，弹出“复习笔记”窗口，如图 3-78 所示，编辑完成以后，所有操作更改后将自动保存至云端更多模板中。

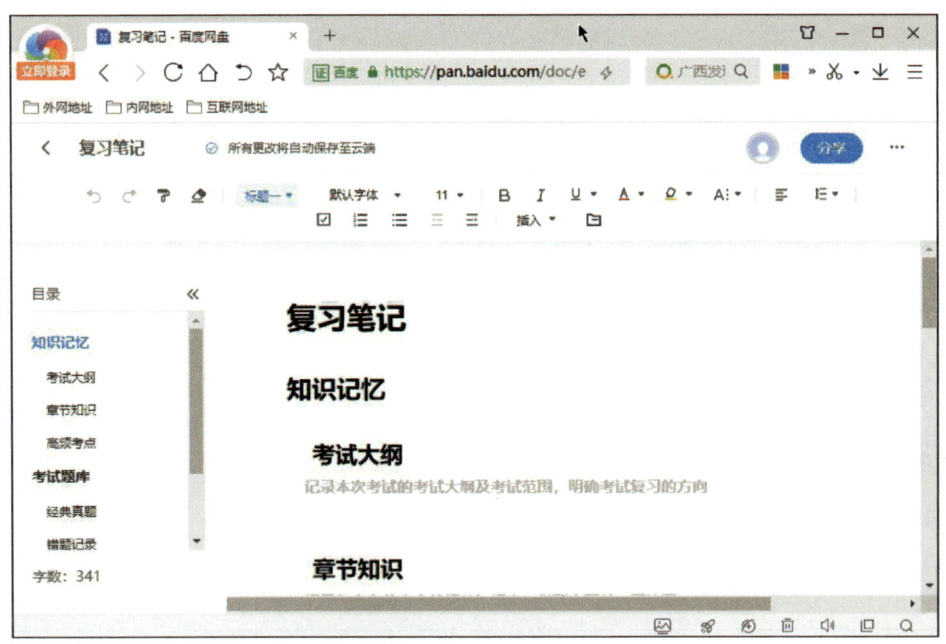

图 3-78 “复习笔记”窗口

（10）如图 3-79 所示，在“办公必备”组中，任意选择想要创建的“活动策划”按钮，弹出“活动策划”窗口，如图 3-80 所示，编辑完成以后，所有操作更改后将自动保存至云端更多模板中。

图 3-79　办公必备

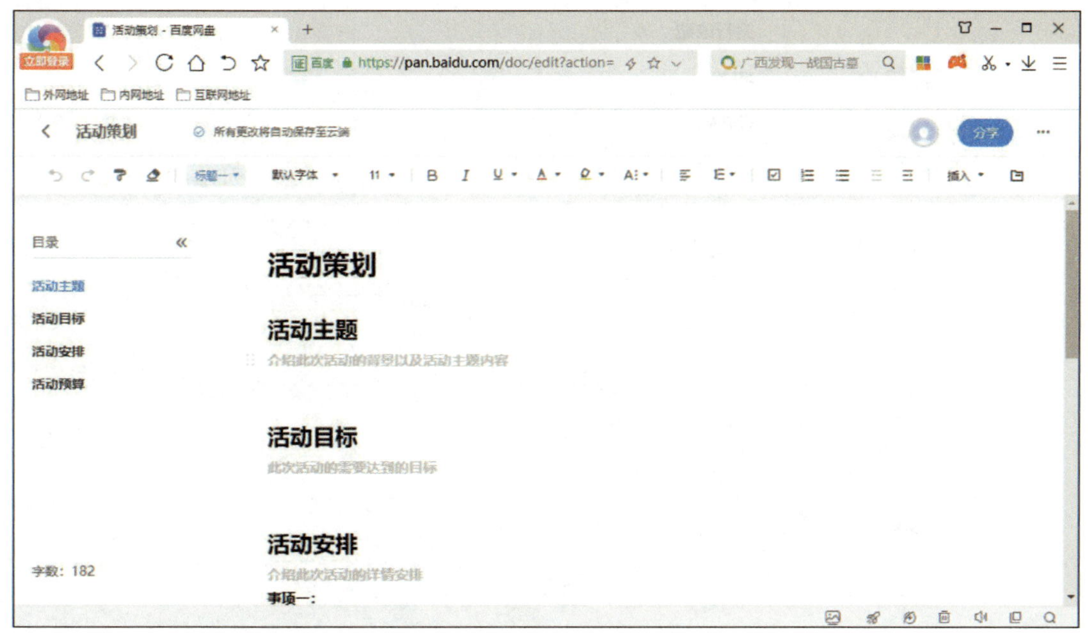

图 3-80　“活动策划”窗口

（11）如图 3-81 所示，在“生活日常”组中，任意选择想要创建的文档，这里以创建“旅行攻略”为例，单击“旅行攻略”按钮，弹出“旅行攻略”窗口，如图 3-82 所示，所有操作更改后将自动保存至云端更多模板中，如图 3-83 所示。

图 3-81　生活日常

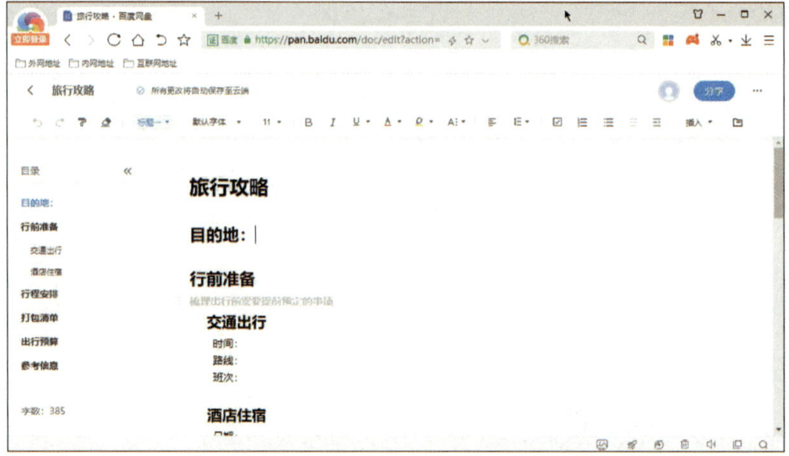

图 3-82　“旅行攻略”窗口

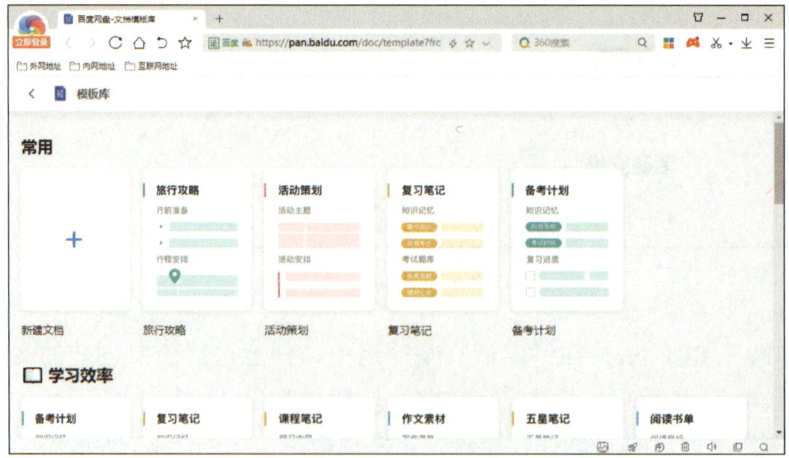

图 3-83　创建的文档

5. 文件或文件夹的下载

（1）在图 3-68 所示的“百度网盘”界面中，单击“离线下载”下拉列表，如图 3-84 所示，在下拉列表框中，如选择“添加普通下载”选项，弹出“新建下载任务”对话框，如图 3-85 所示。

图 3-84　离线下载

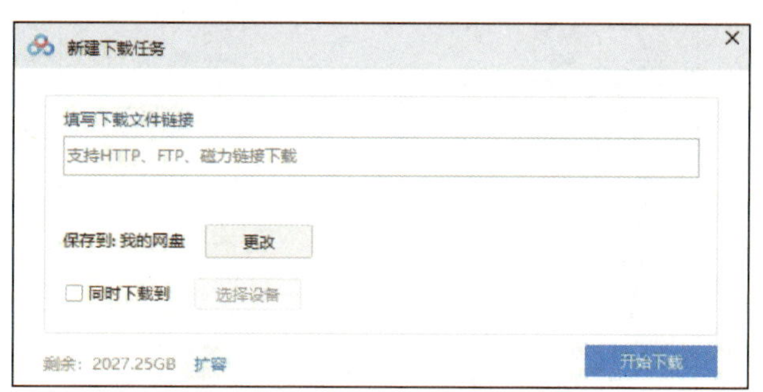

图 3-85　“新建下载任务”对话框

（2）在“填写下载文件链接”组中的文本框中，输入“支持 HTTP、FTP、磁力链接下载”的链接。在“保存到”组中，单击“更改”按钮，弹出“选择网盘保存路径”对话框，如图 3-86 所示。选择好网盘保存路径后，单击“确定”按钮，返回“新建下载任务”对话框。

（3）勾选“同时下载到”复选框，单击“选择设备”按钮，弹出“我的在线设备”对话框，如图 3-87 所示，单击“确定”按钮，返回“新建下载任务”对话框，设置好后，单击“开始下载”按钮，即可开始下载。

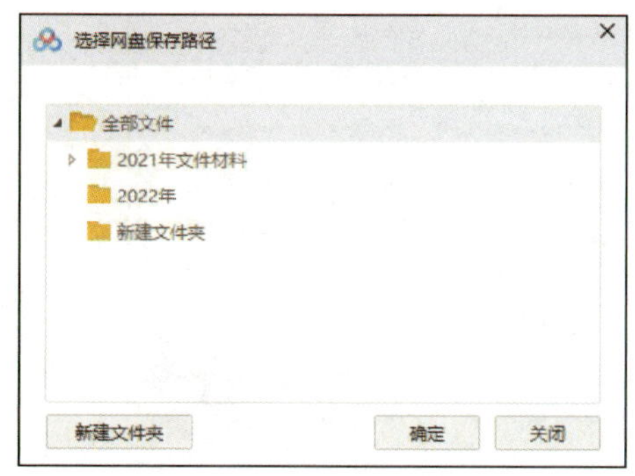

图 3-86　“选择网盘保存路径”对话框

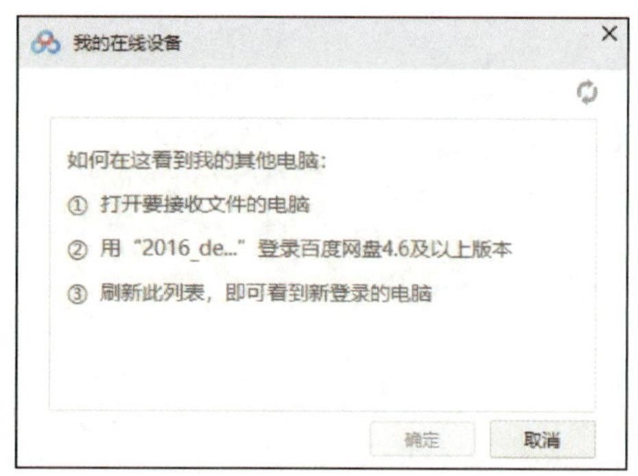

图 3-87　“我的在线设备”对话框

（4）在“离线下载”的下拉列表框中，如选择“添加 BT 任务”按钮，弹出“打开种子文件”对话框，如图 3-88 所示。选择好上传的种子文件，单击“存入百度网盘”按钮，返回“百度网盘”界面，如图 3-68 所示。

6. 百度网盘中的文件浏览

（1）在图 3-68“百度网盘”界面中，单击“ ☰↓ ”按钮，如图 3-89 所示，在显示的下拉列表框中，对“文件名、大小、修改时间、升序、降序”进行设置。

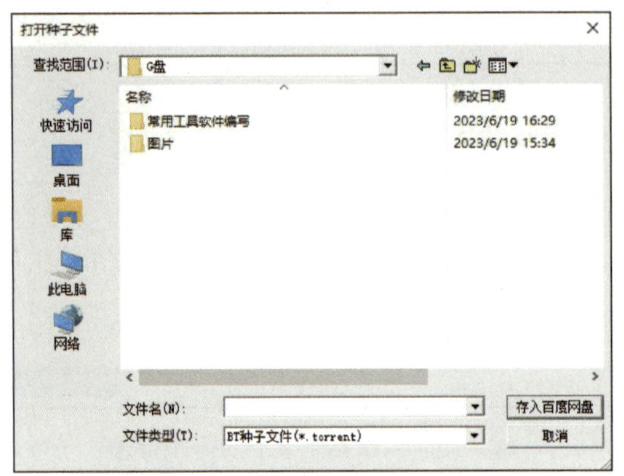

图 3-88 “打开种子文件”对话框

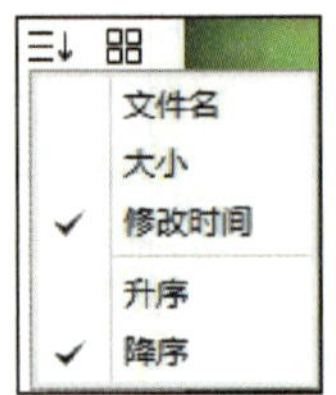

图 3-89 设置

（2）单击 ☰ 按钮，可将文件切换到列表模式，如图 3-90 所示。

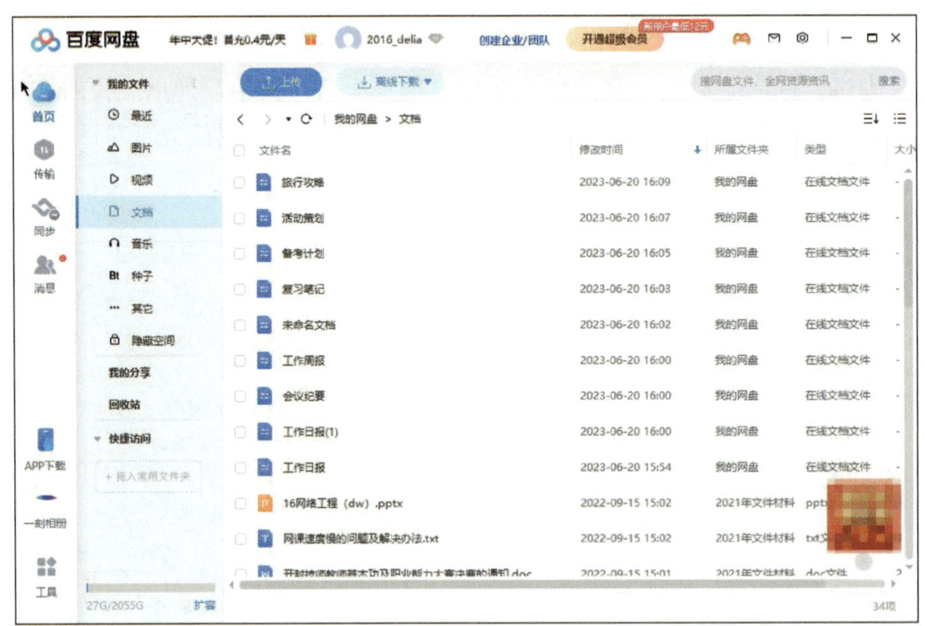

图 3-90 切换到列表模式

（3）如果百度网盘中的文件比较多，不方便查找，可以在“搜索”文本框中输入要搜索的文件名，单击“搜索”按钮，即可查找到所需文件，如图 3-91 所示。

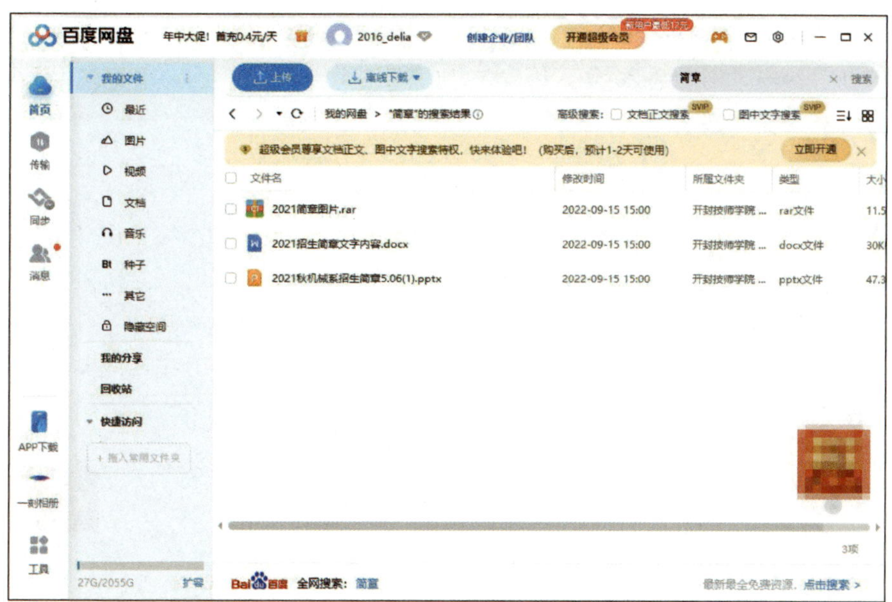

图 3-91　“搜索”文本框

（4）也可根据“我的文件”下拉列表框中的条件进行查找，如果是最近上传的文件，可以单击“最近”按钮，在“最近”窗口中查找文件，如图 3-92 所示。

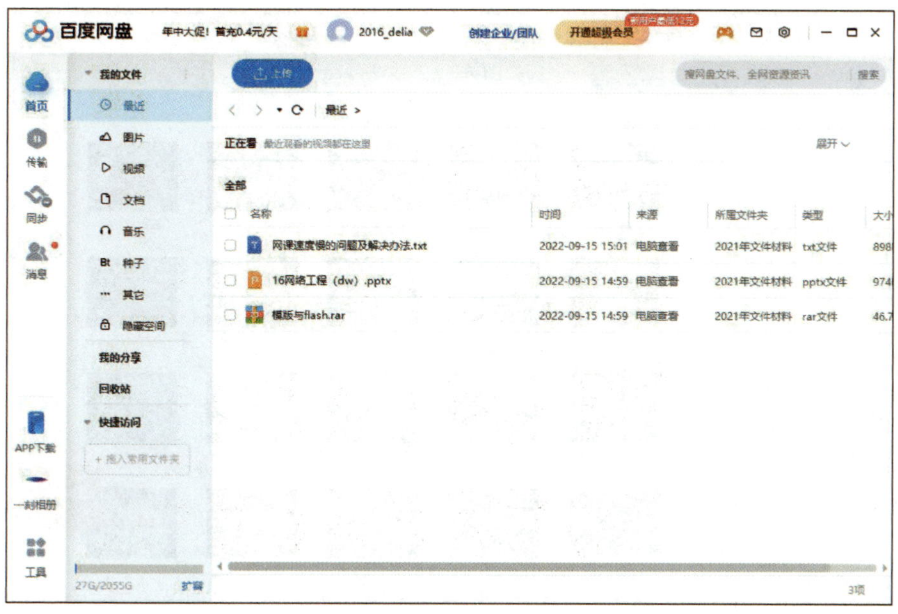

图 3-92　“最近”窗口

（5）单击“图片”按钮，弹出“图片”窗口，查看百度网盘中的图片，如图 3-93 所示。

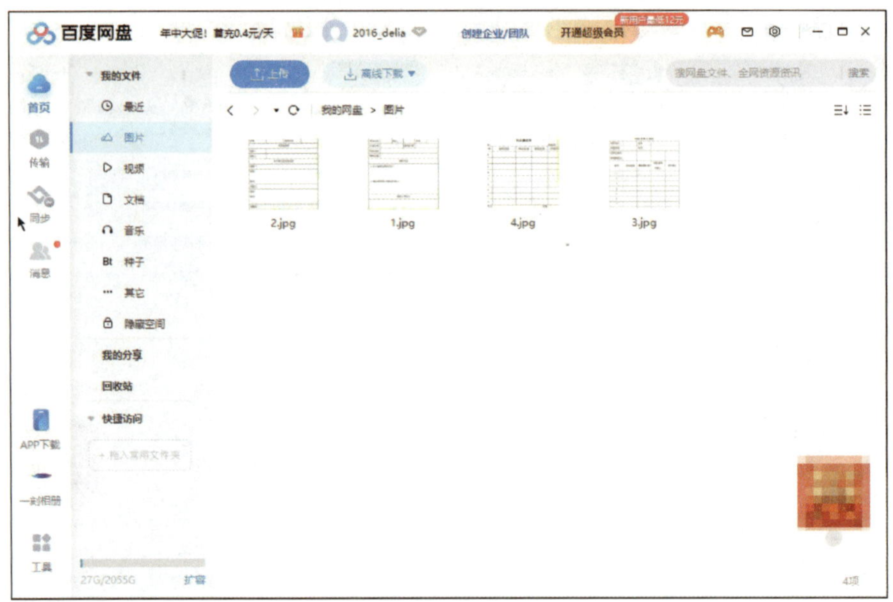

图 3–93 “图片”窗口

（6）单击“视频”按钮，弹出“视频”窗口，查看百度网盘中的视频，如图 3–94 所示。

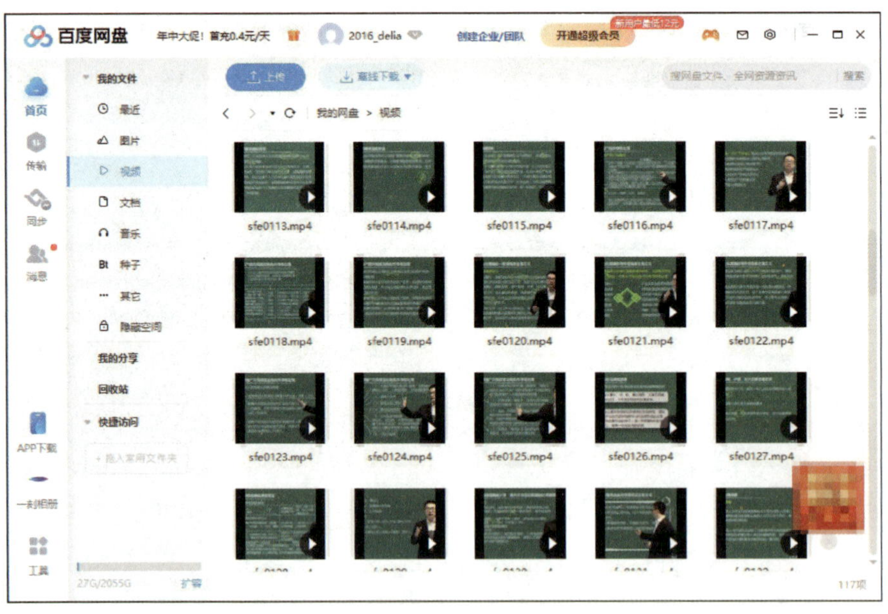

图 3–94 “视频”窗口

（7）单击“文档”按钮，弹出“文档”窗口，查看百度网盘中的文档，如图 3–95 所示。

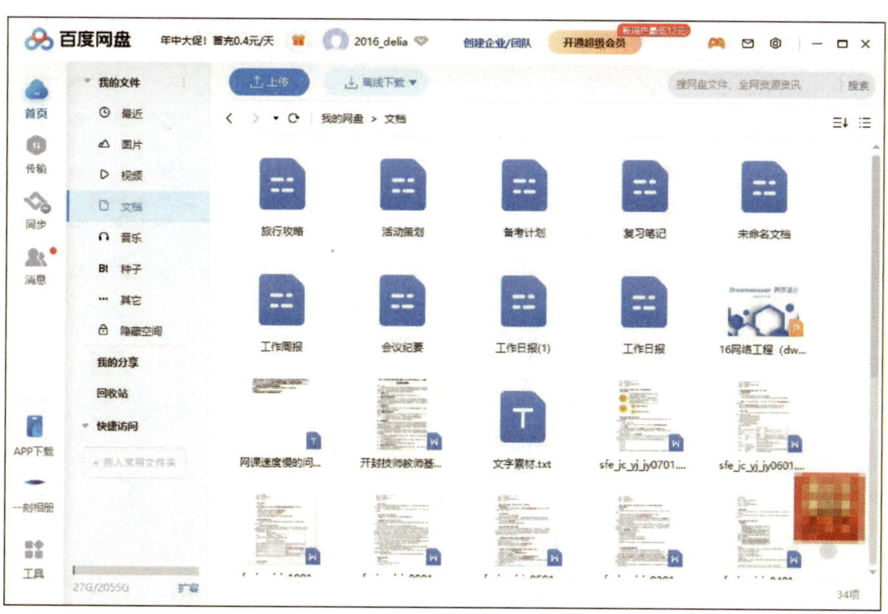

图 3-95 “文档”窗口

（8）在图 3-68 所示的“百度网盘”界面中，单击“我的分享”按钮，弹出“我的分享”窗口，可浏览分享的文件，如图 3-96 所示。

图 3-96 “我的分享”窗口

（9）在图 3-68 所示的“百度网盘”界面中，单击“传输”按钮，弹出“传输”界面，查看最近上传的文件，如图 3-97 所示。

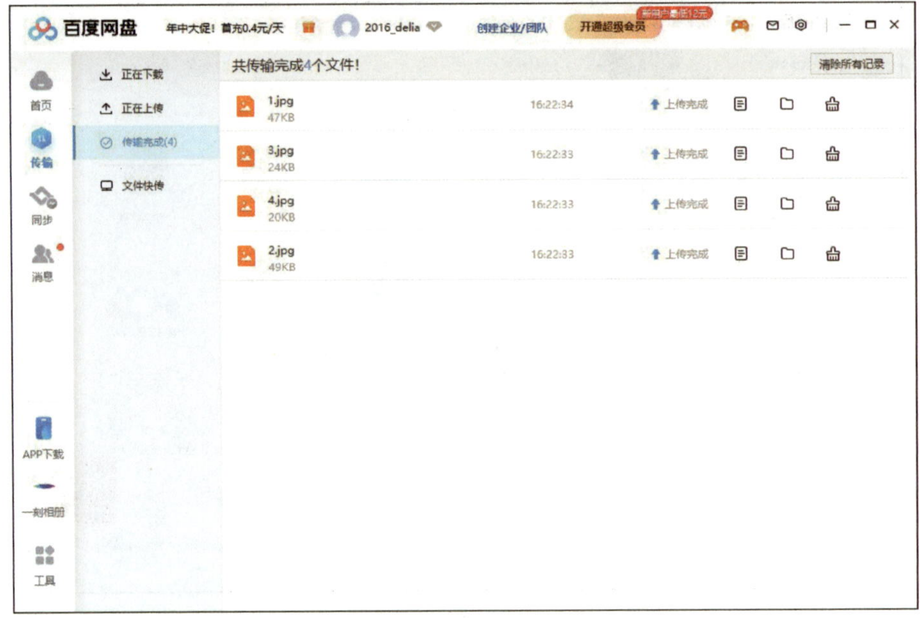

图 3–97 “传输”窗口

7. 文件的私密保存

（1）如果上传的文件非常重要，可在图 3–68 所示的“百度网盘”界面中单击“隐藏空间”按钮，弹出“隐藏空间”窗口，如图 3–98 所示。

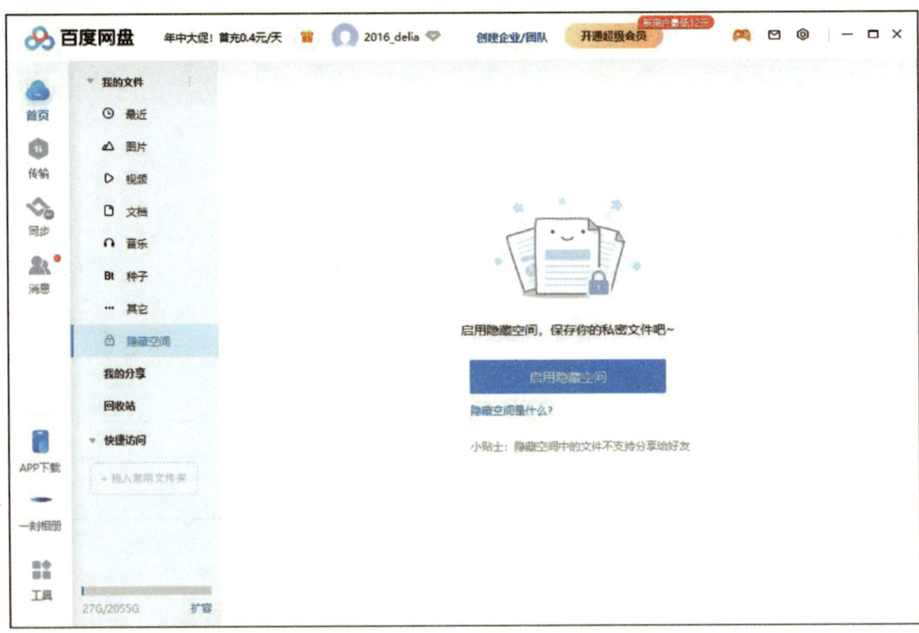

图 3–98 “隐藏空间”窗口

（2）单击“启用隐藏空间”按钮，弹出“创建二级密码”对话框，如图 3–99 所示。

（3）为保护文件的隐私，启用隐藏空间需要先设置二级密码。在该对话框的文本框中根据密码设置要求输入二级密码并确认，然后单击“创建”按钮，“隐藏空间”即创建完成，如图 3–100 所示。

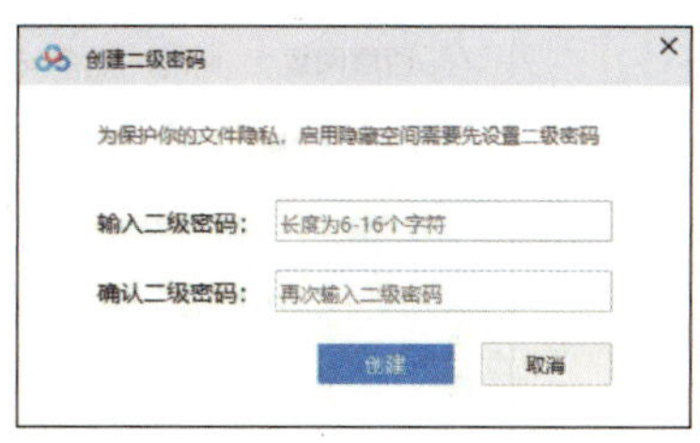

图 3–99　“创建二级密码”对话框

图 3–100　创建“隐藏空间”

（4）单击“上传文件”按钮，弹出“请选择文件 / 文件夹”对话框，如图 3–101 所示。选择好要上传的文件或文件夹，单击“存入百度网盘”按钮，返回“隐藏空间”界面即可看到上传的文件，如图 3–102 所示。

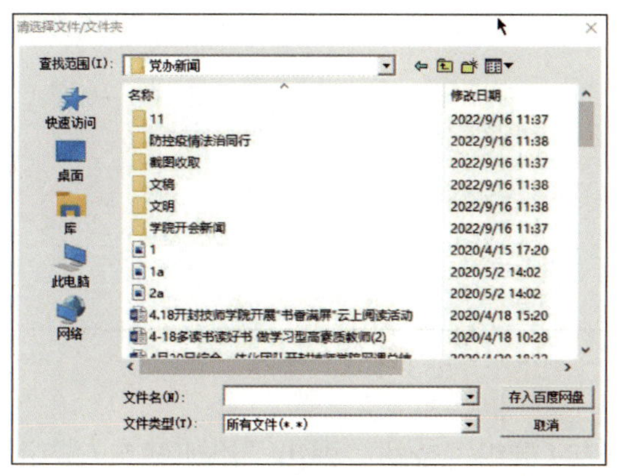

图 3–101　“请选择文件 / 文件夹”对话框

图 3-102　上传文件

8. 百度网盘中的好友操作

（1）在图 3-68 所示的“百度网盘”界面中，单击“消息”按钮，打开“会话”窗口，如图 3-103 所示，单击“会话”按钮，弹出“会话”窗口。

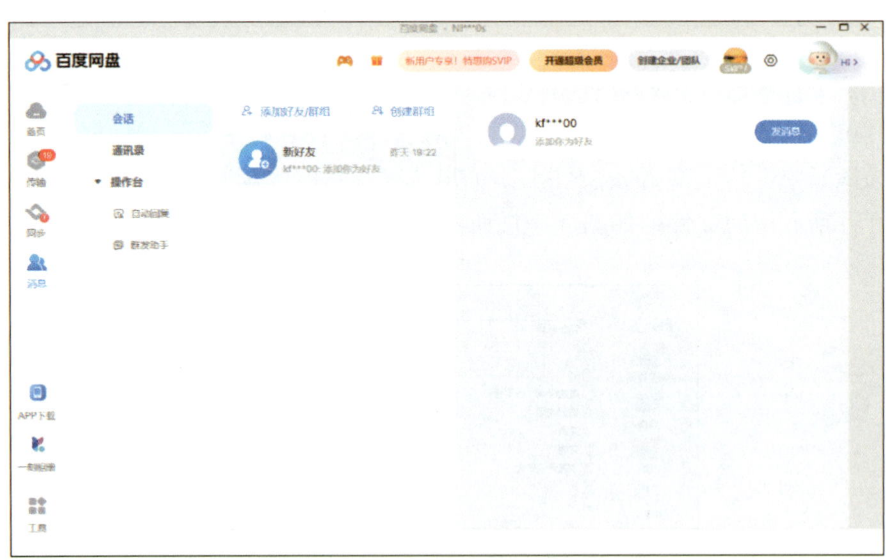

图 3-103　“会话”窗口

（2）单击“添加好友 / 群组”按钮，弹出“添加好友 / 群组”对话框，输入百度账号、手机号、群号后，可以完成好友或群组的添加，如图 3-104 所示。

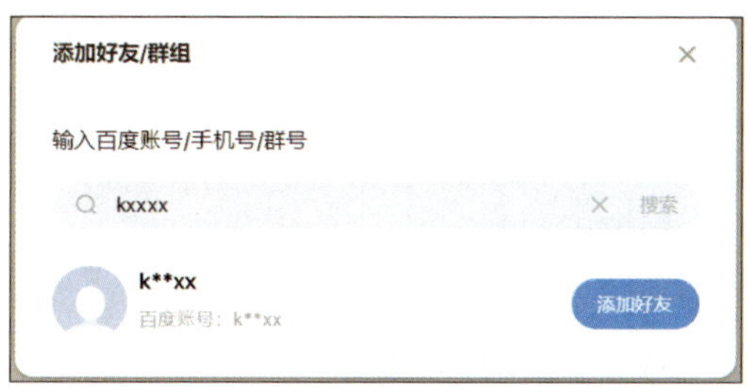

图 3-104 “添加好友 / 群组”对话框

（3）如图 3-105 所示，在与好友的“会话”窗口中，可以与好友进行对话，也可以给好友分享文件，单击按钮，弹出“选择文件或文件夹”对话框，如图 3-106 所示，选中相应的文件或文件夹后，单击“确定”按钮，即可完成给好友分享文件的操作。

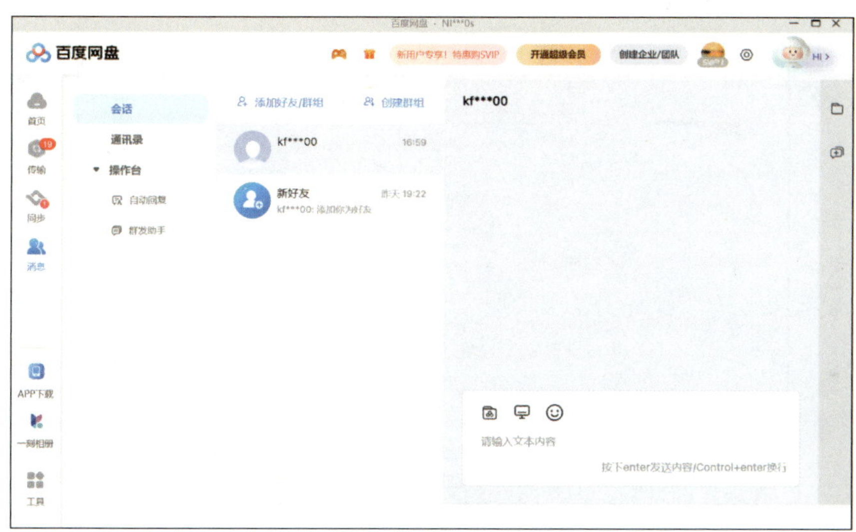

图 3-105　与好友的“会话”窗口

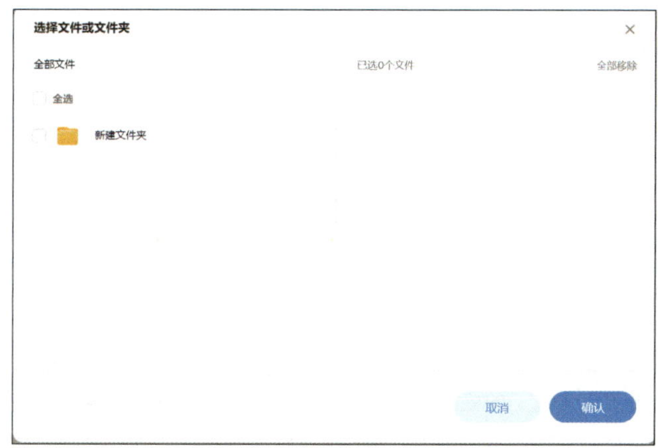

图 3-106 “选择文件或文件夹”对话框

（4）百度网盘还提供群发功能，单击“群发助手”按钮，打开“群发助手”窗口，如图3-107所示，单击“发送网盘文件”按钮，弹出“选择文件或文件夹”对话框，如图3-108所示，选中文件后，单击“下一步”按钮，如图3-109所示，弹出“选择好友或群组”对话框，如图3-110所示，选中其中要发送文件的群组后，单击“确定”按钮，弹出“确认发送以下文件?”对话框，单击“分享”按钮即可完成操作，如图3-111所示。

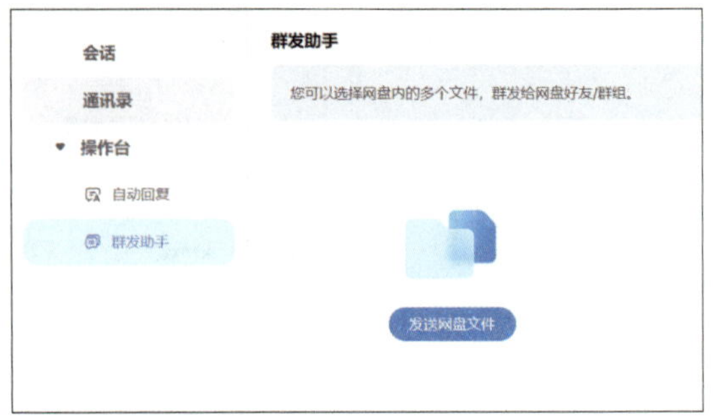

图3-107 “群发助手”窗口

图3-108 “选择文件或文件夹”对话框

图3-109 单击“下一步”按钮

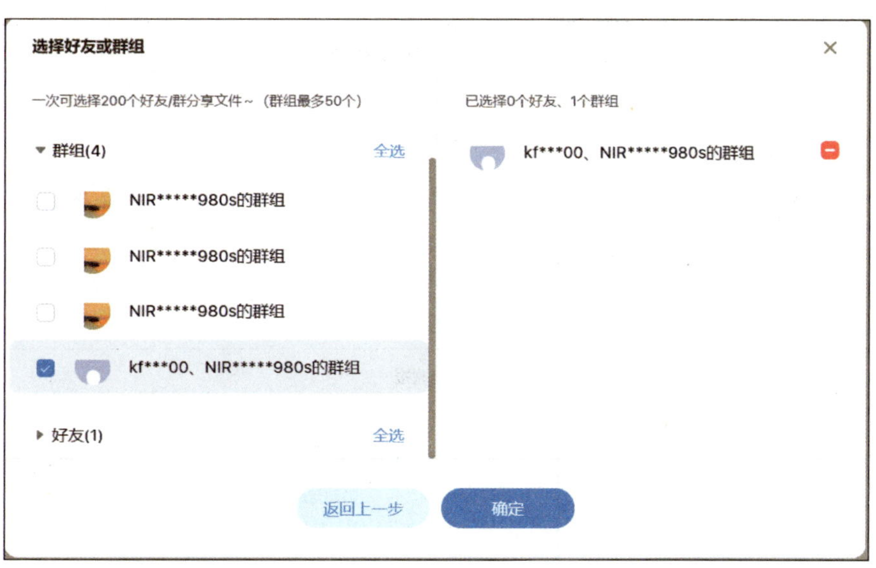

图 3-110　“选择好友或群组”对话框

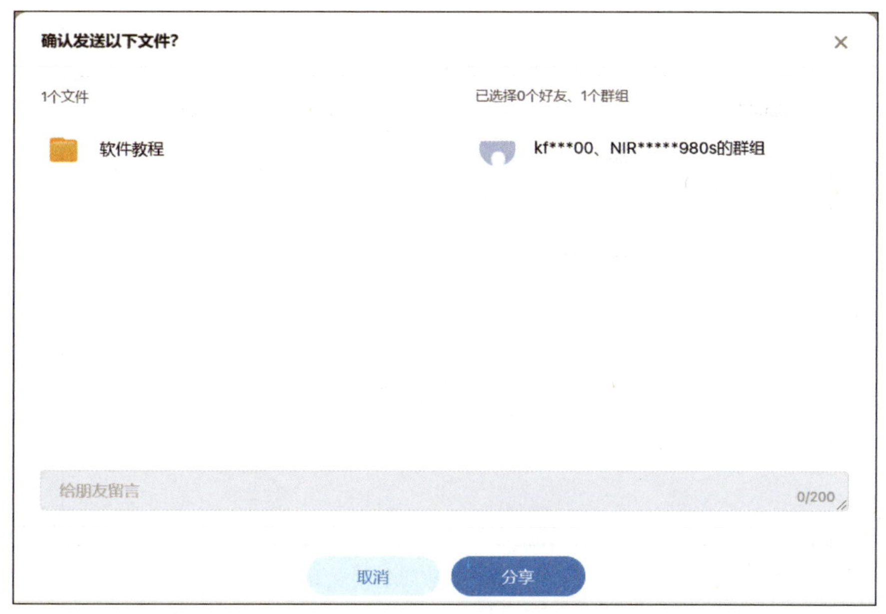

图 3-111　“确认发送以下文件?”对话框

（5）如图 3–112 所示，单击“删除好友”选项，弹出“确认删除好友”对话框，如图 3–113 所示，单击“确定”按钮，即可完成操作。

（6）单击“举报”选项，弹出“举报”对话框，如图 3–114 所示，选择举报原因的复选框后，单击“提交”按钮，即可完成举报操作。

（7）单击“自动回复”按钮，可以设置自动回复的具体内容，如图 3–115 所示。

图 3-112 删除好友的操作

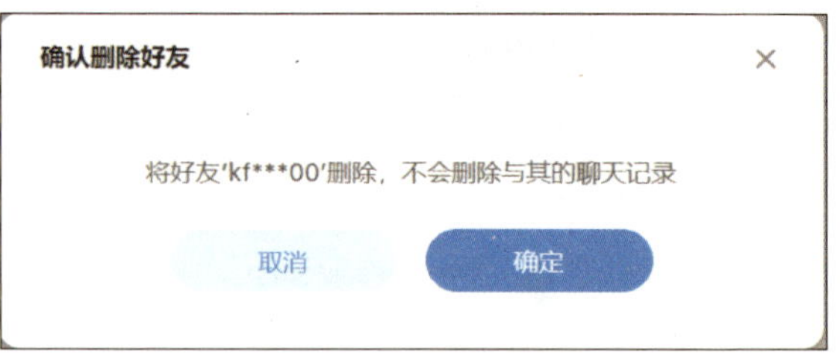

图 3-113 “确认删除好友”对话框

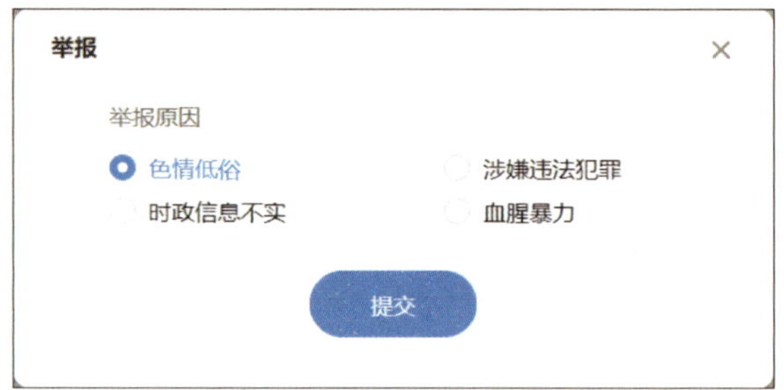

图 3-114 “举报”对话框

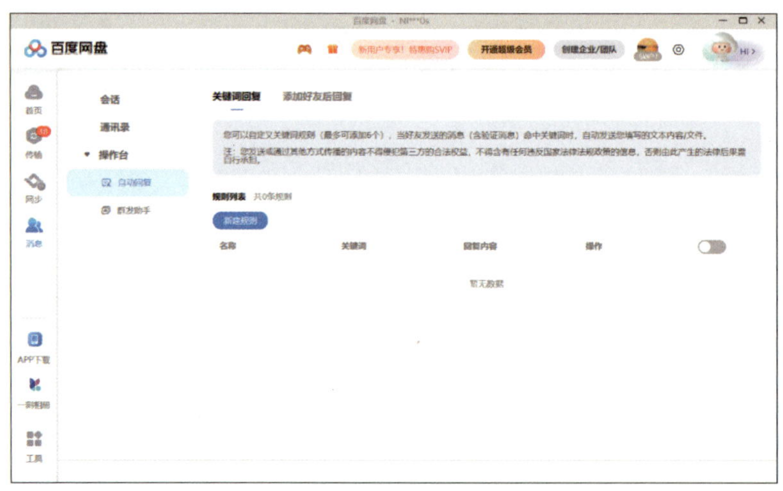

图 3-115 设置自动回复的具体内容

9. 同步空间

（1）在图 3-68 所示的“百度网盘”界面中，单击“同步”按钮，弹出“欢迎使用同步空间”对话框，如图 3-116 所示，在对话框中会显示“想回家办公，背电脑太重?”提示信息。

（2）单击“下一步”按钮，会显示“手动备份文件太麻烦?”提示框，如图 3-117 所示。

（3）单击“下一步”按钮，会显示“更多功能介绍”提示框，如图 3–118 所示。

图 3–116　“欢迎使用同步空间”对话框

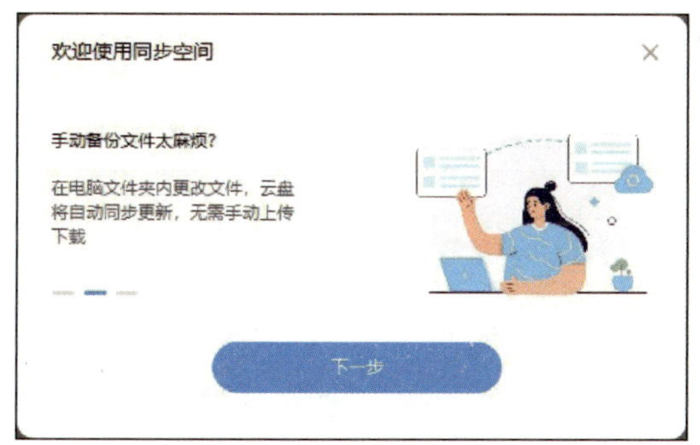

图 3–117　“手动备份文件太麻烦?”提示框

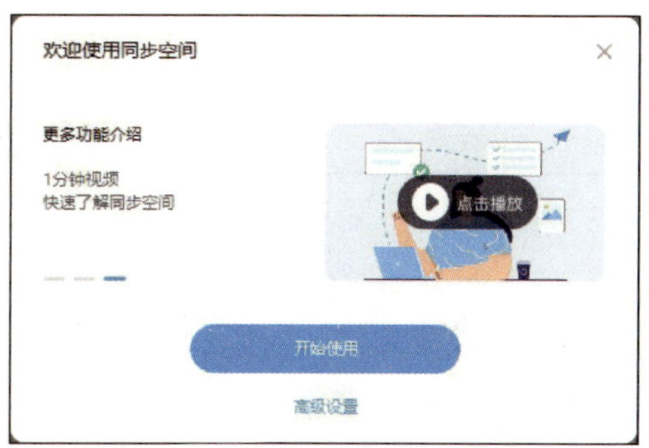

图 3–118　“更多功能介绍”提示框

（4）单击“开始使用”按钮，弹出“网盘同步空间”窗口，如图 3–119 所示。

（5）单击 新建文件夹 按钮，可在“同步空间”中创建文件夹，如图 3–120 所示。

图 3–119　“网盘同步空间”窗口

图 3–120　创建文件夹

（6）单击 添加网盘文件 按钮，弹出“选择文件”对话框，如图 3–121 所示。选择要添加的文件，单击“确定”按钮，返回“网盘同步空间”窗口。

（7）单击 按钮，在窗口中将会显示出最近操作的内容，如图 3–122 所示。

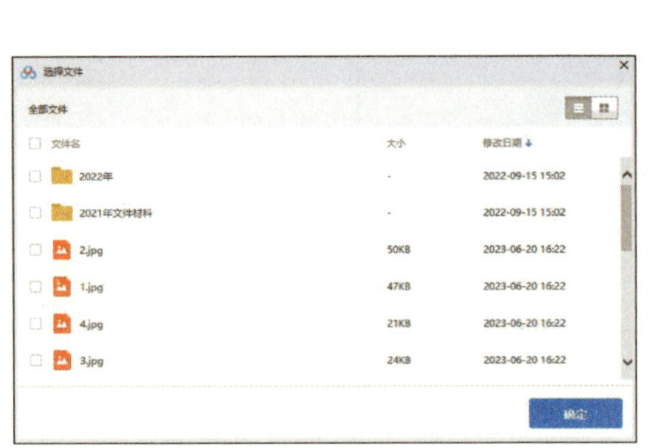

图 3–121　“选择文件”对话框

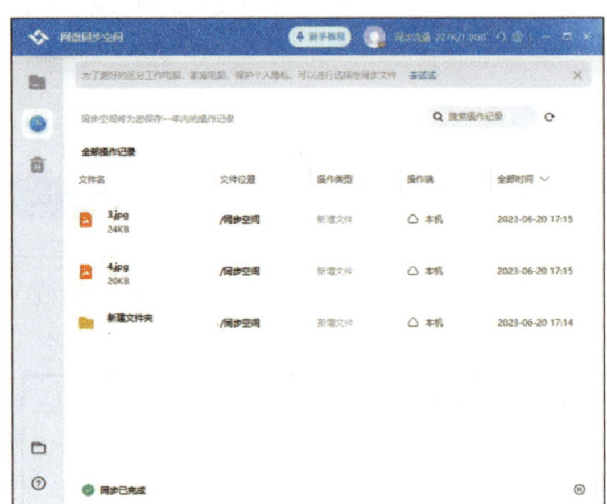

图 3–122　最近操作

10. 回收站操作

（1）在百度网盘中删除的文件，并不会马上被删除，而由百度网盘先移动到回收站中，10 日后系统将其自动删除。可在图 3–68 所示的“百度网盘”界面中，单击“回收站”按钮，弹出“回收站”窗口，可查看删除的文件，如图 3–123 所示。

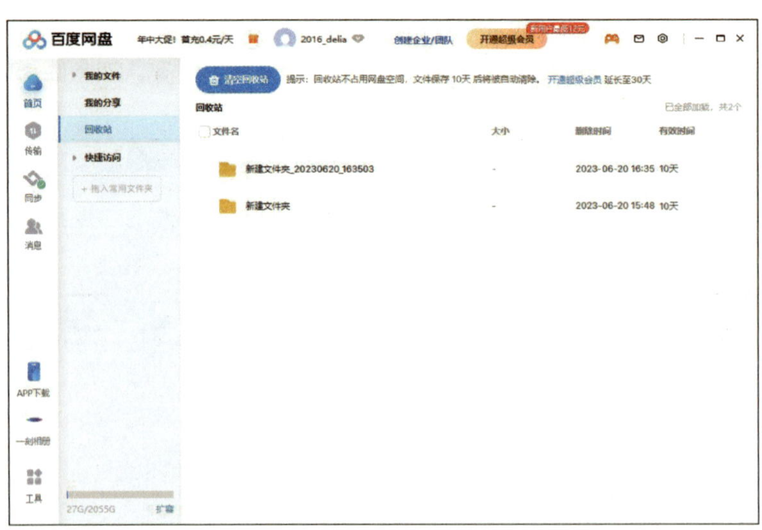

图 3–123　“回收站”窗口

（2）单击 按钮，弹出“清空回收站”窗口，如图 3–124 所示。

（3）单击“清空回收站”按钮，弹出“确认清空回收站?”提示框，如图 3-125 所示，单击“确定”按钮，将清空回收站的文件。

图 3-124　“清空回收站”窗口

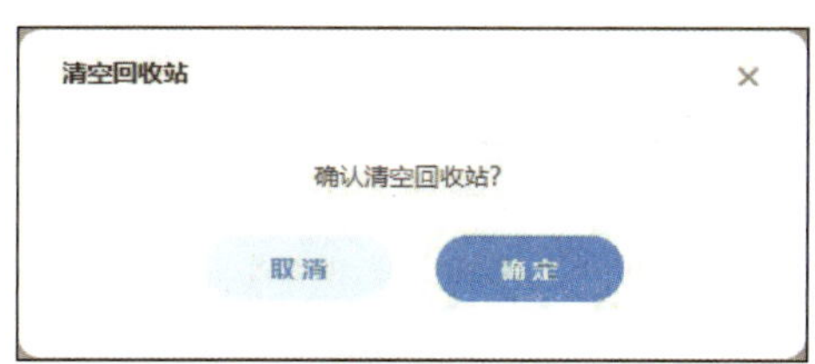

图 3-125　“确认清空回收站?”提示框

11. 百度网盘手机 App

（1）将鼠标放置在“App 下载”上，将显示“百度网盘”App 二维码，如图 3-126 所示。

（2）单击“App 下载”按钮，弹出“百度网盘”软件下载界面，如图 3-127 所示。

图 3-126　“百度网盘”App 二维码

图 3-127　“百度网盘”下载界面

12. 一刻相册

（1）单击“一刻相册”按钮，将会显示激活提示框，如图 3-128 所示。

（2）如果已激活，可单击“我已激活”按钮，弹出“一刻相册”窗口，如图 3-129 所示，可对相册进行操作。

（3）单击 按钮，弹出“全部工具”窗口，如图 3-130 所示，可对显示的工具进行操作。

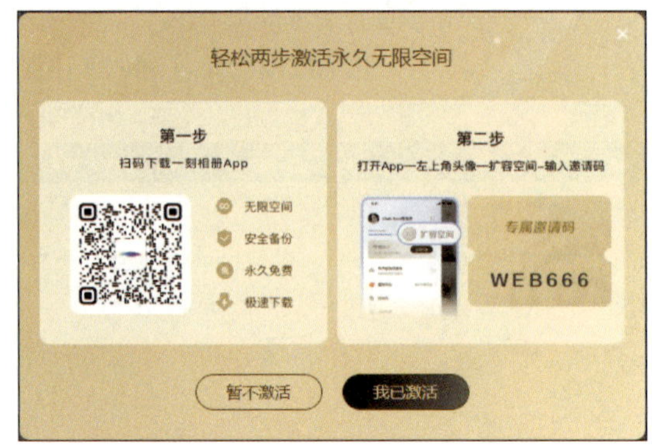

图 3-128 激活提示框

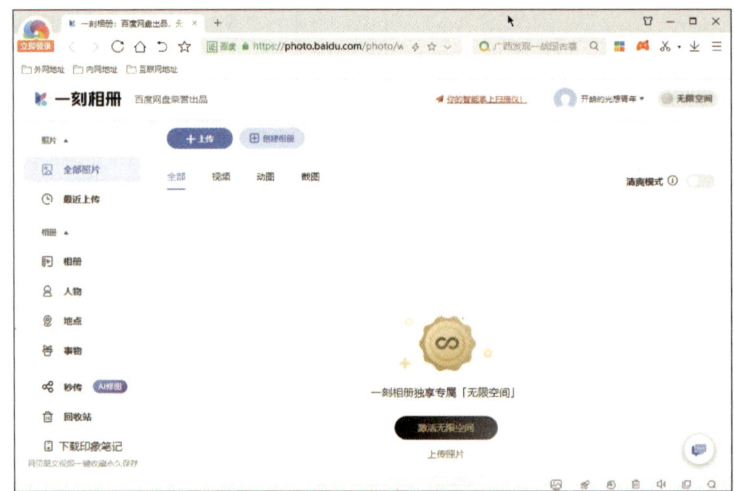

图 3-129 “一刻相册”窗口

图 3-130 “全部工具”窗口

二、腾讯微云的使用

1. 腾讯微云的登录

（1）在计算机中成功安装腾讯微云以后，启动腾讯微云，将打开“登录微云”界面，如图 3–131 所示。

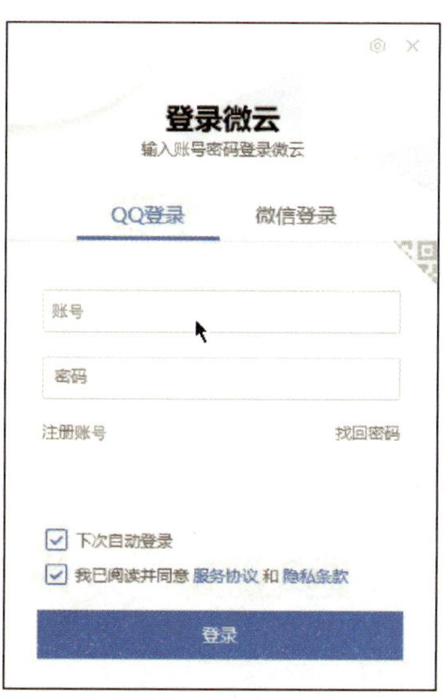

图 3–131　“登录微云”界面

（2）“登录微云”界面提供了两种登录方式，即“QQ 登录”和“微信登录”，可以选择任意的账号登录和二维码登录方式，进行腾讯微云的登录，进入“腾讯微云”界面，如图 3–132 所示。

图 3–132　“腾讯微云”界面

2. 上传文件或文件夹

（1）单击“上传”按钮，将显示“文件”和“文件夹”两个选项，如图 3–133 所示。

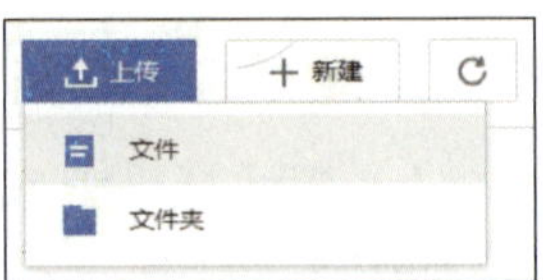

图 3–133 “上传”列表

（2）如选择“文件夹”选项，弹出“选择文件夹”对话框，如图 3–134 所示，选择要上传的文件夹后，单击“选择文件夹”按钮，返回“微云 – 全部”窗口，如图 3–135 所示。

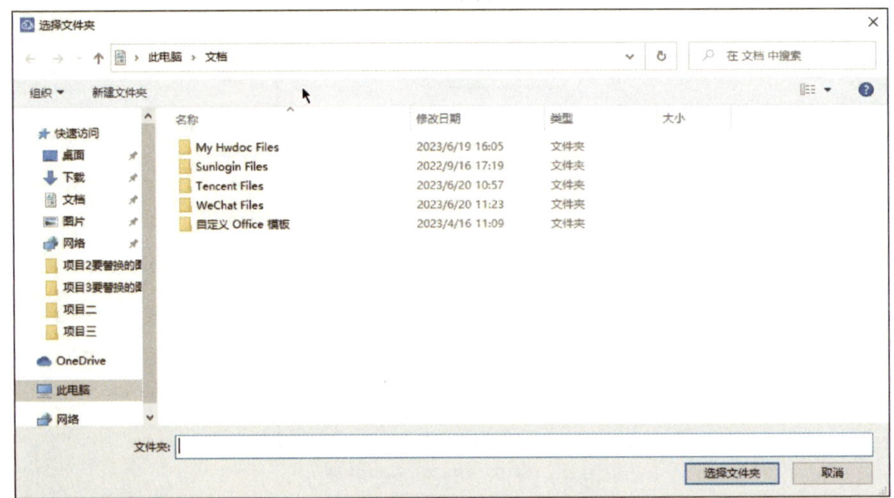

图 3–134 “选择文件夹”对话框

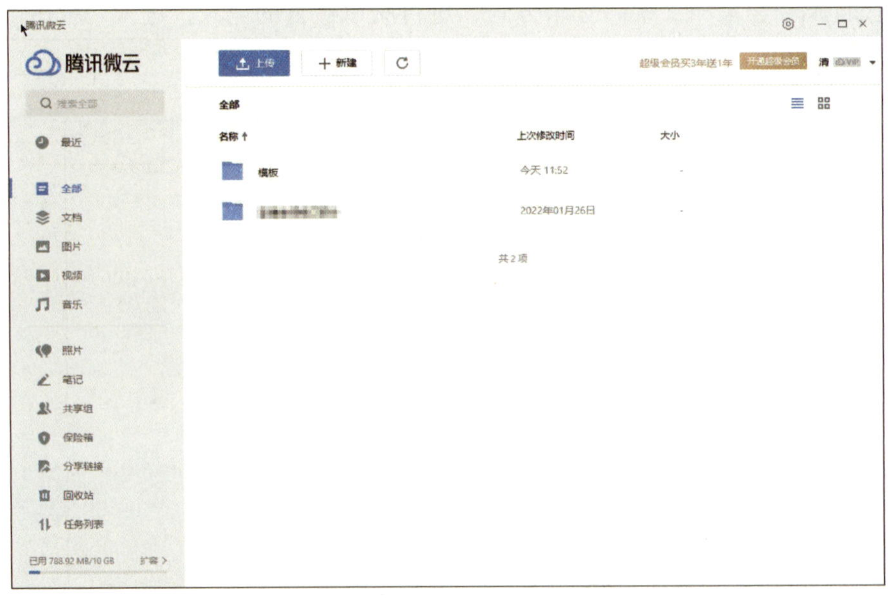

图 3–135 “微云 – 全部”窗口

3. 浏览及笔记操作

（1）单击“最近”按钮，弹出“最近”窗口，可查看最近上传的文件，如图 3–136 所示。

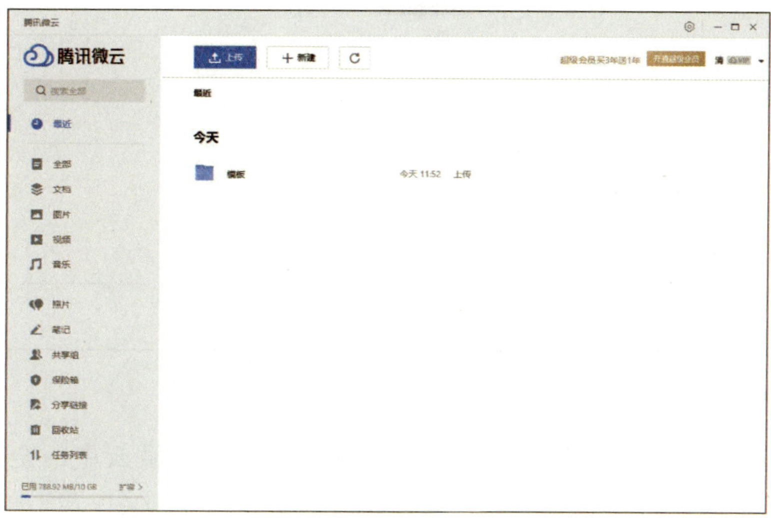

图 3–136　“最近”窗口

（2）单击“文档”按钮，弹出“文档”窗口，可查看微云中的全部文档，如图 3–137 所示。

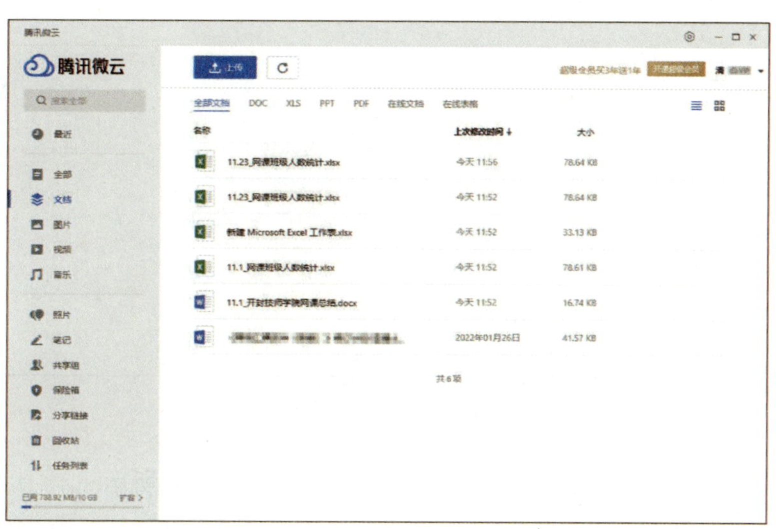

图 3–137　“文档”窗口

（3）单击“图片”按钮，弹出“图片”窗口，可查看微云中的全部图片，如图 3–138 所示。

图 3-138 “图片”窗口

（4）单击“视频”按钮，弹出“视频”窗口，可查看微云中的全部视频，如图 3-139 所示。

图 3-139 “视频”窗口

（5）单击“笔记”按钮，弹出“笔记”窗口，如图 3-140 所示。

（6）单击“新建笔记”下拉列表，将显示“笔记”和“Markdown”两个选项，如图 3-141 所示。

（7）单击“笔记”选项，弹出“新建笔记 - 笔记”窗口，如图 3-142 所示。可对笔记进行编辑，编辑完成以后，软件会自动保存。

图 3-140 “笔记”窗口

图 3-141 “新建笔记”下拉列表框

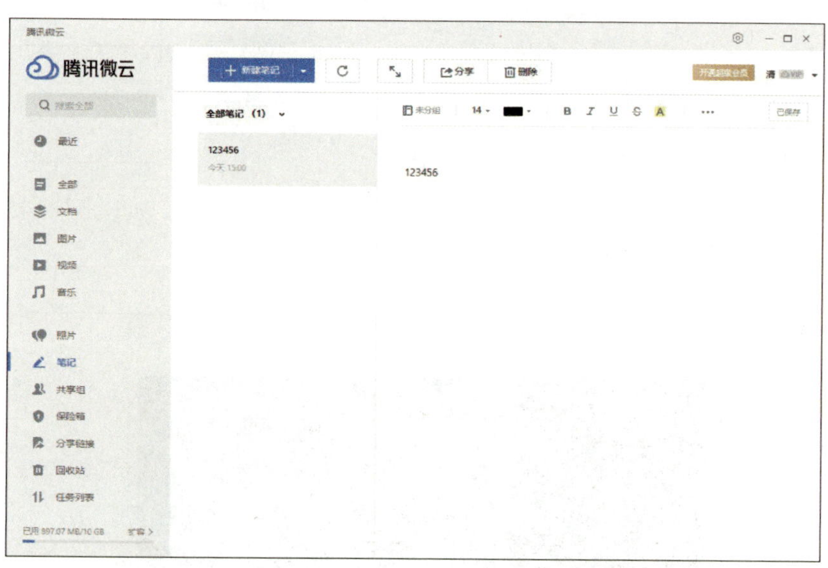

图 3-142 “新建笔记－笔记”窗口

（8）单击 ⤡ 按钮，进入“全屏”模式窗口，如图 3-143 所示。单击 ⤢ 按钮，即可退出全屏模式。

图 3-143 “全屏”窗口

4. 分享及好友

（1）单击 分享 按钮，弹出“分享”对话框，如图 3-144 所示。

图 3-144 “分享”对话框

（2）可单击 按钮，弹出“发送给 QQ 好友和群组”窗口，如图 3-145 所示，通过扫描“二维码”可分享文件。

图 3-145 “发送给 QQ 好友和群组”窗口

（3）单击☆按钮，弹出“分享到 QQ 空间和朋友网”窗口，如图 3–146 所示，单击“分享”按钮，弹出“快捷登录”对话框，如图 3–147 所示。

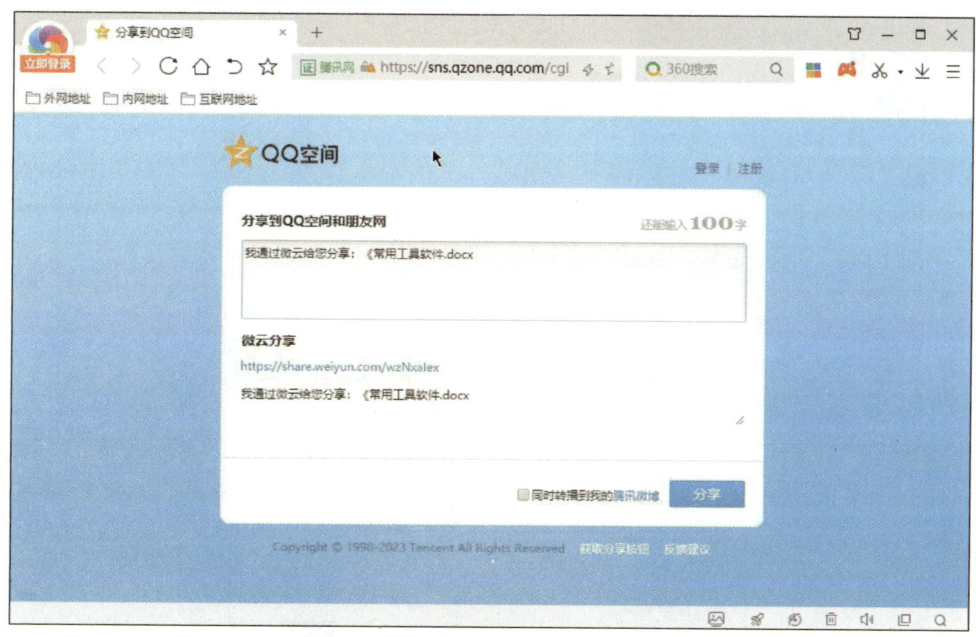

图 3–146 “分享到 QQ 空间和朋友网”窗口

图 3–147 “快捷登录”对话框

（4）扫描进入个人的 QQ 空间，单击 分享给指定好友 按钮，弹出“分享给指定好友”窗口，如图 3–148 所示。在“发送”组的文本框中输入 QQ 号码、昵称、备注、邮箱地址，单击“分享”按钮，即可分享给该指定好友。

（5）单击“分享”对话框中的“添加访问密码”按钮，即可对链接加密，如图 3–149 所示，单击“复制”按钮，复制链接，将复制链接分享给好友，好友单击链接，即可查看分享的文件。

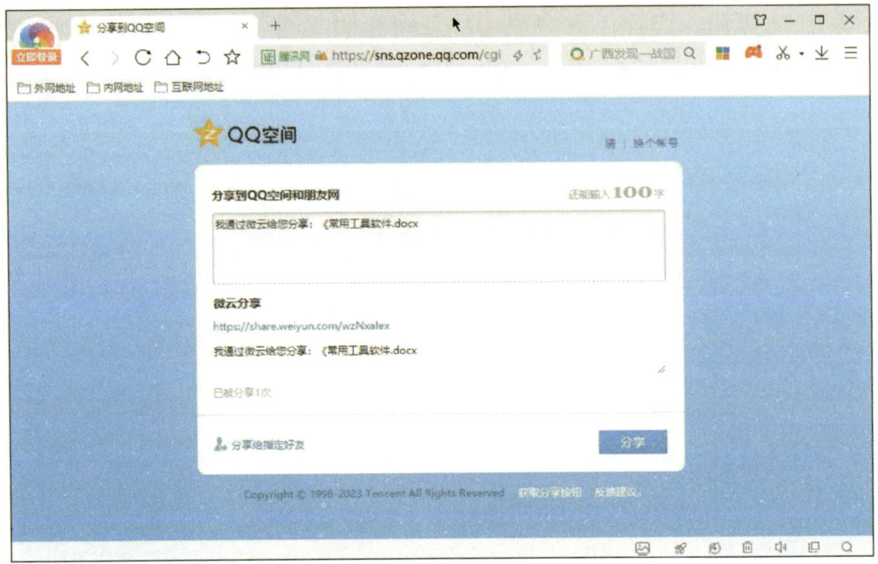

图 3-148 “分享给指定好友”窗口

图 3-149 加密

（6）单击“Markdown”选项，进入“新建 Markdown”窗口，如图 3-150 所示，可对相应的笔记进行编辑，当编辑完成后，软件会自动保存。

图 3-150 “新建 Markdown”窗口

（7）单击“共享组”按钮，弹出“共享组”窗口，如图 3–151 所示。

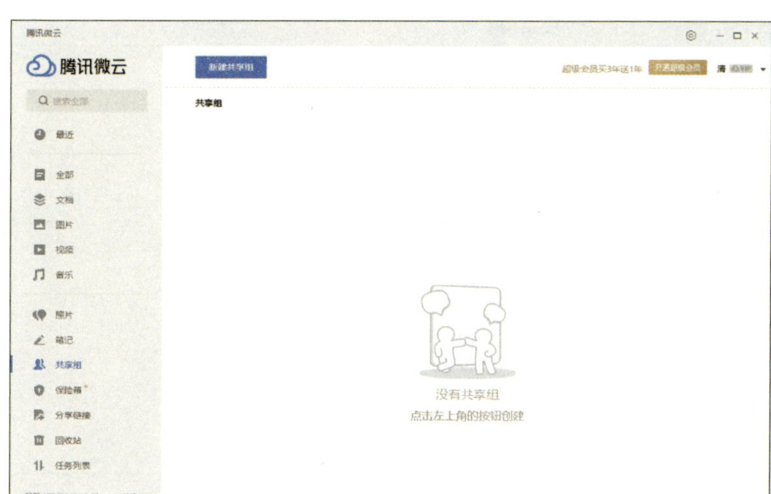

图 3–151　“共享组”窗口

（8）单击“新建共享组”按钮，弹出“新建共享组”窗口，如图 3–152 所示。单击新建的共享组，弹出“创建的共享组”窗口，如图 3–153 所示。单击“上传”按钮，在显示的下拉列表框中，选择“文件”按钮，弹出“打开”对话框，如图 3–154 所示，选择要上传的文件，单击“打开”按钮，返回“创建的共享组”窗口。

（9）单击“导入微云文件”按钮，弹出“从微云添加文件”对话框，如图 3–155 所示。在“全部”组中，勾选要添加的文件，在“已选择文件”组中，将显示已经选择的文件，如图 3–156 所示。

图 3–152　“新建共享组”窗口

图 3-153 “创建的共享组”窗口

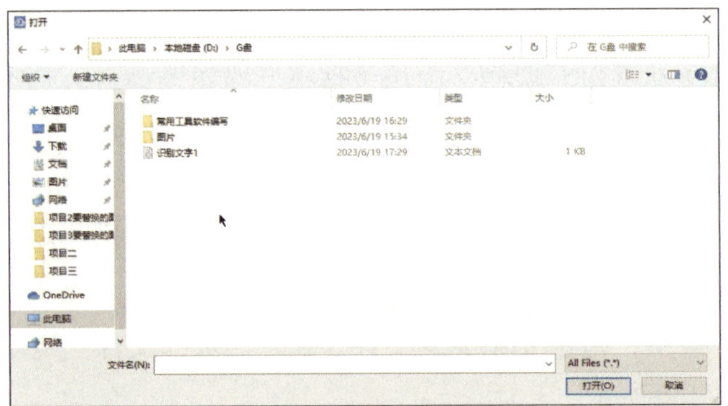

图 3-154 “打开”对话框

图 3-155 “从微云添加文件”对话框

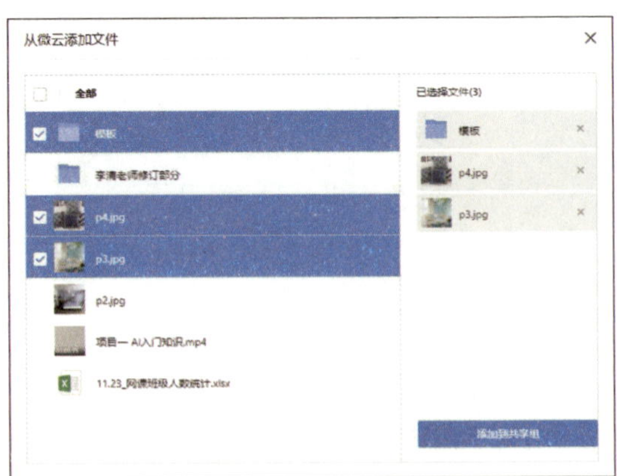

图 3-156 已经选择的文件

（10）单击“添加到共享组”按钮，返回“创建的共享组”窗口，如图 3–157 所示。

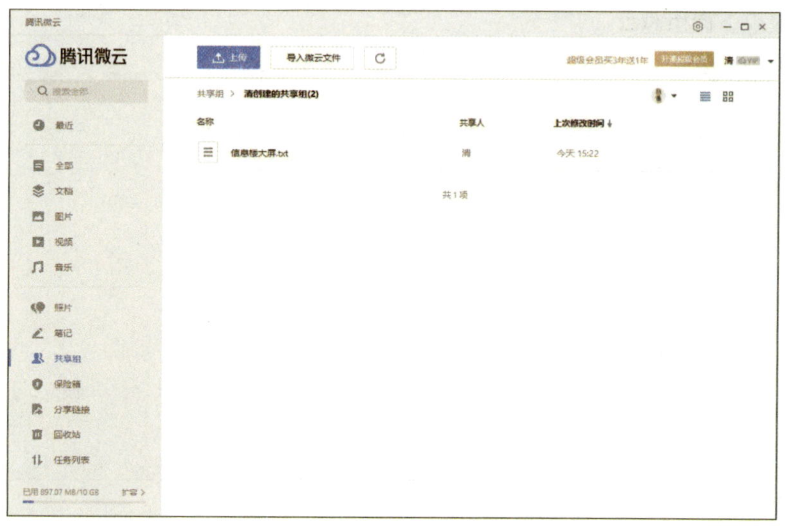

图 3–157　分享到共享组

（11）单击“分享链接”按钮，进入“分享链接”窗口，如图 3–158 所示。

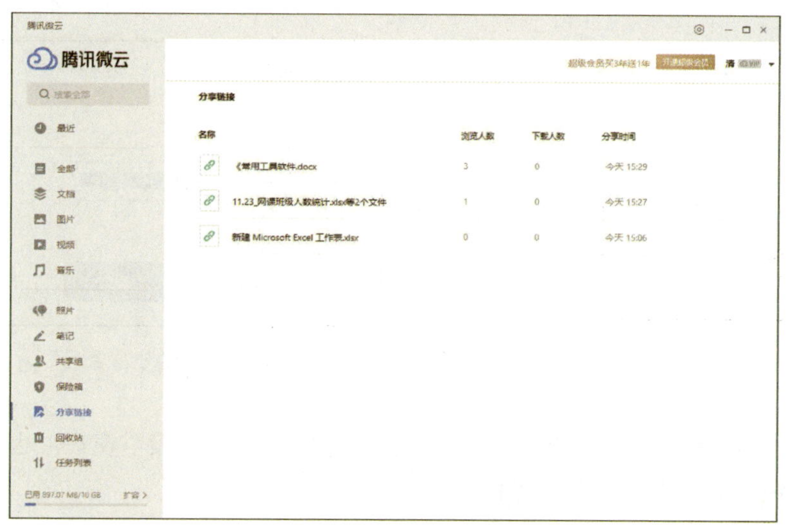

图 3–158　“分享链接”窗口

（12）勾选要分享的文件链接，单击 访问 按钮，进入“文件分享”窗口，如图 3–159 所示。

（13）单击 复制链接 按钮，将复制好的文件链接分享给好友，好友单击分享的文件链接，即可查看分享的文件。

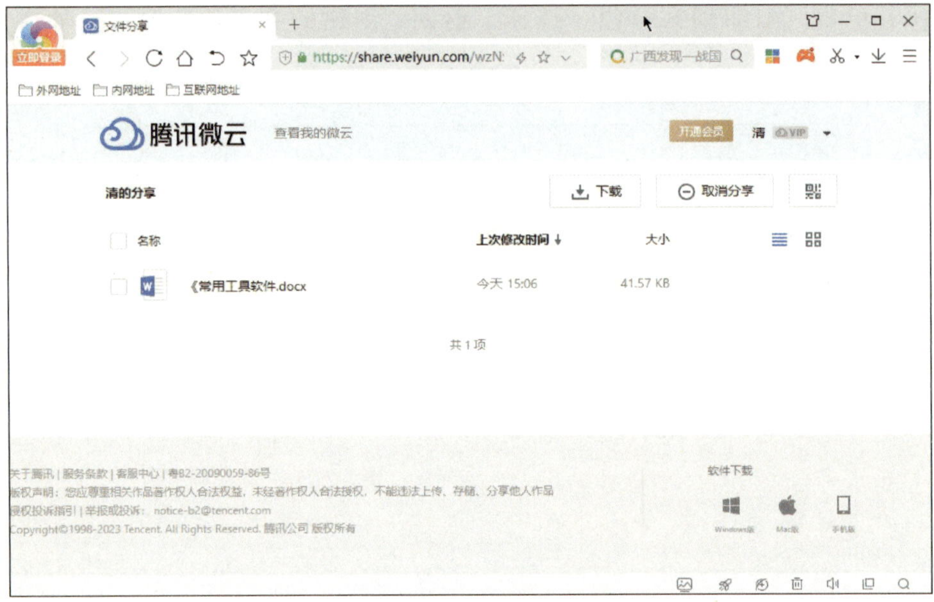
图 3-159 “文件分享”窗口

（14）如图 3-160 所示，单击 ••• 按钮，在显示的下拉列表中，选择“创建访问密码”按钮，弹出“创建分享密码”对话框，如图 3-161 所示。

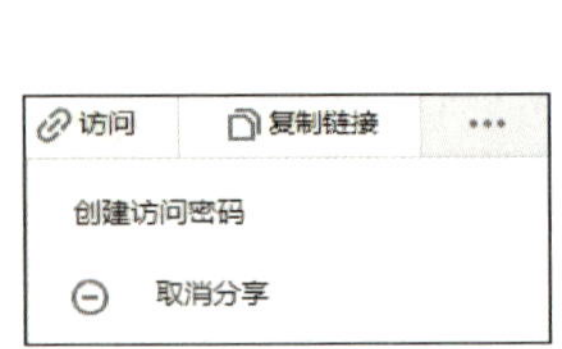

图 3-160 下拉列表

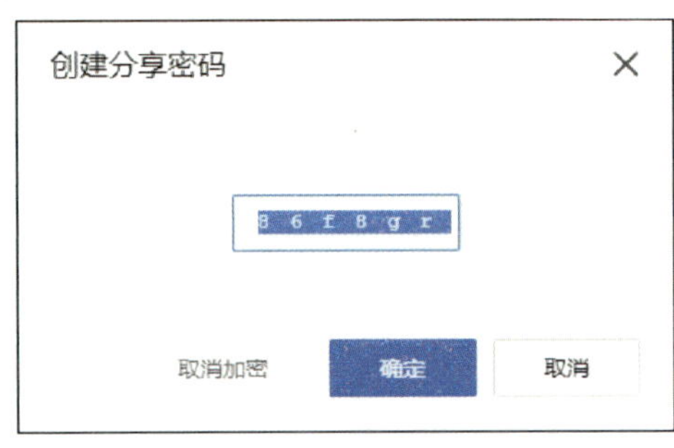

图 3-161 “创建分享密码”对话框

（15）设置好密码后，单击“确定”按钮，返回“分享链接”窗口。也可单击“取消加密”按钮，取消设置密码的操作。

5. 回收站

（1）单击“回收站”按钮，进入“回收站”窗口，如图 3-162 所示。单击“清空全部”按钮，即可清空回收站。

（2）单击“任务列表”按钮，进入“任务列表”窗口，如图 3-163 所示，可查看已完成的任务。单击“清空已完成”按钮，即可清空已完成的任务。

图 3-162 “回收站”窗口

图 3-163 “任务列表”窗口

了解网络存储工具的功能，练习百度网盘和腾讯微云的使用方法，将练习过程中的主要信息记录在表 3-6 中。

表 3-6　百度网盘、腾讯微云使用练习

项目	说明
软件版本	
百度网盘操作过程中的操作要点、所遇问题和解决方法	
腾讯微云操作过程中的操作要点、所遇问题和解决方法	

项目四
音视频播放工具

课题 1　音频播放工具——酷狗音乐的使用

1. 了解常用音频播放工具的功能。
2. 能使用酷狗音乐转换音频文件的格式。
3. 能使用酷狗音乐检索、播放网络上的音频资源。

目前应用最多的音频播放工具是各种音乐播放器，音乐播放器是一种用于播放各种格式音频文件的多媒体播放软件。

一、音乐播放器的功能

针对不同格式的音频文件，需要利用不同的解码器才能将其“翻译”为音频信号。例如，针对 ape 格式调用的是 Monkey's Audio 解码器，针对 flac 格式调用的是 flac 解码器，针对 mp3 格式调用的是 lame 解码器等。音乐播放器就是音频解码器的可视化操作界面，其实质是各种音频编码格式解码器的集合。大部分音乐播放器都支持多种音乐格式的文件，这是因为播放器将不同的音频解码器打包起来，并制作统一的播放界面，从而让用户能够方便地播放和聆听各种音乐。

正因为音乐播放器仅仅是将音频解码器打包，而同一种音频的解码方式又是固定的，因此理论上所有播放器的音质应该是完全相同的，并不存在音质更好的音乐播放器，但有些音乐播放器会在解码器的基础上添加 DSP 插件，对原始的音频信号进行适当调整，以迎合用户的喜好（如加强低音或过滤细节等）。

早期的音乐播放器大多只能播放本地保存的音乐，随着互联网的发展，目前大部分音乐播放器都已支持在线播放。另外，这些播放器常常还附带格式转换等功能，方使用户使用。

目前常用的音乐播放器有酷狗音乐、酷我音乐盒、QQ 音乐、虾米音乐、网易云音乐等。

二、酷狗音乐的使用

不同的音乐播放器各具特色，但使用起来大同小异，这里以国内应用较为广泛的酷狗音乐为例，讲解音乐播放器的使用方法。

1. 酷狗音乐的界面

酷狗音乐的界面设计时尚，并且注重操作的便捷性，如图 4–1 所示，其组件及其功能见表 4–1。

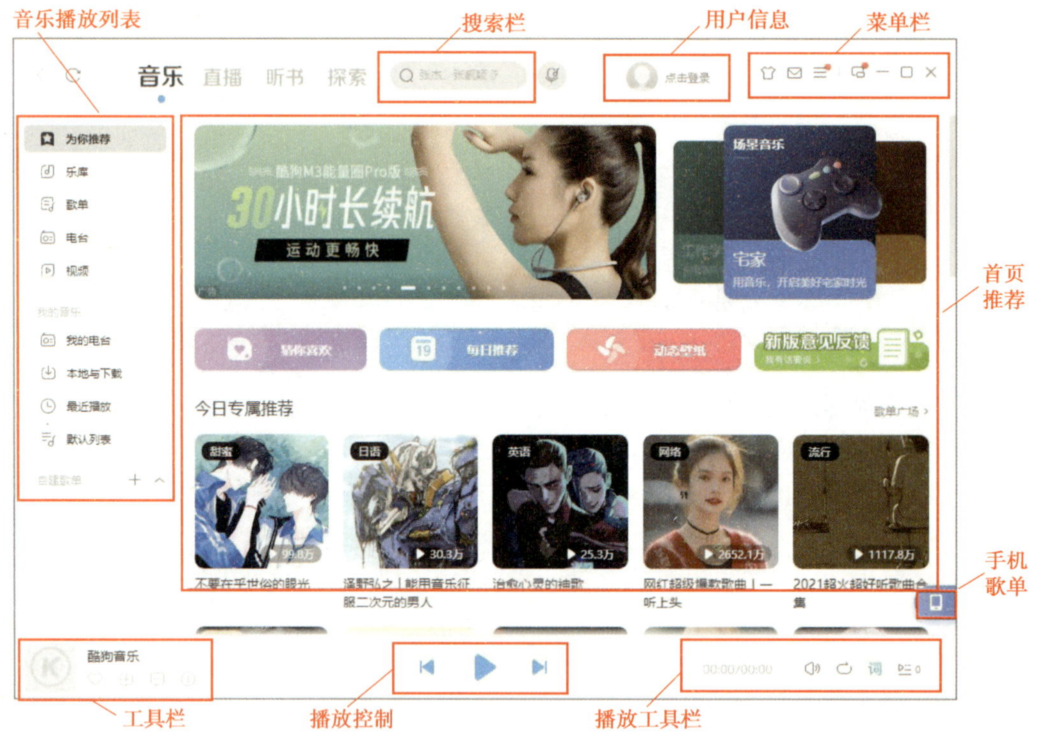

图 4–1　酷狗音乐的界面

表 4–1　酷狗音乐的组件及其功能

名称	功能
用户信息	用于登录和注册，登录后显示当前用户的基本信息
搜索栏	搜索歌曲以及歌手等相关信息
菜单栏	位于页面的右上方，包括工具、游戏平台、消息通知、更改皮肤、主菜单、遥控器等不同菜单按钮，可以利用菜单中的不同命令进行操作

续表

名称	功能
音乐播放列表	用于显示用户自建的音乐列表以及最近播放的音乐列表，利用列表可以对音乐进行分类管理
播放控制	用于音乐播放时的基本控制，包括暂停、播放、切换到上一曲、切换到下一曲等，显示和控制音乐的播放进度
播放工具栏	用于选择歌曲循环方式、选择歌词显示方式、下载、查看歌曲评论以及查看歌曲播放队列等常用功能
首页推荐	用于向用户推荐当下流行的热门歌曲、歌单、MV、直播等资源

2. 注册及登录酷狗音乐账号

在使用酷狗音乐之前，用户可以注册一个酷狗音乐账号，登录之后可以对歌曲进行收藏以及共享等操作，方便在不同设备上使用，注册酷狗音乐账号的操作步骤与其他软件基本相同，按照系统提示操作即可完成，不再赘述。

3. 播放本地音乐

播放本地音乐是酷狗音乐的基本功能之一，其操作步骤如下。

（1）打开酷狗音乐，找到位于左侧音乐播放列表中的“本地与下载”，如图 4–2 所示。在“本地歌曲”界面中会显示本地下载过的所有音乐，可以直接播放；单击“添加”按钮，选择“手动添加歌曲”选项，弹出“打开”对话框，找到本地歌曲并单击“打开”，即可添加至播放列表中，可以进行播放，如图 4–3 所示。

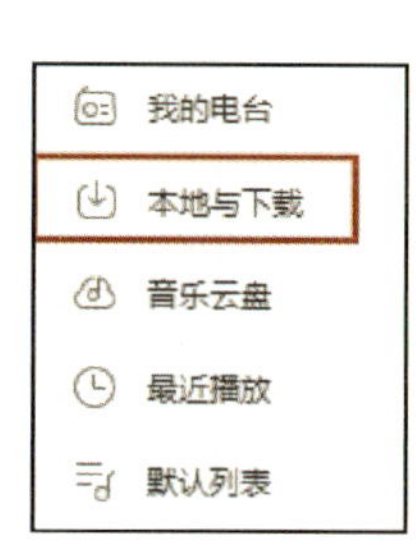

图 4–2　本地与下载

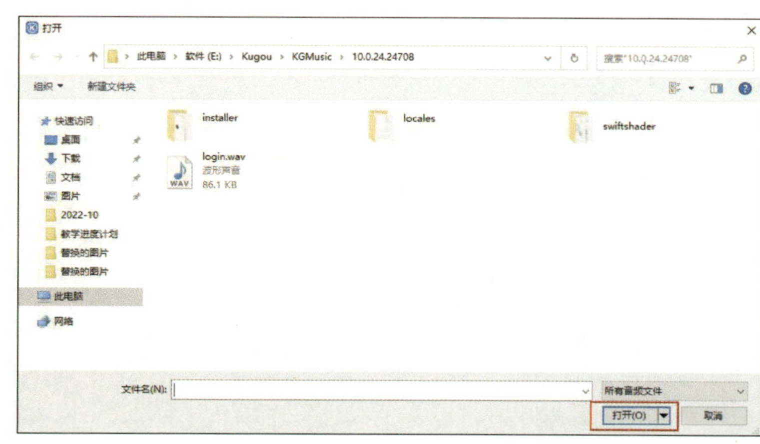

图 4–3　“打开”对话框

（2）在歌曲播放的过程中，可通过播放工具栏中的各功能选项对歌曲进行播放设置，各项功能见表 4–2。

表 4-2　酷狗音乐播放器播放工具栏功能

图标	名称	功能
	我喜欢	如果遇到歌曲比较喜欢可以单击该标志，标注为“我喜欢”
	下载	可以将此时播放的歌曲下载到本地
	循环方式	可以选择列表循环、单曲循环、顺序播放、随机播放、自动切换列表等循环方式
音效	音效	可以选择 3D 丽音、5.1 全景、超重低音、纯净人声、3D 旋转等音效
词	桌面歌词	可以选择打开或关闭桌面歌词
999+	歌词评论	可以查看该歌曲的网友评论，并发布自己对歌曲的评论
27	播放队列	查看当前播放的歌曲列表，可以调整歌曲播放顺序

4. 搜索网络资源

用户可以使用酷狗音乐方便、快捷地搜索音频、MV 等资源，并可以添加到默认的歌曲列表中，其操作步骤如下。

（1）在登录账号完成后，可以在酷狗音乐的搜索栏（见图 4-1）中搜索想要收听的歌曲。例如，输入关键词“慢慢喜欢你”，然后单击“搜索”按钮，搜索结果如图 4-4 所示。

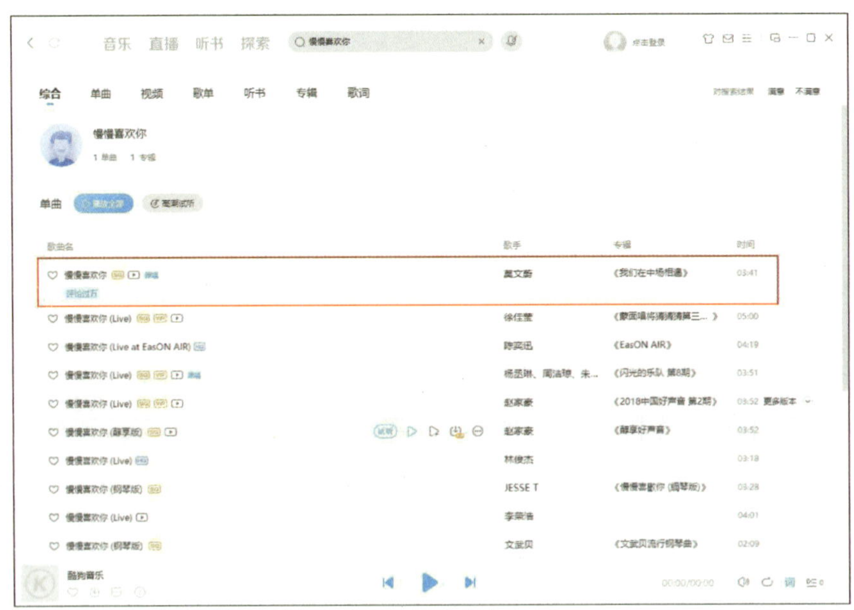

图 4-4　歌曲“慢慢喜欢你”的搜索结果

关键词只是歌曲名称时，可以搜索出所有唱过此歌曲的歌手的作品；若需指定歌手，可以将歌曲名称与歌手名字共同作为关键词进行搜索，这样可以缩小搜索范围。

（2）每条搜索结果最右侧都有三个图标，所代表含义分别为“播放”“添加到列表”和“下载”。单击“播放”图标，可以直接播放该歌曲；单击“添加到列表”图标，可以将歌曲添加到想要添加的歌曲列表中；单击“下载”图标，可以将歌曲下载到本地。单击“下载”图标后会弹出“下载窗口”对话框，如图 4–5 所示。在该对话框中可以自主选择音质、更改下载歌曲的本地存放目录，设置完成后单击“立即下载”按钮，即可按预定设置下载该歌曲。部分歌曲或部分歌曲的高音质版本需要付费后才可下载。

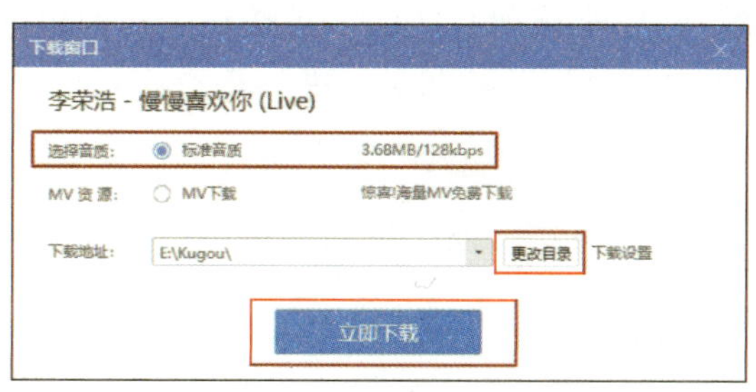

图 4–5　“下载窗口”对话框

5. 格式转换

酷狗音乐带有格式转换功能，可以将音频文件在 MP3、APE、WAV、FLAC 等音频格式间进行转换，其操作步骤如下。

（1）打开酷狗音乐，单击工具栏中的“工具”按钮，弹出“应用工具”对话框，单击“格式转换”选项，弹出“格式转换工具”窗口，可以看到其中的“添加文件”“转换格式”“音乐质量”“目标文件夹”“CD 抓轨”等功能选项，如图 4–6 所示。各选项的功能见表 4–3。

（2）通过“添加文件”或者“CD 抓轨”来获取需要转换的音乐文件（添加完成后可以通过编辑进行删除、重新添加等操作）。

（3）在“转换格式”栏选择需要转换的目标格式。

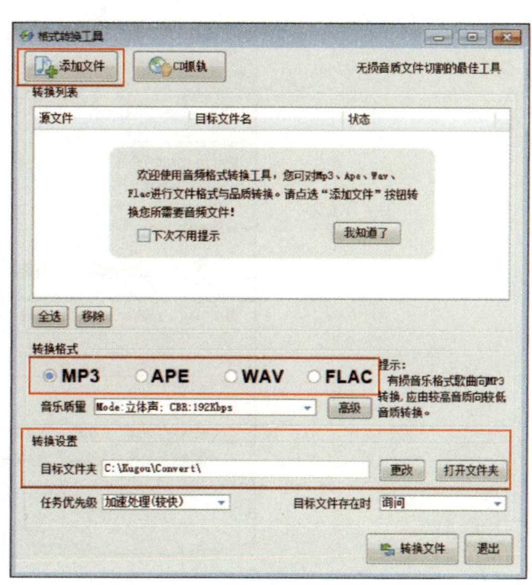

图 4–6　“格式转换工具”窗口

表 4-3 酷狗音乐“格式转换工具”各项工具的功能

工具名称	功能
添加文件	添加要被转换的音乐文件
转换格式	设置目标输出格式
音乐质量	设置转换输出音乐的码率
目标文件夹	设置保存输出文件的文件夹
CD 抓轨	从光驱 CD 读取音乐文件

（4）在“音乐质量”栏单击选项右侧的下拉按钮，在弹出的下拉菜单中选择所需的音乐质量，还可通过单击“高级”按钮进行进一步设置。

（5）在“目标文件夹”处单击“更改”按钮可设置放置输出文件的文件夹。

（6）设置完成后，单击“格式转换”按钮即可进行转换。转换完成后，单击“打开文件夹”按钮可查看转换完成的文件。

6. 铃声制作

使用酷狗音乐中“酷狗铃声制作专家”功能可以选取喜欢的音乐，截取喜欢的片段制作手机铃声，其操作步骤如下。

（1）打开酷狗音乐，单击工具栏中的“工具”按钮，弹出“应用”对话框，单击“铃声制作”选项，弹出“酷狗铃声制作专家”对话框，如图 4-7 所示。

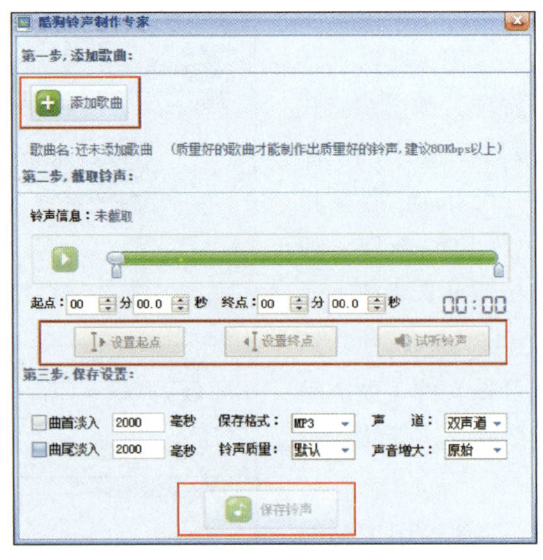

图 4-7 “酷狗铃声制作专家”对话框

（2）在“酷狗铃声制作专家”对话框中单击“添加歌曲”按钮，弹出“打开”对话框，如图 4–8 所示，找到本地歌曲的路径，添加用于制作铃声的歌曲。

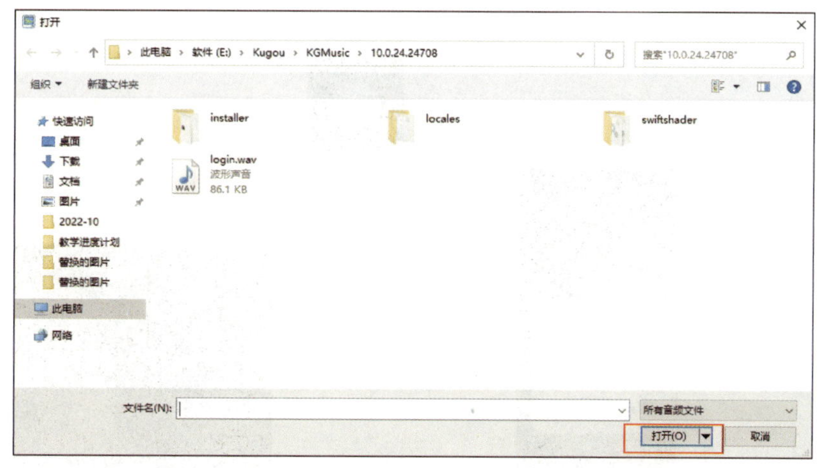

图 4–8　“打开”对话框

（3）添加完成后音乐开始自动播放，播放到需要设为铃声段落的开头时单击“设置起点”按钮设置截取的起点。进度条中浅蓝色的段落不会在铃声中播放，绿色的段落即为铃声，如图 4–9 所示。

（4）在段落结束处单击“设置终点”按钮设置截取的终点，如图 4–10 所示。箭头所指浅蓝色后面的内容都不会出现在铃声中。铃声设置完成后，可单击“试听铃声”按钮试听效果，如果效果不佳可重新调整。

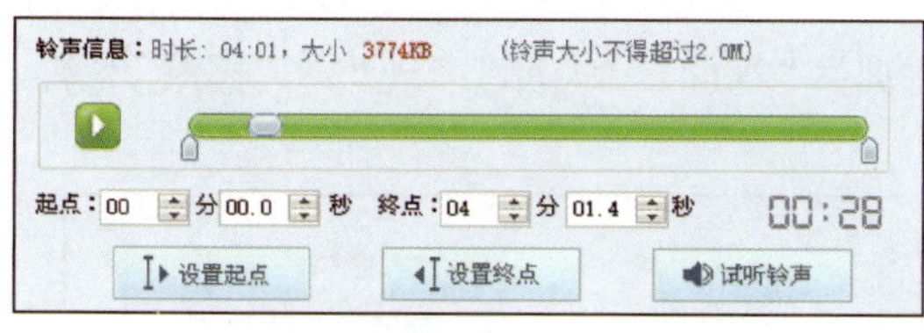

图 4–9　截取铃声 – 设置起点

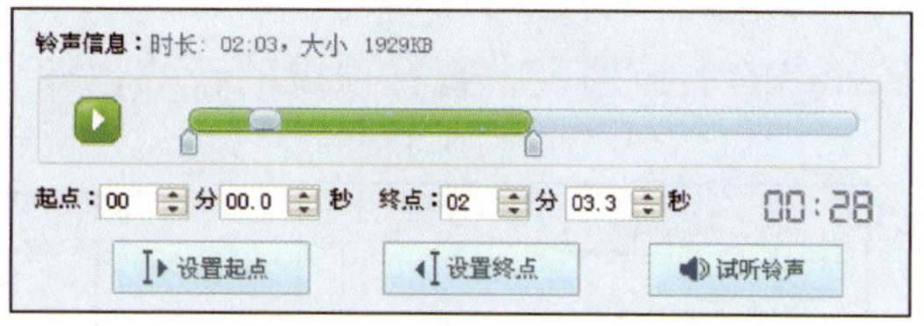

图 4–10　截取铃声 – 设置终点

（5）单击图 4–7 中的“保存铃声”按钮即可保存设置好的铃声。

7. 遥控器

酷狗音乐的“遥控器”功能，实际上是一个便捷小巧的桌面控制插件。在用户进行其他工作时，只需要使用占用面积较小的插件即可对歌曲的播放、暂停、音量进行控制，减少了对其他应用程序窗口的干扰。设置遥控器操作步骤如下。

（1）在酷狗音乐主界面中，单击“主菜单”按钮 ≡ ，在弹出的下拉菜单中选择“遥控器”选项。可根据需要选择对应的遥控器模式，如图 4–11 所示。

（2）“遥控器”外观分为“条形遥控器”和“魔方遥控器”两种，分别如图 4–12 和图 4–13 所示。二者只是外形不同，所提供的功能是相同的，用户可根据喜好进行选择。

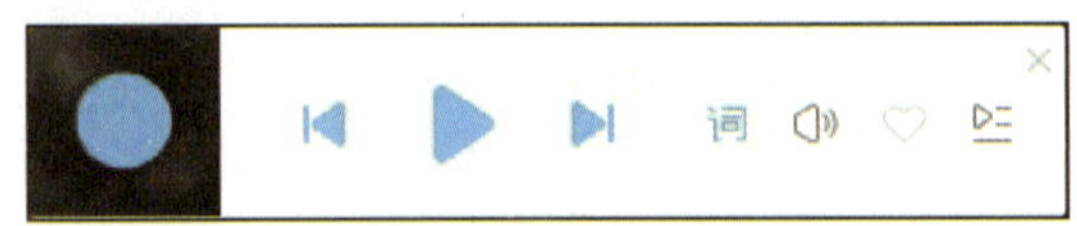

图 4-12　条形遥控器

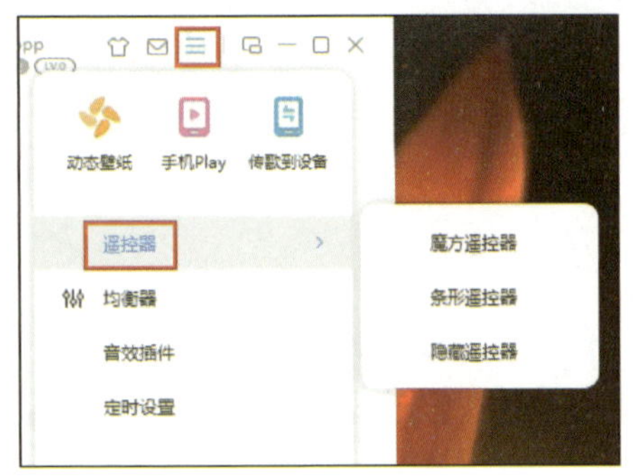

图 4-11　打开“遥控器”

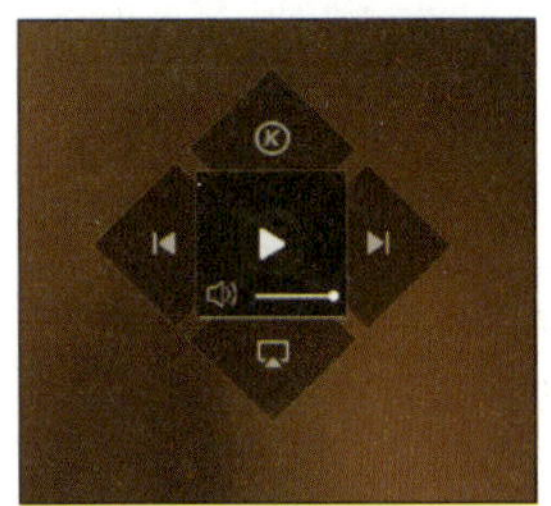

图 4-13　魔方遥控器

8. 均衡器

酷狗音乐提供均衡器功能，通过调节均衡器可以享受不一样的聆听感受，也能让歌曲达到更好的播放效果。设置均衡器功能的操作步骤如下。

（1）在酷狗音乐主界面中，单击“主菜单”按钮 ≡ ，在弹出的下拉菜单中选择“均衡器”选项，如图 4–14 所示。

（2）弹出的“均衡器”对话框如图 4–15 所示。单击“自定义”处的下拉按钮，可从弹出的下拉列表中查看预设的音效，如“古典”“舞曲”“大厅”“现场”“摇滚”等。

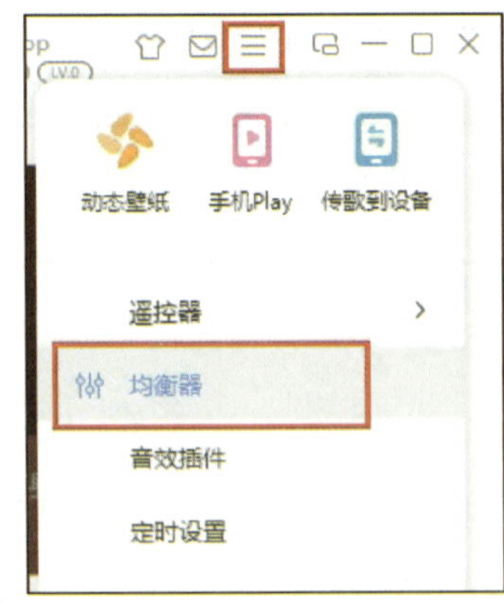

图 4-14　“均衡器”选项

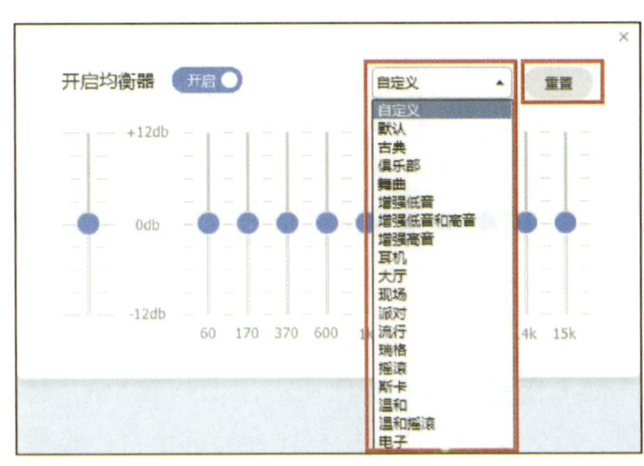

图 4-15　“均衡器”对话框

（3）单击预设中的任意一个音效便可即时开启。选中某音效的同时还可以听到音效的变化效果。除了预设音效，也可以通过自定义来设置音效。

（4）如需对预设音效进行微调或进行自定义设置，可通过拖动均衡器中间的各个滚动条上下滑动来完成。

（5）如果不想继续使用当前的音效，可通过“重置”按钮来恢复默认效果。此外，还可以通过“开启均衡器”开关按钮来完成均衡器效果的关闭与开启。

9. 定时设置

如需实现音乐播放结束后计算机自动关机等功能可使用酷狗音乐的定时设置功能，设置“定时停止”“定时播放”“定时关机”等。定时设置操作方法如下：

（1）在酷狗音乐主界面中，单击“主菜单”按钮 ≡ ，在弹出的下拉菜单中选择“定时设置”选项。

（2）在弹出的“定时设置”对话框（见图 4–16）中，可以在“定时停止”“定时播放”和“定时关机”选项卡中进行相应的设置。

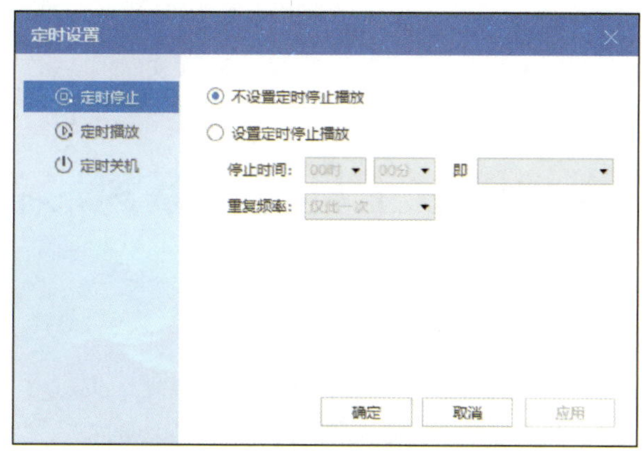

图 4-16 “定时设置”对话框

通过小组讨论或根据教师要求，使用酷狗音乐制作一首铃声，并将其转换为手机支持的格式或教师指定的格式。将练习过程中的主要信息记录在表 4–4 中。

表 4-4　铃声制作练习

项目	说明
软件版本	
铃声制作过程中的操作要点、所遇问题和解决方法	
格式转换过程中的操作要点、所遇问题和解决方法	

课题 2　视频播放工具——暴风影音的使用

1. 了解常用视频播放工具的功能。
2. 掌握使用暴风影音播放本地视频文件的方法。

一、常用的视频播放工具

视频播放工具是能播放以数字信号形式存储的视频的软件。大多数视频播放工具都携带解码器以还原经过各种格式压缩的媒体文件。除了支持视频文件外，大多数视频播放工具还能同时支持播放音频文件。

常用的视频播放工具有 QQ 影音、暴风影音、百度影音、迅雷看看等，随着互联网信息技术的发展，越来越多的视频网站也推出了视频播放客户端软件，既可以播放网络视频，也可以播放本地视频。

视频文件的格式繁多，常见的有 MPG、MP4、AVI、WMV、MOV 等，而且有时同一种文件格式所采用的编码方式还有区别，如 AVI 文件就有 DIVX、XVID 等多种编码。视频播放器能否正常播放视频文件，主要取决于它是否携带了该文件所需要的编码器。目前的视频播放器大多包含了多种常见的编码器，以便尽可能支持不同文件的播放，但不同产品所包含的编码器种类、数量不完全相同，因此有时用某一个播放器无法播放某个文件时，可以更换其他播放器进行尝试。

二、暴风影音的使用

暴风影音是一款较为常用的视频播放工具，最初专用于播放本地视频文件，目前也已支持在线视频的点播。

1. 暴风影音的界面

暴风影音的界面设计时尚，并且注重操作的便捷性，如图 4-17 所示，其组件及其功能见表 4-5。

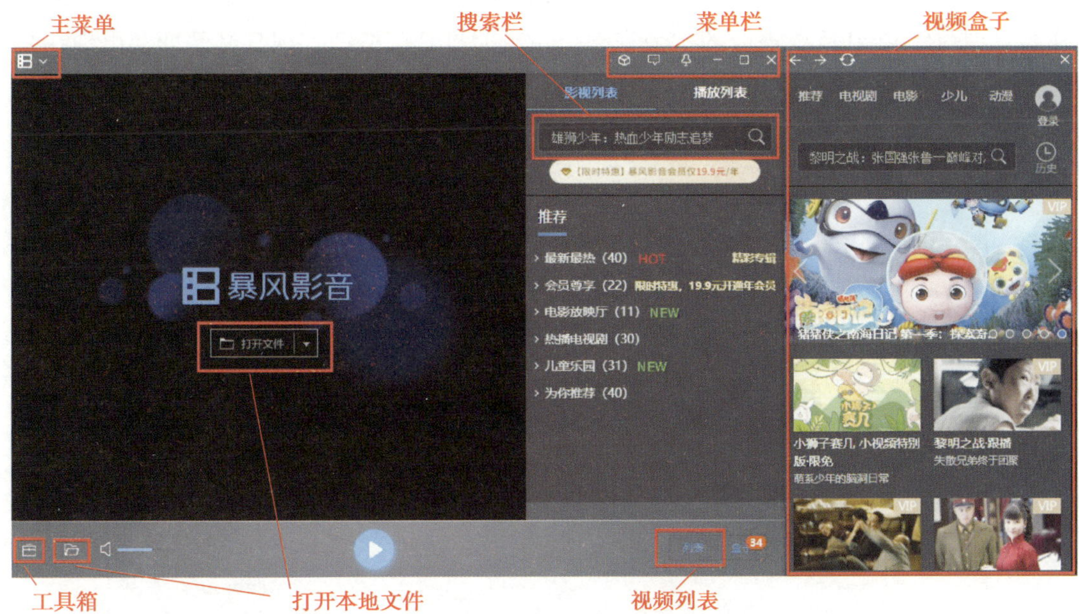

图 4-17　暴风影音界面

表 4-5　暴风影音界面的组件及其功能

名称	功能
主菜单	包含文件、播放、帮助等设置选项
搜索栏	用于搜索网络视频等相关信息
菜单栏	位于页面右上方，包括意见反馈、置顶设置、皮肤管理、最小化、最大化、关闭等不同菜单命令，可以利用各菜单中的不同命令进行操作
视频盒子	用于向用户推荐当前流行的热门影视以及动漫资讯、直播、纪录片等资源
视频列表	显示软件所提供的在线资源的列表和用户播放内容的列表

续表

名称	功能
打开本地文件	用于打开本地视频文件进行观看
工具箱	提供视频制作设计相关的工具

2. 注册及登录暴风影音账号

与酷狗音乐类似，暴风影音也支持登录账号实现播放记录的云存储等网络功能，注册及登录使用的方法也基本相同。

3. 播放本地视频

播放本地视频是暴风影音的基本功能，其操作步骤如下。

（1）打开暴风影音，单击“打开本地文件”选项，弹出“打开”对话框，如图 4–18 所示。找到所要播放的本地视频，单击“打开”按钮，视频文件即会出现在视频播放列表中，可以进行播放。

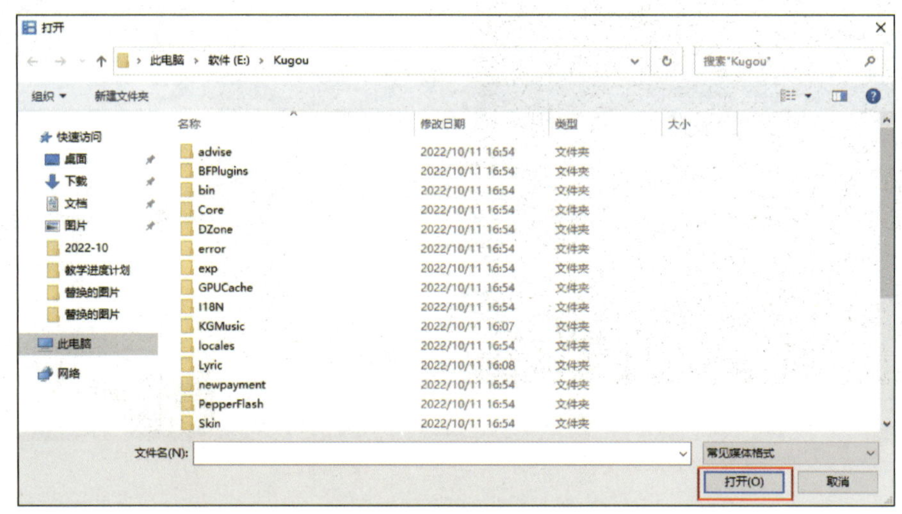

图 4–18 “打开”对话框

（2）在使用暴风影音时可以对其播放效果进行设置。在视频播放过程中，将鼠标移至播放器上端，暴风影音会自动弹出播放设置工具栏，如图 4–19 所示，该工具栏的功能见表 4–6。

图 4–19 播放设置工具栏

表 4-6　暴风影音播放设置工具栏的功能

图标	名称	功能
	置顶	设置播放器置顶，即始终显示在所有软件功能最前端
	全屏	将播放内容进行全屏显示，除单击此选项外，也可以双击屏幕实现全屏
	最小化界面	将首页界面中的视频列表与视频盒子最小化，只显示视频播放界面
1X 2X	倍速	调整视频播放速度，可选择 1 倍速或 2 倍速播放
	剧场模式	全屏状态下开启剧场模式，可实现视频居中而四周全黑的显示效果，达到与在电影院观影类似的效果
	关灯模式	屏幕中仅显示播放器窗口，其余位置均为黑色，避免其他信息干扰用户
画 音 字 播	播放设置	对画质、音频、字幕以及播放细节进行设置、调整

4. 搜索网络资源

用户可以使用暴风影音播放工具方便、快捷地搜索电影、电视剧、直播、综艺等网络资源，并添加到视频播放列表中，其操作步骤如下。

（1）登录账号完成后，在暴风影音界面（见图 4-17）的搜索栏中即可搜索想要观看的视频。例如，输入关键词“我和我的祖国”并单击“搜索”按钮，得到的搜索结果如图 4-20 所示。

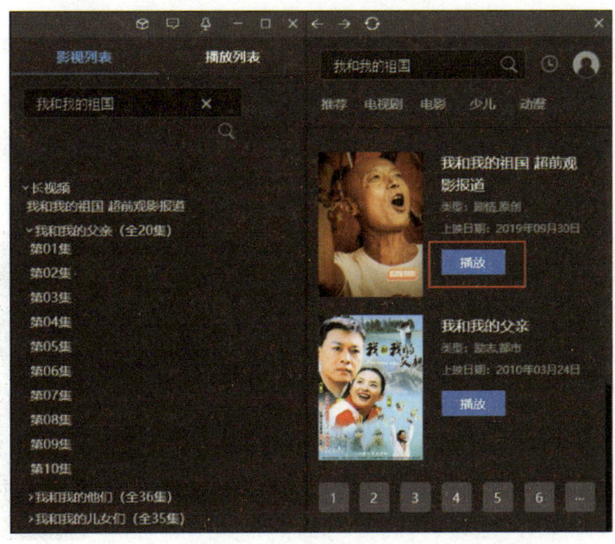

图 4-20　视频“我和我的祖国”的搜索结果

（2）搜索结果中视频下方有“播放”“添加到播放列表”“查看详情”三个功能按钮。

1）单击“播放”按钮即可直接播放该视频。

2）单击“添加到播放列表”按钮可将视频添加到播放列表中。

3）单击“查看详情”按钮可弹出“下载本片”等按钮，单击“下载本片”按钮可弹出下载对话框，如图 4–21 所示，在该对话框中可选择所需画质。

4）选择完成后，弹出“下载管理”对话框，如图 4–22 所示，可在其中更改下载视频的本地存放目录。设置完成后，单击“确定”按钮，即可开始下载该视频。

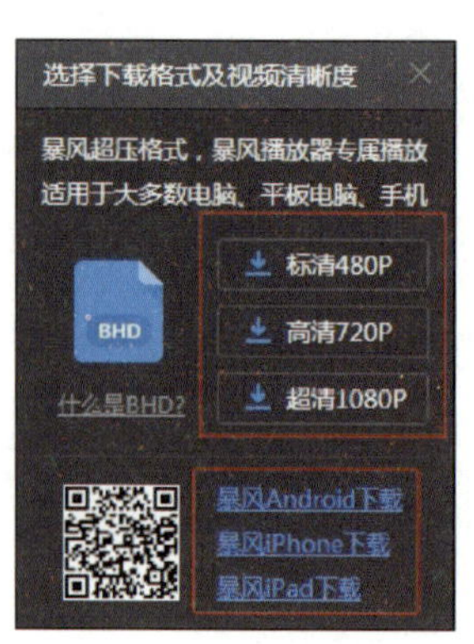

图 4–21　下载对话框

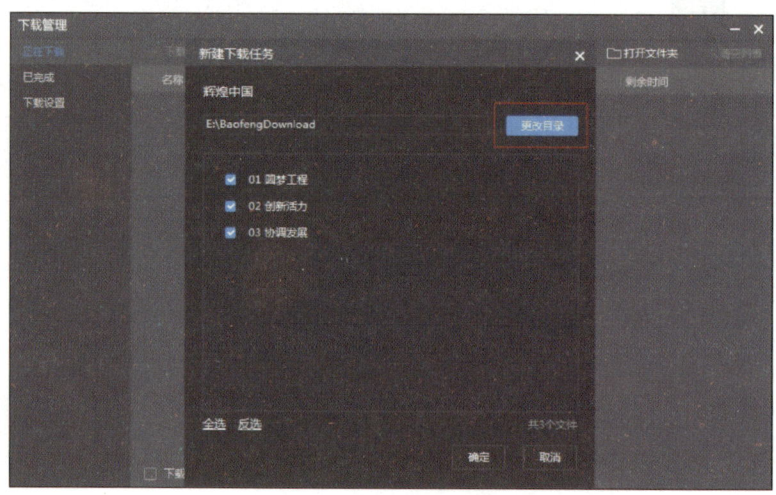

图 4–22　“下载管理”对话框

5. 视频格式转换

暴风转码是暴风影音提供的免费音视频格式转换工具，可以实现各种主流音视频格式的转换，包括智能手机、iPad、PSP 等移动设备支持的视频格式，其操作步骤如下。

（1）单击暴风影音首页左下角的“工具箱”按钮，在弹出的“工具箱”对话框中单击“转码”按钮，如图 4–23 所示。

（2）首次使用时，在弹出的“暴风转码”安装向导对话框中单击“安装”按钮，即可开始安装最新版暴风转码，如图 4–24 所示。

（3）安装完成后，弹出“暴风转码”对话框，如图 4–25 所示。

图 4–23　“工具箱”对话框

图 4-24　“暴风转码”安装向导对话框

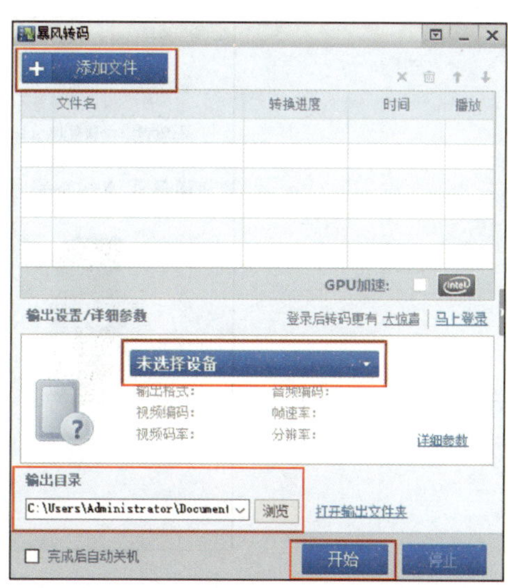

图 4-25　“暴风转码”对话框

（4）单击左上角的“添加文件”按钮，在弹出的“打开”对话框中选择需要转换的视频文件，如图 4-26 所示。

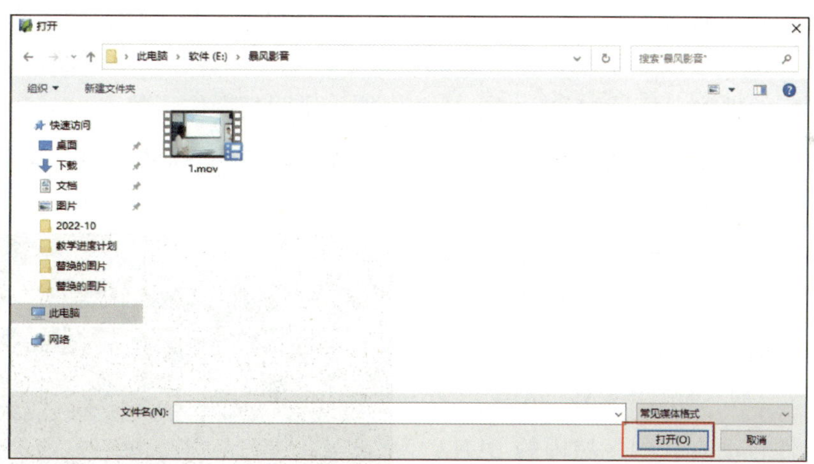

图 4-26　“打开”对话框

（5）选中要添加的文件后，弹出“输出格式”对话框，根据需要选择合适的参数，如图 4-27 所示。

（6）单击“确定”按钮后，返回到图 4-25 所示界面。在这里可以在“输出目录”处设置转换后文件保存的位置。设置完成后，单击“开始”按钮，即可进行视频转换，中途也可暂停或者取消。

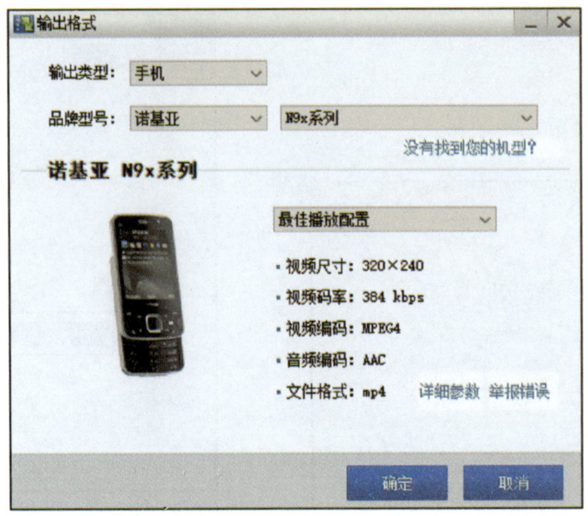

图 4-27 “输出格式”对话框

6. 多屏互动

暴风影音支持利用DLNA技术实现多屏互动。DLNA全称Digital Living Network Alliance（数字生活网络联盟），是一个旨在解决计算机、移动设备之间通过无线和有线网络实现互联互通的方案。借助DLNA可以将计算机或手机上播放的电影、电视剧、综艺等流媒体内容投放到智能电视或其他设备上，实现多屏互动。下面以在计算机上利用暴风影音软件将视频投放到智能电视上为例，说明其操作步骤。

（1）将需要连接的两个设备接入同一个局域网内，在实际使用中，通常就是连接到同一个路由器上。

（2）打开暴风影音首页左下角的“工具箱”，单击“dlna”按钮，弹出“dlna设备列表”对话框（与暴风转码类似，首次使用时需安装），如图4-28所示。

（3）软件自动查找到区域内的DLNA设备（智能电视）后，即可进行连接，连接成功后即可将计算机上的视频投放到智能电视上。

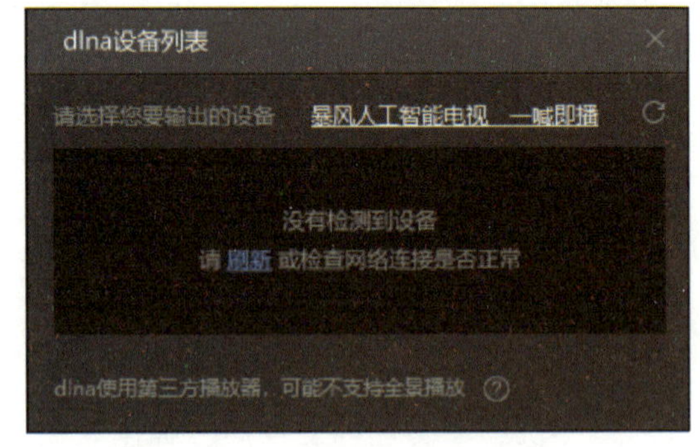

图 4-28 “dlna 设备列表”对话框

7. 飞屏

飞屏是暴风影音提供的另一个投屏工具，也可以实现将视频投放到智能电视等设备上，但不同于DLNA那样必须有特定的设备并进行大量复杂的操作，使用飞屏只需要将智能电视等设备与计算机连接到同一个Wi-Fi内即可，其操作步骤如下。

（1）打开暴风影音中的“工具箱”，单击“飞屏”按钮（与暴风转码类似，首次使用时需安装），如图 4–29 所示。

（2）在弹出的安装首页中，可设置应用工具安装的位置，并进行“创建桌面快捷方式”等操作。

（3）单击“开始安装”按钮，即可进行安装。待安装完成后，弹出安装完成提示，如图 4–30 所示。单击“立即体验”按钮，即可弹出“飞屏”首页，如图 4–31 所示。

图 4–29　飞屏应用工具安装首页

图 4–30　飞屏安装完成

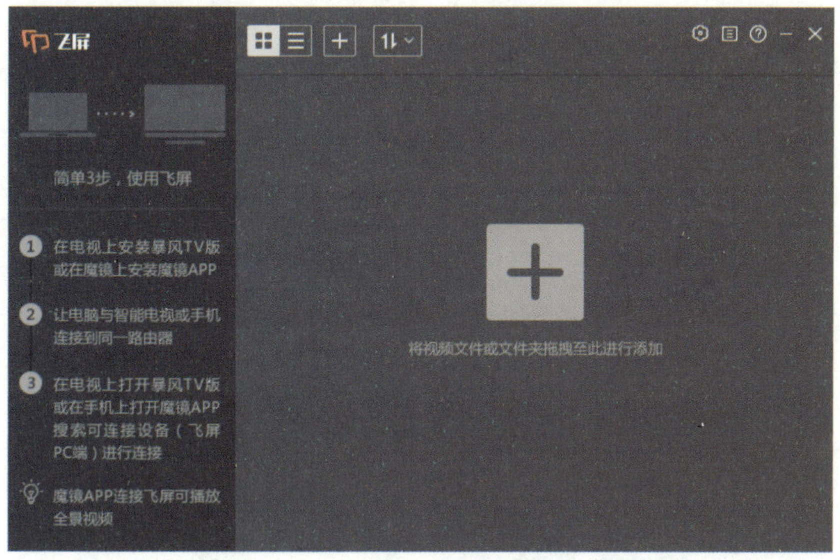

图 4–31　“飞屏”首页

（4）按系统提示在智能电视等设备上安装暴风 TV。

（5）在电视上打开暴风 TV 搜索可连接设备（飞屏 PC 端）进行连接。

（6）连接成功后，在飞屏 PC 端中打开要播放的视频，即可将视频投放在智能电视上。

8. 视频截图

暴风影音中的连拍功能可以对正在播放的视频进行连续的抓拍截图，其操作步骤如下。

（1）打开暴风影音左下角的“工具箱”，在弹出的“工具箱”对话框中单击“连拍”按钮，即可对正在播放的视频进行连拍截图，如图 4–32 所示，连拍后的图片会保存在指定位置的文件夹中。

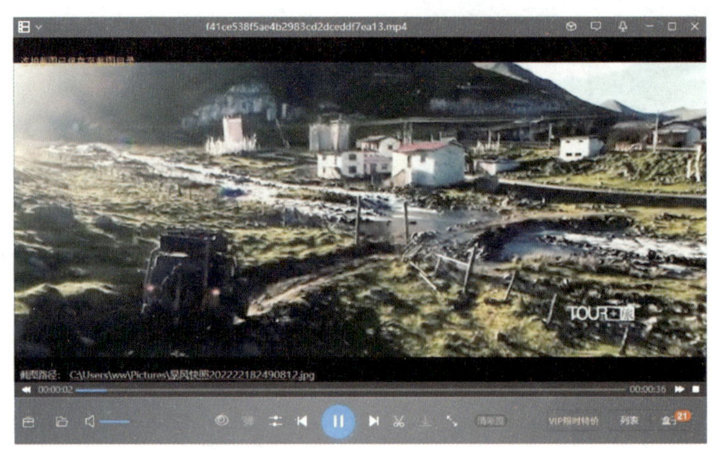

图 4–32　连拍截图

（2）打开连拍截图所在的文件夹，可查看所截图片，即连拍快照，如图 4–33 所示。

图 4–33　连拍快照

9. 传片助手

移动设备与计算机连到同一 Wi-Fi 中时，可以利用暴风影音将视频文件从 PC 端传送到移动设备，其操作步骤如下。

（1）打开暴风影音左下角的“工具箱”，单击“传片助手”按钮，或者通过暴风影音软件播放窗口中的“传片”快捷方式，打开传片助手的主界面，即“传片到移动设备”对话框，如图 4-34 所示。

（2）将移动设备与计算机连接到同一 Wi-Fi 中，使用移动设备中的暴风影音客户端扫描“传片助手”首页的二维码连接设备。连接成功后，即可弹出“暴风传片助手”对话框，如图 4-35 所示。

图 4-34 “传片到移动设备”对话框

图 4-35 “暴风传片助手”对话框

（3）在“暴风传片助手”对话框中单击图正中间的添加文件按钮，弹出“打开”对话框，如图 4-36 所示，打开所需视频文件即可开始传输。在“暴风传片助手”对话框中可看到传输进度，如图 4-37 所示。传输过程中注意不要断开与移动设备的连接，移动设备也不要锁屏，目前该功能只支持传送视频和字幕文件。

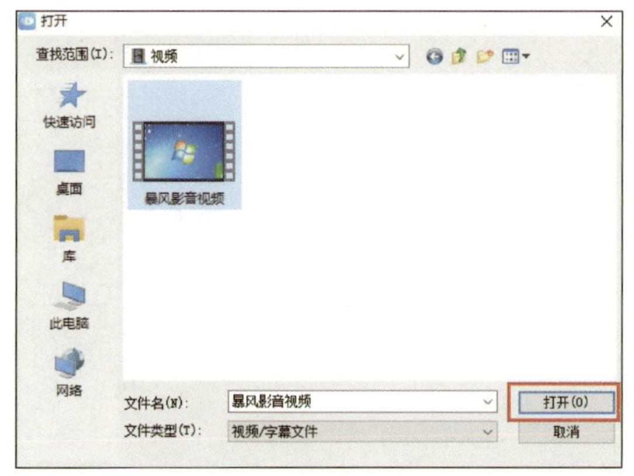

图 4-36 “打开”对话框

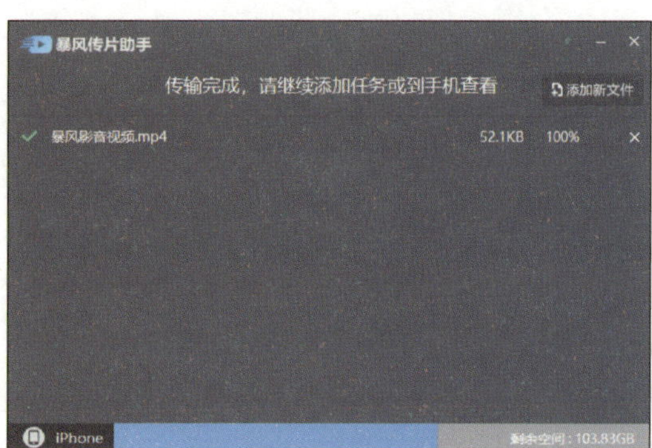

图 4-37 传输进度显示

通过小组讨论或根据教师要求，使用暴风影音播放器对指定影片进行转换格式，并对其重要片段进行连拍截图，尝试 dlna 操作或者飞屏操作，并将练习过程中的主要信息记录在表 4-7 中。

表 4-7　暴风影音播放器使用练习

项目	说明
软件版本	
视频转换格式过程中的操作要点、所遇问题和解决方法	
列举 dlna 和飞屏操作的区别，说明二者分别适用于何种条件	

项目五
多媒体编辑工具

课题 1　截屏工具
——FastStone Capture 的使用

1. 了解截屏工具的功能。
2. 掌握使用 FastStone Capture 截取计算机屏幕上显示内容的方法。
3. 掌握使用 FastStone Capture 进行录屏的方法。

在日常工作生活中，常需要截取计算机屏幕上显示的某些图像。Windows 操作系统实际上自带了截屏功能，只需要按下键盘上的 PrintScreen 键（有的键盘使用缩写，标记为 PrtScn 键），即可将当前屏幕上显示的全部内容截取到剪贴板，然后到需要使用该图的位置粘贴即可。此外，还可以使用 Alt+PrintScreen 组合键只截取当前窗口。

但自带的截屏功能并不能完全满足需求，如有时需要截取的图片较长而没有办法全屏显示（例如较长的网页），有时在截图中需要保留鼠标光标等，这时就需要用到专门的截屏工具。常见的截屏工具包括 FastStone Capture 和 Snagit 等。

FastStone Capture 安装方便、体积小巧、功能强大，不但具有常规的截图功能，还可以进行录屏、对截取图片进行编辑和将图像转换为 PDF 文档等。本课题以 FastStone Capture 为例，介绍截取各类屏幕内容的方法，以及进行屏幕录制操作。

一、FastStone Capture 的工作界面

FastStone Capture 的工作界面如图 5–1 所示。

图 5-1　FastStone Capture 的工作界面

工作界面中的工具按钮从左到右依次是“打开”工具、“捕获活动窗口”工具、“捕获窗口 / 对象”工具、“捕获矩形区域”工具、“捕获手绘区域”工具、“捕获全屏”工具、“捕获滚动窗口”工具、“捕获固定区域”工具、“屏幕录像机”工具、“延迟之后捕获”工具、“编辑”工具、“设置”工具。各工具的具体功能见表 5-1。

表 5-1　FastStone Capture 各工具的具体功能

图标	工具名称	功能
	打开	用于新建指定大小、指定背景颜色的图像；打开计算机内已存在的图片；导入剪贴板上存在的图像
	捕获活动窗口	用于截取当前活动窗口的图像
	捕获窗口 / 对象	用于截取计算机屏幕上的任意活动和非活动的窗口图像，同时也能够以对象为单位截取某个窗口的部分内容
	捕获矩形区域	用于截取任意矩形区域图像
	捕获手绘区域	用于截取任意形状区域图像
	捕获全屏	用于截取包含任务栏在内的计算机屏幕全屏图像
	捕获滚动窗口	通过滚动截取任意长度的图像
	捕获固定区域	用于截取固定宽和高的矩形区域，矩形区域的宽和高可以由用户设定
	屏幕录像机	用于对屏幕显示内容进行录制
	延迟之后捕获	用于设置延迟时间，设定延迟时间后，使用其他截屏工具都会获得延时功能
	编辑	用于对截取后的图像或者计算机中存在的图像进行编辑
	设置	用于对软件参数进行设置

二、FastStone Capture 的使用

1. 截取活动窗口

所谓活动窗口，即当前的工作窗口。在有多个打开的窗口时，只有一个是活动窗

口，它就是位于最上层的不被其他窗口遮掩的那个窗口。FastStone Capture 能够直接识别并截取当前活动窗口，下面以一个实例说明其操作方法。

图 5-2 所示计算机桌面有三个已打开的文件夹，分别是“项目一”“项目三”“项目五”。其中“项目五”位于最前方，为当前活动窗口。

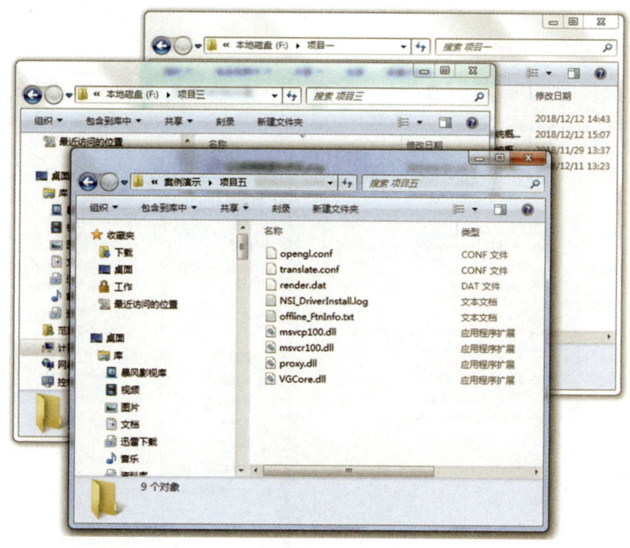

图 5-2　当前计算机桌面

单击 FastStone Capture 工作界面的“捕获活动窗口”按钮，则当前活动窗口“项目五”被截取，如图 5-3 所示。单击工作界面“另存为”按钮，可将截取的图片存储在本地磁盘中。

图 5-3　截取当前活动窗口

2. 截取非活动窗口 / 对象

FastStone Capture 除了能够截取活动窗口，还能够截取非活动窗口以及某个窗口的一部分内容，下面以实例说明其操作方法。

图 5–4 所示计算机桌面上有两个文件夹，分别为“项目一”和“项目三”，其中“项目一”为活动窗口。

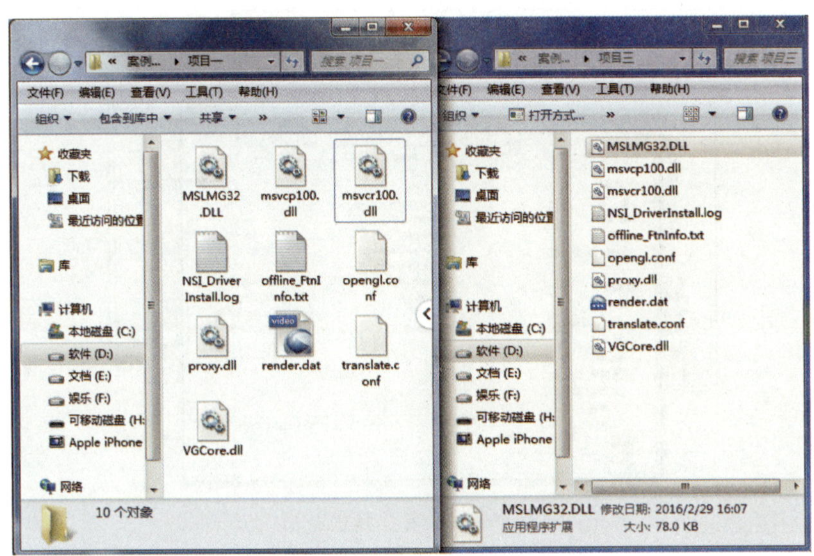

图 5–4 计算机桌面

单击 FastStone Capture 工作界面中的“捕获窗口 / 对象”按钮，移动鼠标，有红色方框区域形成，该方框所选内容即为截取内容。移动鼠标使得红色方框选中“项目三”窗口，单击鼠标左键，即可完成对“项目三”窗口截图，如图 5–5 所示。单击工作界面上“另存为”按钮可保存该图片。可以看到，截取的“项目三”窗口左侧有一部分内容是被活动窗口“项目一”覆盖的。

图 5–5 “项目三”窗口截图

返回桌面，单击 FastStone Capture 工作界面中的“捕获窗口 / 对象”按钮，移动鼠标，使得红色选框选中“项目一”文件夹菜单栏，单击左键，即可截取“项目一”文件夹菜单栏图像，如图 5–6 所示。

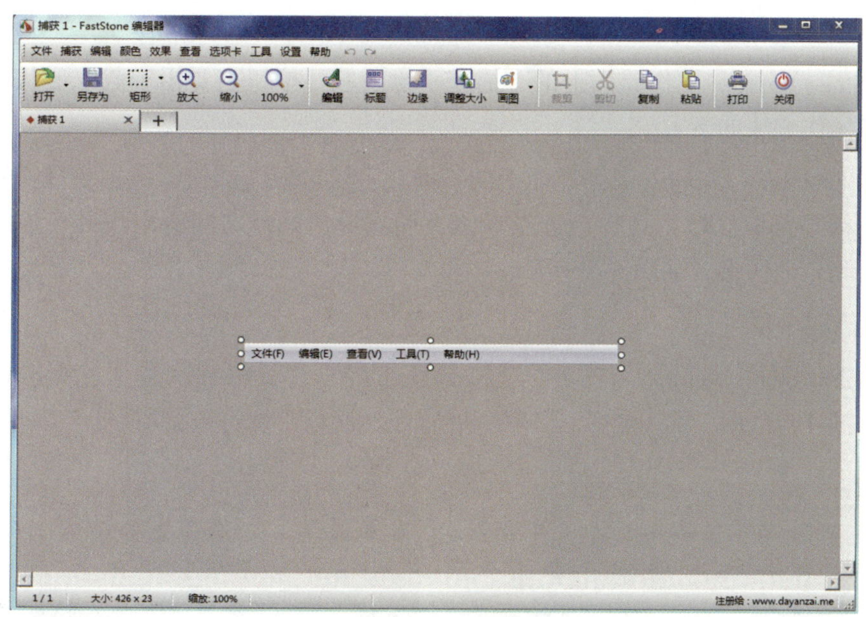

图 5-6　截取“项目一”文件夹菜单栏图像

3. 截取矩形区域图像

需要截取任意大小的矩形区域时，可以使用 FastStone Capture 的“捕获矩形区域”功能，其操作方法如下。

打开图片文件，如图 5-7 所示。

单击 FastStone Capture 工作界面上的“捕获矩形区域”按钮，鼠标变成红色坐标线，按住鼠标左键并拖动，选择需要截取的区域，结果如图 5-8 所示。

图 5-7　打开图片文件

图 5-8　截取结果

4. 截取任意形状区域

FastStone Capture 工作界面上的“捕获手绘区域”按钮主要用于截取形状不固定的区域，其操作方法如下。

单击 FastStone Capture 工作界面上的“捕获手绘区域”按钮，鼠标变成“套索”形状后，在需要截取区域的边界上连续单击，两次单击的点之间将出现红色连线，最后形成一个闭合的图形，如图 5-9 所示。

5. 截取全屏

单击 FastStone Capture 工作界面上“捕获全屏”按钮将截取整个计算机屏幕的内容，如图 5-10 所示。可以看到，截取全屏图像，任务栏也将被截取。

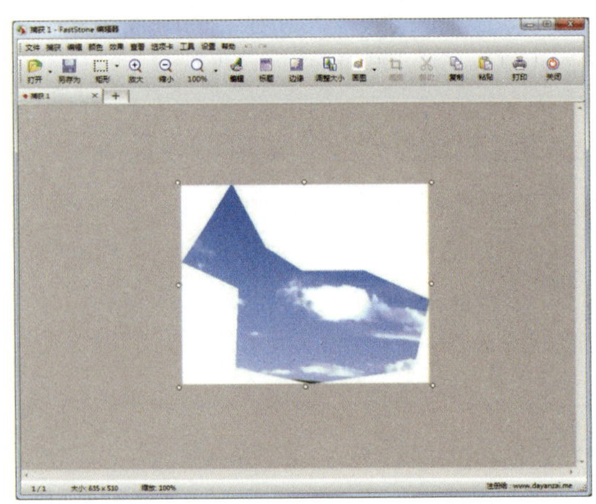

图 5-9 截取图片任意形状区域内容

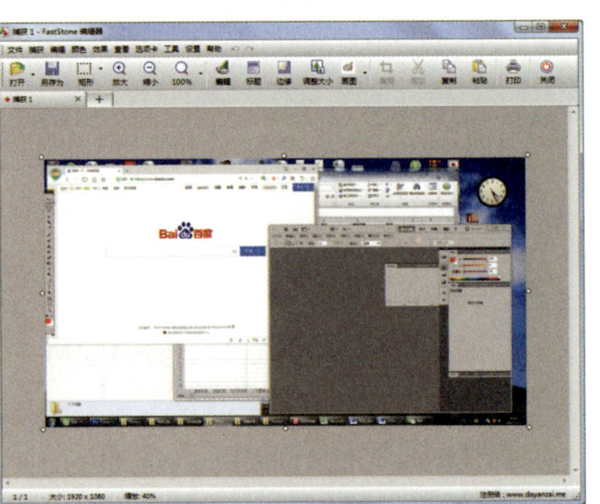

图 5-10 截取全屏

6. 截取滚动窗口

截取不能在一屏内完整显示的网页等图像时，可使用 FastStone Capture 的“捕获滚动窗口”功能。下面以实例说明其操作方法。

（1）打开“淘宝网”首页。

（2）单击 FastStone Capture 工作界面上的“捕获滚动窗口”按钮，单击鼠标左键，页面自动向下滚动，按 Esc 键即手动停止滚动，截取完成，如图 5-11 所示。

7. 截取固定大小矩形区域

FastStone Capture 能够截取指定大小的矩形区域，其操作方法如下。

单击 FastStone Capture 工作界面上的“捕获固定区域”按钮，出现固定大小的红框，按下键盘上的 F2 键，弹出“更改大小”对话框，设置固定区域的大小，如“800 × 600”，则红色选框大小变为宽 800 像素、高 600 像素。移动鼠标，将红框移至所需位置后，单击鼠标左键即可完成截图。

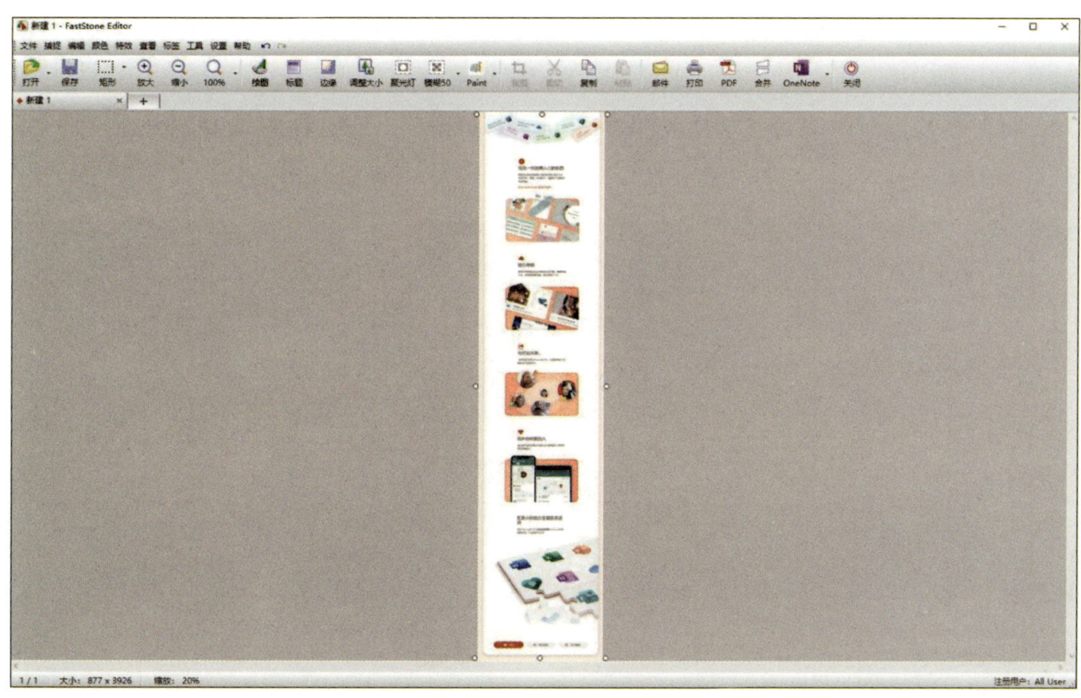

图 5-11　截取滚动窗口

8. 对所截取的图像进行编辑

实际应用中有时需要对截取的图像进行编辑，下面以实例说明 FastStone Capture 编辑功能的使用方法。

（1）单击 FastStone Capture 工作界面上的“捕获固定区域”按钮，截取宽度为 500 像素、高度为 500 像素的图像，截取成功后进入编辑器界面，如图 5-12 所示。

（2）单击“工具栏”-“绘图”按钮，打开“绘图”界面，如图 5-13 所示。

图 5-12　FastStone 编辑器界面

图 5-13　“绘图”界面

（3）单击左侧“矩形文本框”/“椭圆形文本框”工具，弹出“文本样式”对话框，如图 5–14 所示。

（4）在编辑框中输入“欢迎使用 FastStone Capture”，即可在图像上显示该段文字，如图 5–15 所示。

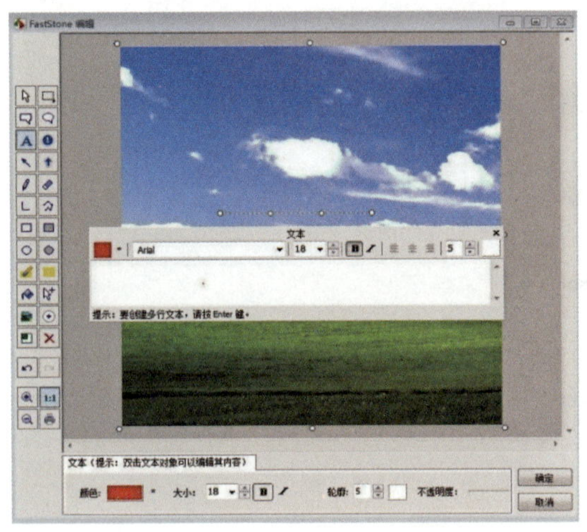

图 5–14 “文本样式”对话框　　图 5–15 在编辑框内输入文字

（5）用鼠标左键将文字拖动到合适位置，单击“确定”按钮，即可完成文字的添加。

9. 对屏幕进行录像

下面以实例说明对屏幕进行录像的操作方法。

（1）单击 FastStone Capture 工作界面上的“屏幕录像机”按钮，弹出“屏幕录像机”对话框，如图 5–16 所示。

（2）选择“录制屏幕”中的“整个屏幕（不含任务栏）”单选框，单击“选项”按钮，在弹出的对话框中设定好参数后，单击“录制”按钮，弹出图 5–17 所示的对话框。

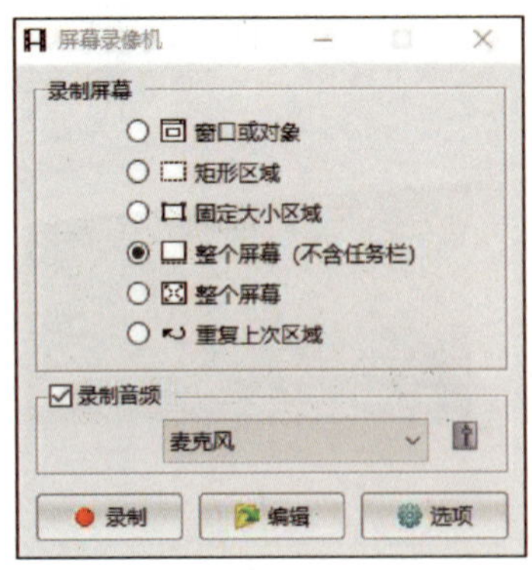

图 5–16 “屏幕录像机”对话框

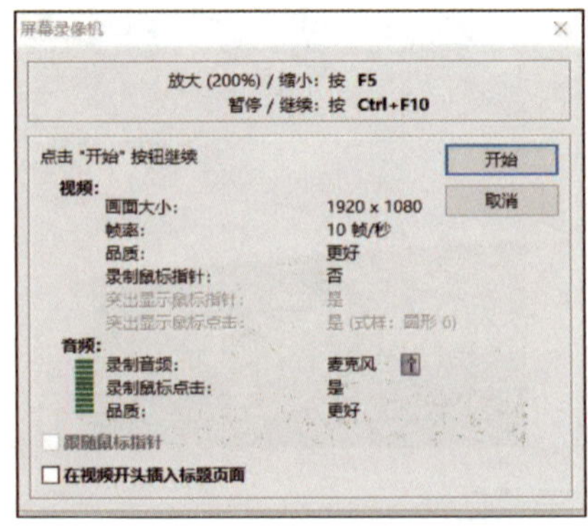

图 5–17 “屏幕录像机”参数确认对话框

（3）参数确认无误后，单击“开始”按钮，即开始对全屏进行录制，录制过程中在任务栏右侧显示“正在录制”图标，如图 5-18 所示。

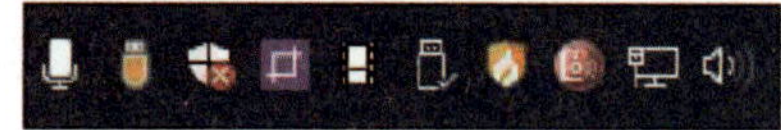

图 5-18　“正在录制”图标

（4）录制结束后，单击任务栏上的“正在录制”图标，弹出“屏幕录像机保存”界面，单击“保存”按钮，即可将所录视频保存到本地磁盘上，录制好的视频为 WMV 格式。

技能训练

使用 FastStone Capture 截取“当当网”完整网页图片，并录制在“当当网”中搜索图书过程的视频。根据表 5-2 的提示内容完成练习，并将练习过程中的主要信息记录在表中。

表 5-2　“当当网”完整网页截图及书籍搜索视频录制练习

项目	说明
活动背景	爷爷奶奶想要在“当当网”上购买图书，但是他们不知道怎么在网络上查找“当当网”，也不知道如何查看某本书籍的详细信息，请使用 FastStone Capture 录制在网络上查找“当当网”的视频，并将爷爷奶奶需要的书籍详情页完整截取
重点提示	1.“当当网”某书籍的详情页面较长，需要使用 FastStone Capture 的“捕获滚动窗口”功能完成 2. 截取图片需要进行编辑，标注文字加以说明
活动所需知识点分析	
主要实施步骤记录	
操作中遇到的问题及解决方法	

课题 2　图像处理工具——美图秀秀的使用

1. 了解图片处理工具的功能。
2. 掌握使用美图秀秀对图片进行简单处理的方法。
3. 掌握使用美图秀秀对图片进行格式转换的方法。

在日常生活中，经常需要对照片、图片进行简单的处理，如修改尺寸、在图片上添加文字、为图片打上“马赛克”、抠图等。这些功能都可以使用 Photoshop 等专业图片处理软件实现，但对于一般用户来说，这些专业软件使用门槛较高，需要专门学习才能熟练使用，而且多为收费软件，价格较高。在这种情况下，以美图秀秀、光影魔术手等为代表的一类简易的图片处理软件就成了更为合适的选择。这类软件操作简单，易学易用，功能强大，能够满足日常图片的简单处理和格式转换等基本需求。本课题以美图秀秀为例进行讲解。

一、美图秀秀的界面

美图秀秀工作界面如图 5–19 所示，由“美化”“美容”“饰品”“文字”“边框”“场景”“拼图”等选项卡组成，各选项卡的功能见表 5–3。

图 5–19　美图秀秀工作界面

表 5-3 美图秀秀选项卡的功能

选项卡	功能
美化	能够调整图片的整体亮度、对比度、色彩饱和度、清晰度，同时具有涂鸦、消除图片轻微瑕疵、抠图、设置“马赛克”、背景虚化等功能。另外，该选项卡集成了多种影楼常用效果，能够一键完成设置
美容	主要针对人物图像进行修改，能够实现瘦脸瘦身、美白皮肤、祛痘祛斑、磨皮、放大眼睛等效果
饰品	为图片添加各种装饰
文字	为图片添加各种文字内容
边框	为图片添加边框
场景	为图片添加主题背景
拼图	对图片进行各种拼接处理

二、使用美图秀秀对图片进行简单处理

1. 使用美图秀秀修改图片尺寸

（1）打开美图秀秀，选择“美化”选项卡，如图 5-20 所示。

图 5-20 “美化”选项卡

（2）单击“打开一张图片”按钮，弹出“打开图片”对话框，选择需要修改的图片，如图 5-21 所示，单击“打开”按钮打开图片。

图 5-21 “打开图片”对话框

（3）单击右上角“尺寸”按钮，弹出“尺寸”对话框，设置图片所需尺寸，如图 5-22 所示。

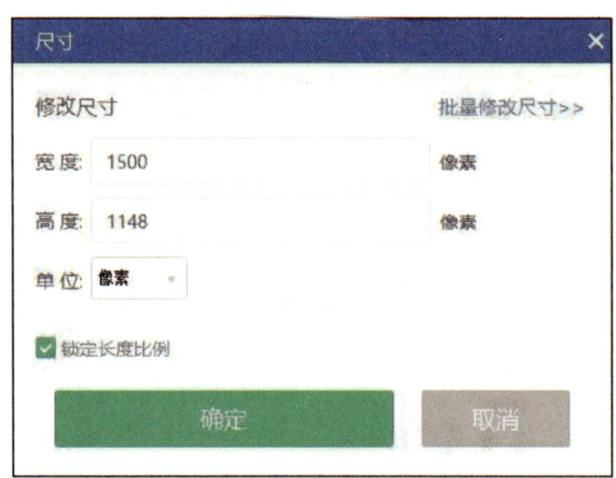

图 5-22 “尺寸”对话框

（4）单击“应用”按钮，返回“美化”选项卡；单击右上角“保存与分享”按钮，弹出“保存与分享”对话框，选择保存路径；单击“保存”按钮，即可保存图片到本地磁盘，如图 5-23 所示。

2. 使用美图秀秀在图片上添加文字

下面以实例说明使用美图秀秀在图片上添加文字的方法。

（1）打开美图秀秀，选择“文字”选项卡，如图 5-24 所示。

图 5-23 “保存与分享”对话框

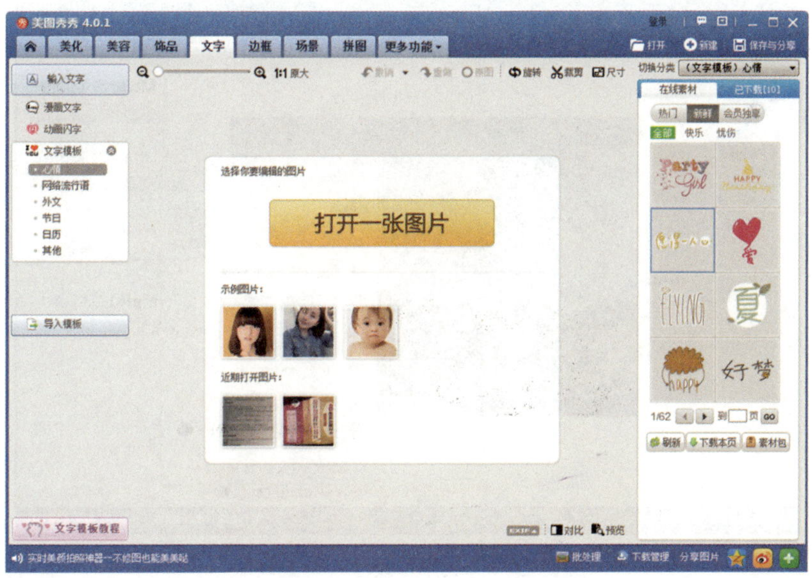

图 5-24 “文字”选项卡

（2）打开需要修改的图片，单击左上角“输入文字”按钮，弹出“文字编辑框”对话框，同时在界面上出现蓝色文本输入区域，如图 5-25 所示。

（3）在“文字编辑框”对话框的文本框中输入要添加的文字“风景如画”；单击“字号”下拉列表，选择“40”；在颜色列表中选择黑色；最后将文本框拖动到合适的位置，如图 5-26 所示。

图 5-25 “文字编辑框”对话框

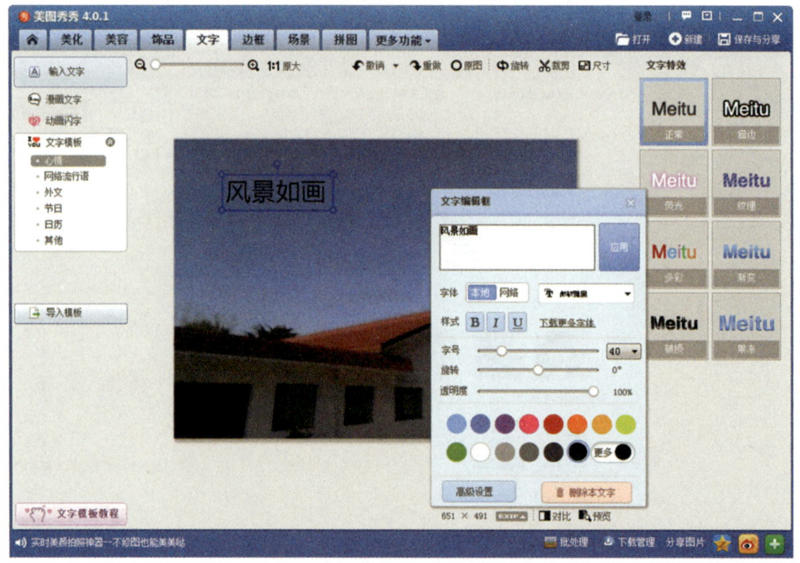

图 5-26 “文字编辑框”参数设置

（4）关闭“文字编辑框”对话框，保存图片到本地磁盘。

除了普通文字编辑，美图秀秀还能够进行特效文字编辑。

3. 使用美图秀秀在图片上添加“马赛克”

使用“马赛克”功能，能够根据需要隐去图片上的某些信息。下面以实例说明其使用方法。

（1）打开美图秀秀，选择“美化”选项卡，如图 5-27 所示。

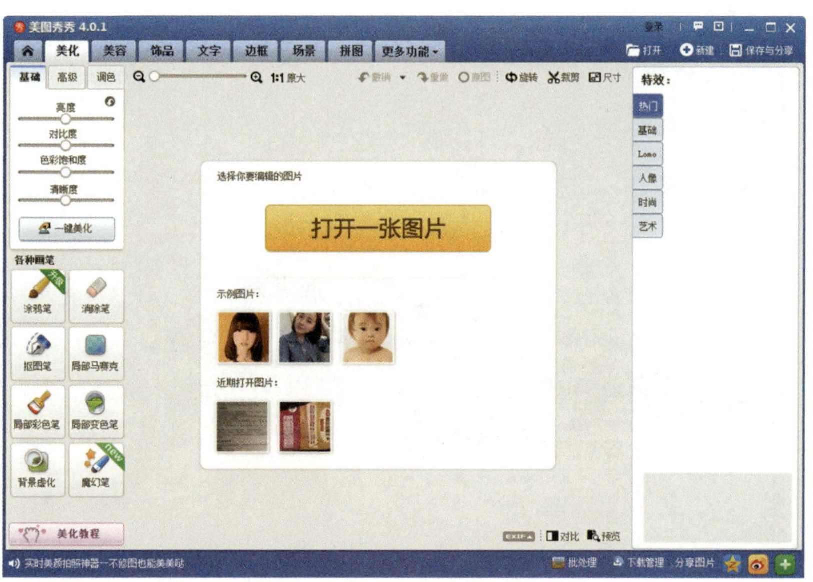

图 5-27 “美化”选项卡

（2）打开需要修改的图片，单击左侧“局部马赛克”按钮，打开图 5-28 所示的界面。

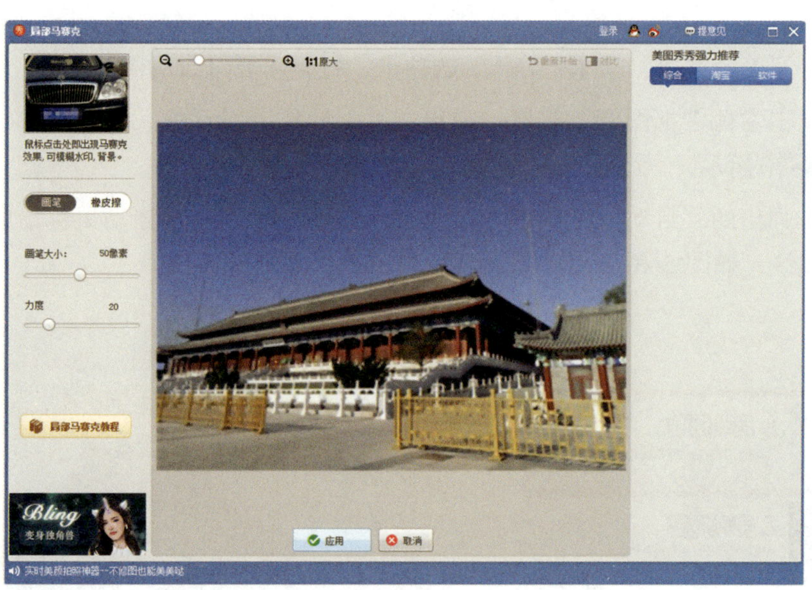

图 5-28 “局部马赛克”界面

（3）拖动左侧“画笔大小”滑块到“50”像素，拖动“力度”滑块到“20”，拖动鼠标将黄色栅栏覆盖掉，如图 5-29 所示。修改完成后单击“应用”按钮。

（4）返回“美化”选项卡，将图片保存到本地磁盘。

图 5-29　添加“马赛克”后的图片

4. 使用美图秀秀抠图

抠图是指将图片中的一部分区域根据需要截取出来。下面以实例说明用美图秀秀抠图的方法。

（1）打开美图秀秀，选择“美化”选项卡，打开需要修改的图片文件。

（2）单击左侧“抠图笔”按钮，弹出“抠图样式”对话框，单击“自动抠图”按钮，如图 5-30 所示。

（3）在弹出的“自动抠图”工作界面中，按下鼠标左键，拖动鼠标沿雕塑边沿画出封闭的曲线，如图 5-31 所示。

图 5-30　“抠图样式”对话框

图 5-31　使用抠图笔绘制区域

（4）单击“完成抠图”按钮，弹出“抠图换背景”对话框，拖动图片，修改图片大小并调整图片在背景画布上的位置，将图片背景设为透明色，如图 5–32 所示。

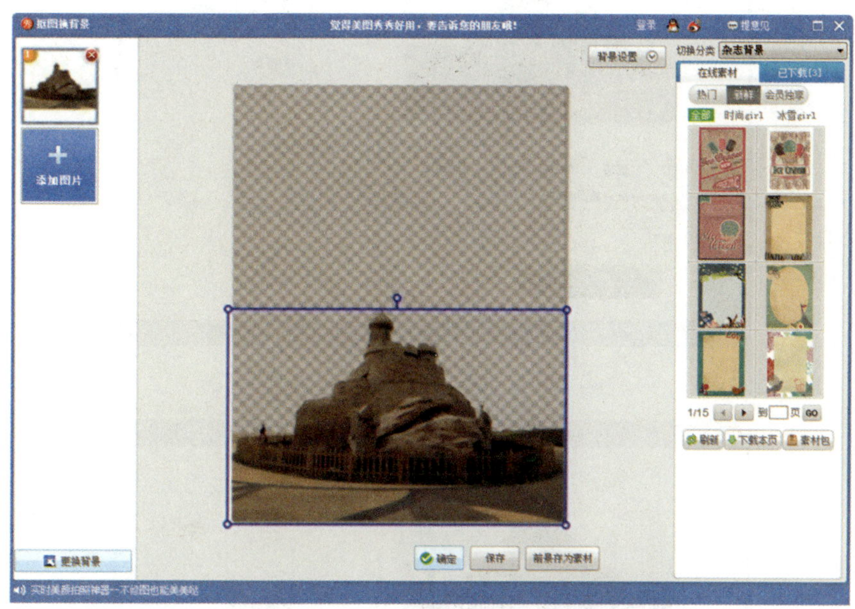

图 5–32 将图片背景设为透明色

（5）单击“确定”按钮，返回主界面，保存图片到本地磁盘。

三、使用美图秀秀转换图片格式

美图秀秀软件既能编辑图片，又能转换图片格式。JPG、BMP、PNG 是三种常用的图片格式。JPG 格式图片体积较小，易于网络传播，但因经过压缩，图片品质有所损耗；BMP 格式图片体积较大，不利于网络传播，但是为无损压缩，画质最好；PNG 格式图片能够保存透明背景图片。美图秀秀支持此三类图片的格式互转。

下面举例说明使用美图秀秀进行图片格式转换的方法。

1. 打开美图秀秀，单击主界面右上角“打开”按钮，选择并打开需要修改的图片文件。

2. 单击右上角“另存为与分享”按钮，弹出“保存与分享”对话框，单击“更改”按钮，选择保存路径，可以看到当前图片格式为“JPG”格式，如图 5–33 所示。

3. 单击图片格式下拉按钮，选择“.png”选项，单击“另存为”按钮，将图片保存到本地磁盘，如图 5–34 所示。查看文件夹可以发现 JPG 格式图片已转换为 PNG 格式图片。

图 5-33 “保存与分享”对话框

图 5-34 修改图片格式

使用美图秀秀对自己的照片进行抠图练习，将人物另存为透明背景的图片，并将练习过程中的主要信息记录在表 5-4 中。

表 5-4 使用美图秀秀进行图像处理练习

项目	说明
活动背景	将自己外出旅游的风景、人物照片进行编辑，修改背景为透明背景，也可将自己的照片添加文字素材等，制作成 QQ 头像

续表

项目	说明
重点提示	美图秀秀“添加文字”模块有许多热门素材，可以将文字设置为热门素材模板，制作 QQ 头像
活动所需知识点分析	
活动实施步骤	
活动反思	

课题 3 音频处理工具——GoldWave 的使用

1. 了解音频处理工具的功能。
2. 掌握使用 GoldWave 完成调节音频音量、剪辑音频及混音等工作的方法。

在日常工作生活中，有时需要将音频文件进行简单的编辑处理，例如将音频进行剪辑、混音等，这些需求对于专业的音频处理软件来说实现起来非常简单，是比较基础的功能，但对一般用户来说，专业软件门槛较高，需要进行一定的学习之后才能掌握。针对这些功能需求，GoldWave 等在使用上相对简单，便于用户进行简单的音频处理。

一、GoldWave 的操作界面

在打开一个音频文件的情况下，GoldWave 工作界面如图 5-35 所示。

1. 菜单栏

菜单栏由“文件”“编辑”“效果”“视图”“工具”“选项”“窗口”“帮助”等菜单组成，如图 5-36 所示。

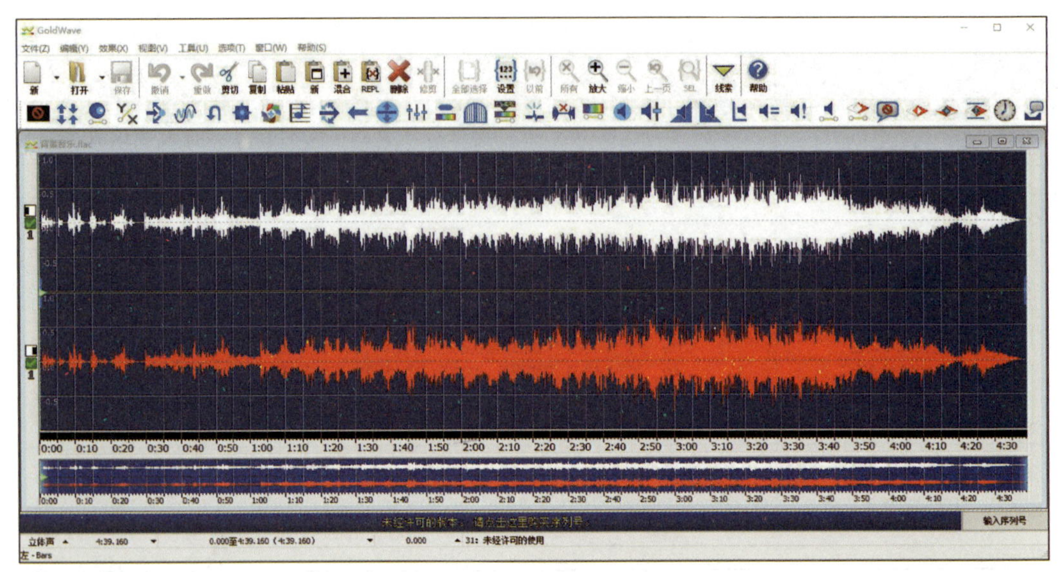

图 5-35　GoldWave 工作界面

文件(Z)　编辑(Y)　效果(X)　视图(V)　工具(U)　选项(T)　窗口(W)　帮助(S)

图 5-36　GoldWave 菜单栏

2. 快捷工具栏

快捷工具栏包括“打开”“复制”“混音”“设置”“播放”等工具命令，如图 5-37 所示，其功能见表 5-5。

图 5-37　GoldWave 快捷工具栏

表 5-5　快捷工具栏的功能

图标	名称	功能
打开	打开	在 GoldWave 中打开本地磁盘中的音频文件
复制	复制	复制某段被选中的音频
混音	混音	将两段音频重叠合并在一起，通常用于前景音与背景音的合并处理
设置	设置	选择具体某两个时间点内的一段音频
	播放	播放试听编辑后的音频

3. 音频编辑区

图 5-38 所示为音频编辑区，可在打开的音频文件中选择一段进行编辑。

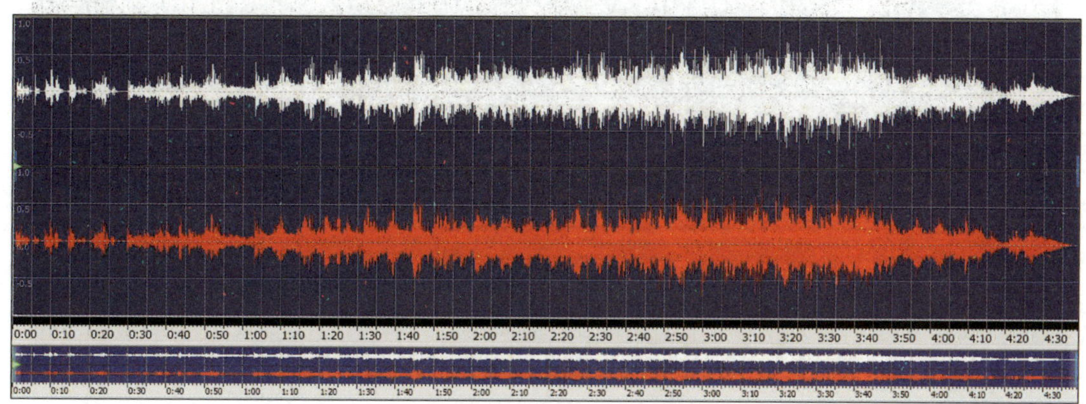

图 5-38　GoldWave 音频编辑区

（1）选择一段音频

下面通过实例说明选择一段音频的方法。

1）方法一

单击“打开”按钮，在弹出的对话框中选中需要编辑的音频文件，单击“打开”按钮，在 GoldWave 中将其打开。左键单击音频编辑区下方时间轴“0:05”的位置，如图 5-39 所示。右键单击时间轴“0:10”的位置，在弹出的快捷菜单中选择“设置结束标记”选项，如图 5-40 所示。这样即可选中“0:05”到“0:10”时间段内的音频。

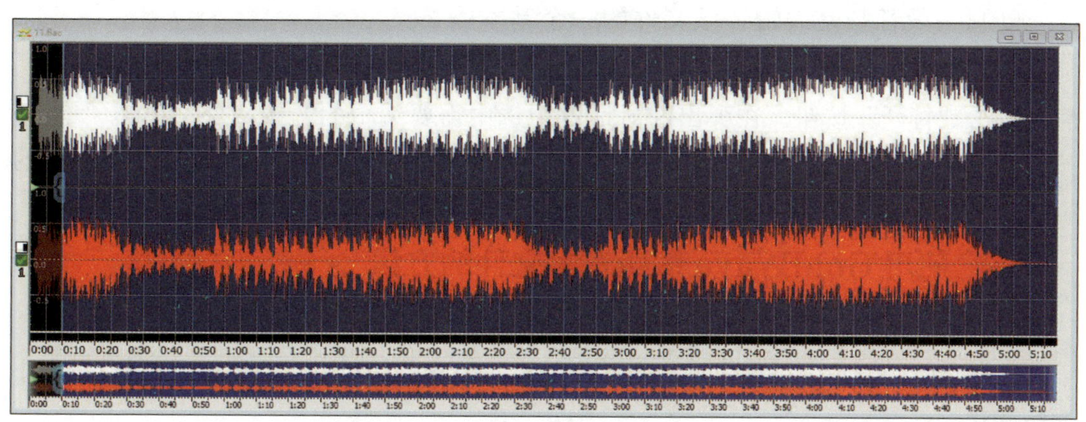

图 5-39　单击“0:05”时间点

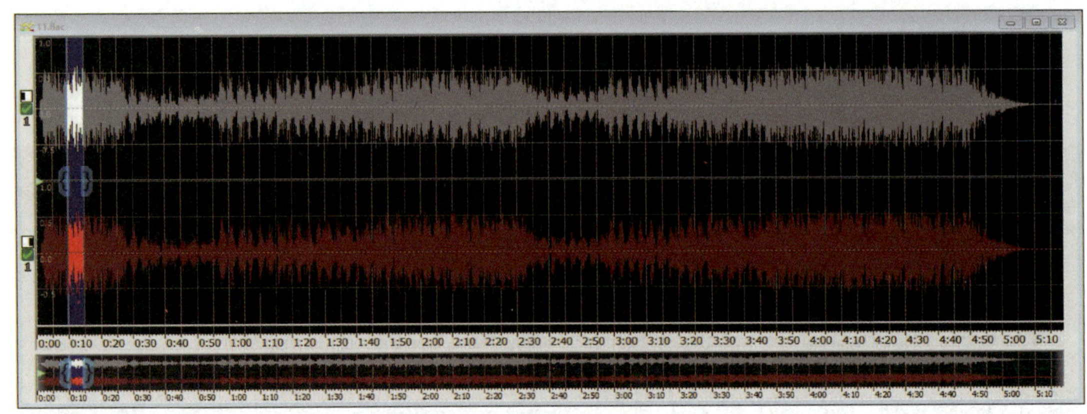

图 5-40　设置结束标记

2）方法二

单击“打开”按钮，在弹出的对话框中选中需要编辑的音频文件，单击“打开”按钮，在 GoldWave 中将其打开。单击快捷工具栏“设置”按钮，选择“基于时间的范围”单选框，在“开始”文本框中输入“00:00:05”，在“结束”文本框中输入“00:00:10”，单击“OK”按钮即可选中“0:05”到“0:10”时间段内的音频，如图 5-41 所示。注意，时间轴上的时间格式为“分：秒”，而“设置选取”对话框的时间格式为“时：分：秒”。

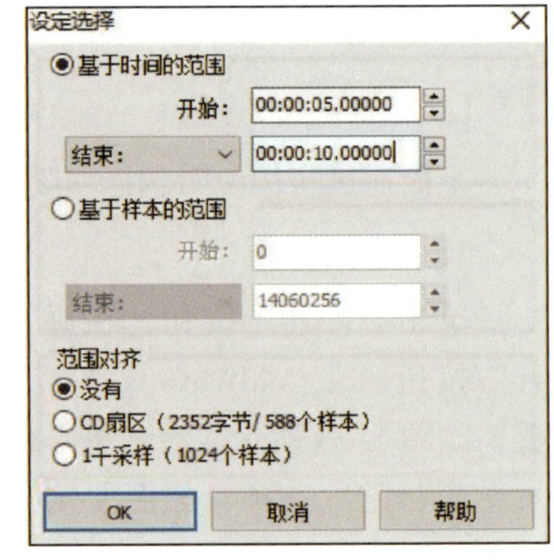

图 5-41　使用“设置”按钮选择一段音频

（2）复制一段音频

复制一段音频是编辑音频文件的一个基本操作，其操作步骤如下。

单击“打开”按钮，在弹出的对话框中选中需要编辑的音频文件；单击“打开”按钮，在 GoldWave 中将其打开。在时间轴上选中被复制的段落，单击快捷工具栏中的“复制”按钮，即可复制音频。

二、使用 GoldWave 编辑音频文件的方法

1. 修改音频音量

有时音频的音量因过大或过小而不能满足使用要求，利用 GoldWave 可对音量大小进行调整。

在 GoldWave 中打开待编辑的文件。选择菜单栏“效果”–“音量”–“改变音量 ...”

选项，弹出“改变音量”对话框，如图 5-42 所示。向右拖动“音量”滑块，右侧文本框内的数字将显示音量放大倍数百分比，如图 5-43 所示，单击“OK”按钮即可。类似地，向左拖动即可减小音量。

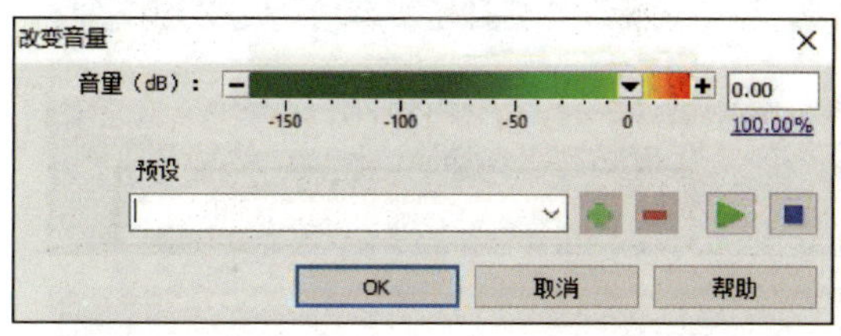

图 5-42　“改变音量”对话框

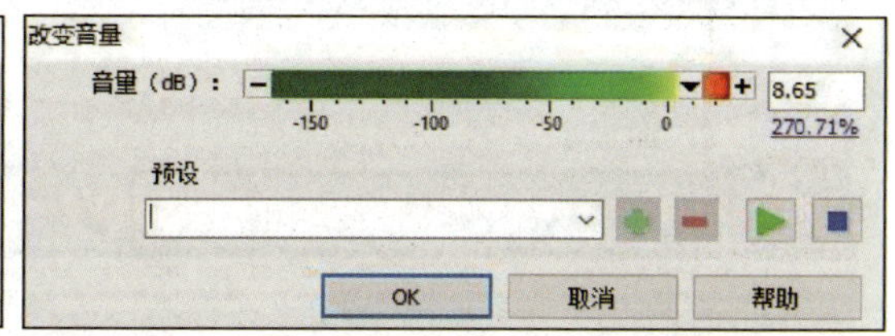

图 5-43　使用拖动滑块方法放大音量

此外也可单击“音量百分比”按钮，在弹出的下拉菜单中选择预置参数，如选中“-2.50 dB（75%）”可将音量降至原音量的 75%，如图 5-44 所示，单击“OK”按钮完成修改。

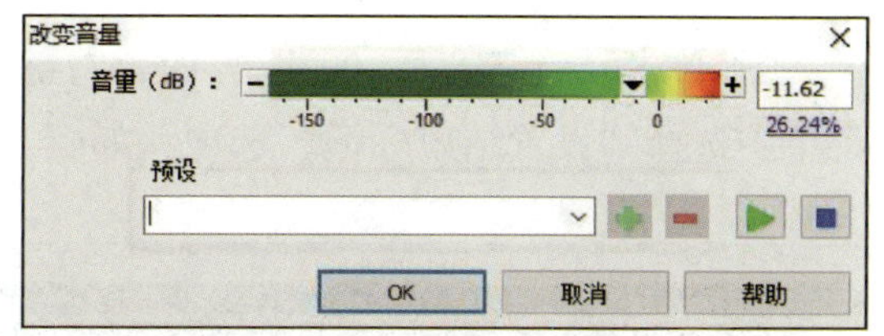

图 5-44　减小音量

2. 将两个音频文件连接在一起

音频的“连接”和“混音”是两个不同的概念。“连接”是简单的首尾相连；“混音”则是在同一个时间点上同时播放两个音频，通常用于背景音乐和前景音乐的合并。

（1）将两个音频文件首尾连接

下面举例说明将两个音频文件首尾连接的操作步骤。

1）在 GoldWave 中同时打开待连接的两个文件（此例中为“朗诵 .flac”和“背景音乐 .flac”），如图 5-45 所示。单击“朗诵 .flac”激活工作界面，单击快捷工具栏“复制”按钮，复制“朗诵 .flac”音频。

2）单击“背景音乐 .flac”界面，单击快捷工具栏“粘贴”按钮，即将“朗诵 .flac”音频文件粘贴在“背景音乐 .flac”音频文件之前，选中“文件”-“另存为”选项，将文件保存在本地磁盘上。

（2）将一个音频文件插入另一个音频文件中间某个时间点

下面举例说明在一个音频文件中间某个时间点上插入另一段音频的操作步骤。

1）在 GoldWave 中同时打开待连接的两个文件（此例中为“朗诵 .flac”和“背景音乐 .flac”）。单击“朗诵 .flac”激活工作界面，单击快捷工具栏“复制”按钮，复制“朗诵 .flac”音频。

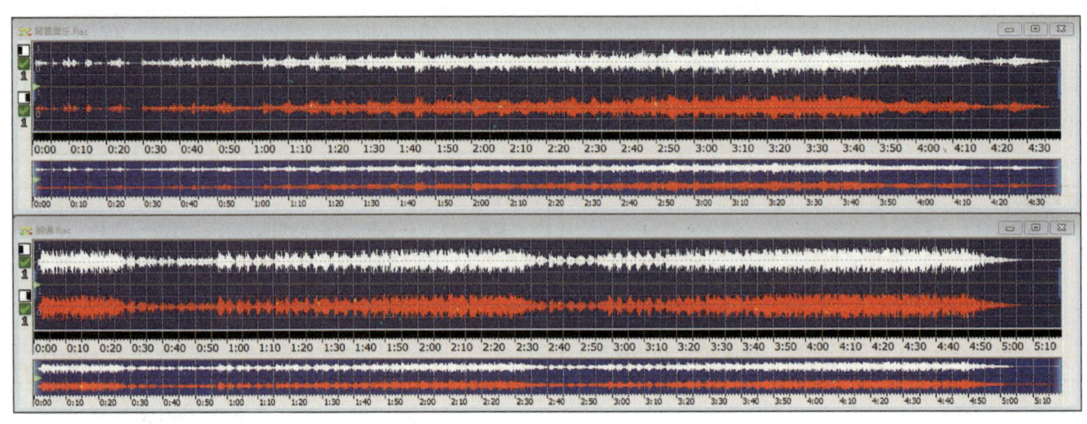

图 5-45　同时打开两个文件

2）单击“背景音乐 .flac”界面，右键单击时间轴的“0:10”位置，在弹出的快捷菜单中选择“设置结束标记”选项，如图 5-46 所示。

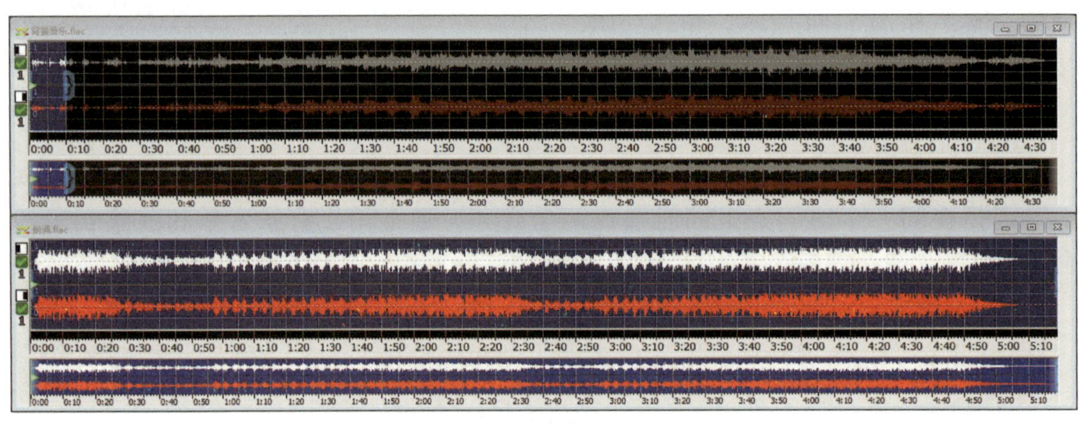

图 5-46　设置结束标记

3）选中菜单栏“编辑”-“粘贴到”-“结束标记”选项，将“朗诵 .flac”粘贴到“背景音乐 .flac”中“0:10”位置。保存编辑好的音频文件到本地磁盘。

3. 删除音频中的一段内容

下面举例说明删除音频文件中的某一段内容的操作步骤。

（1）在 GoldWave 中打开待编辑的文件（此例中为“朗诵 .flac”）。单击快捷工具栏“设置”按钮，弹出“设定选择”对话框，设置结束时间为“00:00:05”，如图 5-47 所示。

（2）单击“OK”按钮，选中音频“00:00”到“00:05”时间段内容，如图 5-48 所示。单击快捷工具栏“删除”按钮，删除选中内容，如图 5-49 所示。将编辑后的文件另存到本地磁盘。

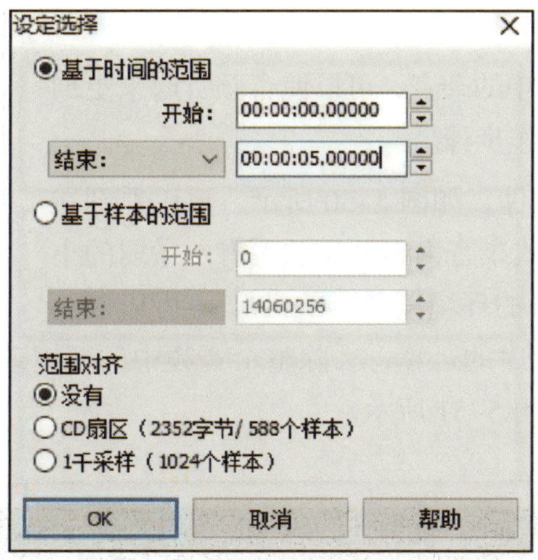

图 5-47　“设定选择”对话框

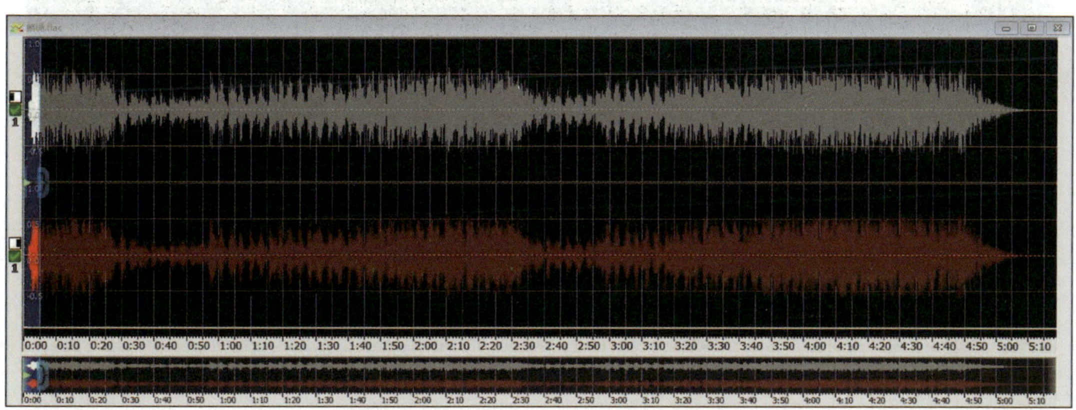

图 5-48　选中音频前 5 s 内容图

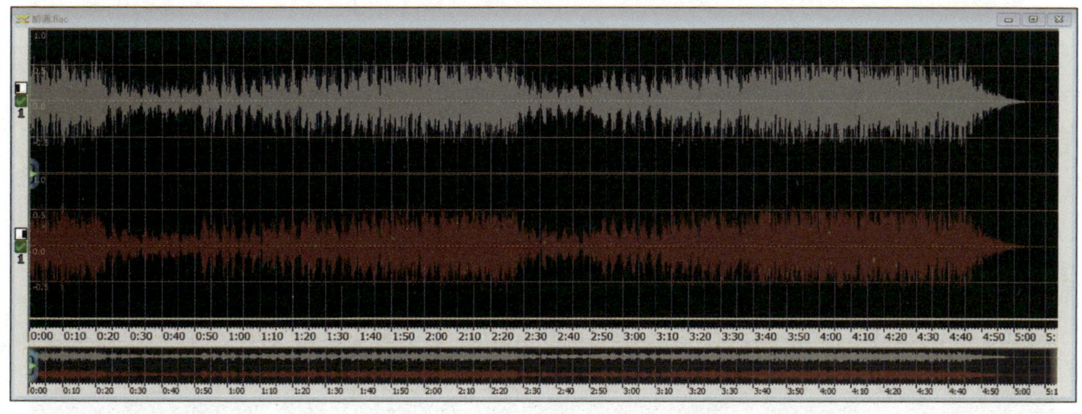

图 5-49　删除前 5 s 内容后的音频

4. 降噪处理

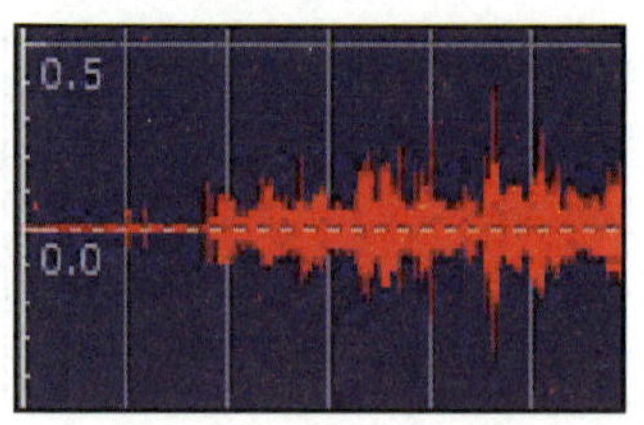

图 5-50　音频中的杂音

降噪处理即删除录音中的杂音，可以使音频听起来更加清晰，下面举例说明其操作步骤。

（1）打开待编辑的文件，如图 5-50 所示，可以看到在音频开头的 5 s 中（即正式录音内容开始前）有一微弱的小声波，这就是录制音频时的环境杂音。GoldWave 可以以此处的杂音为样本，通过程序的运算，去除整个音频中的环境杂音，即实现“降噪”。选中文件前 5 s 的杂音，如图 5-51 所示。

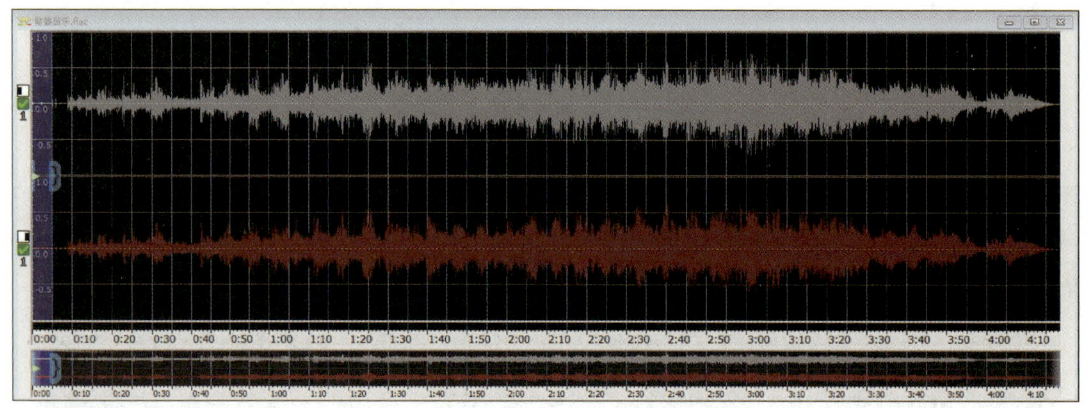

图 5-51　音频中的前 5 s

（2）单击快捷工具栏“复制”按钮，复制杂音。单击快捷工具栏“全选”按钮，再次全选整个音频。选中“效果”–“滤波器”–“降噪 ...”选项，弹出“降噪”对话框，单击“使用剪切板”单选按钮，单击“确定”按钮，清除噪声，如图 5-52 所示。将编辑后的文件保存到本地磁盘。

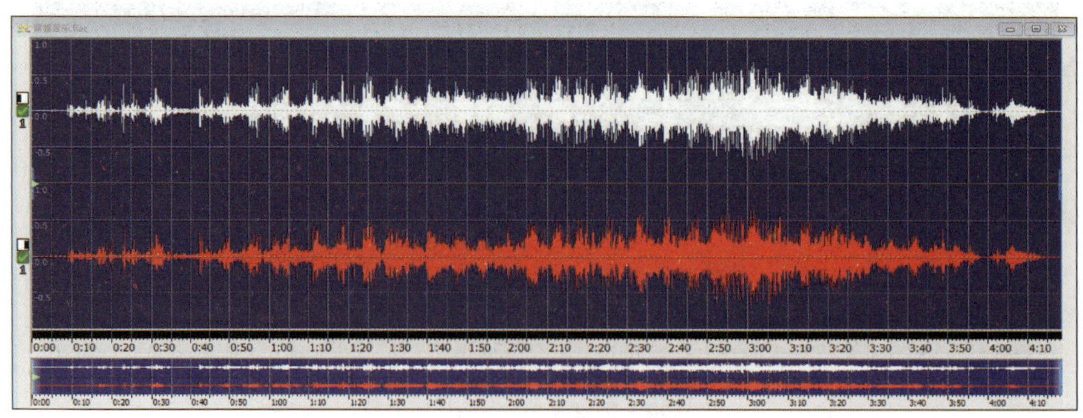

图 5-52　降噪后的音频波形图

5. 使用 GoldWave 转换音频格式

GoldWave 支持各种音频格式之间的转换。下面举例说明其操作步骤。

（1）使用 GoldWave 打开待编辑的文件。选中菜单栏“文件”–“另存为”选项，弹出“保存声音为”对话框，选择音频存放位置为本地磁盘，单击“文件名”文本框，输入文件名。单击保存类型下拉列表框，选择 MP3 选项，如图 5–53 所示。

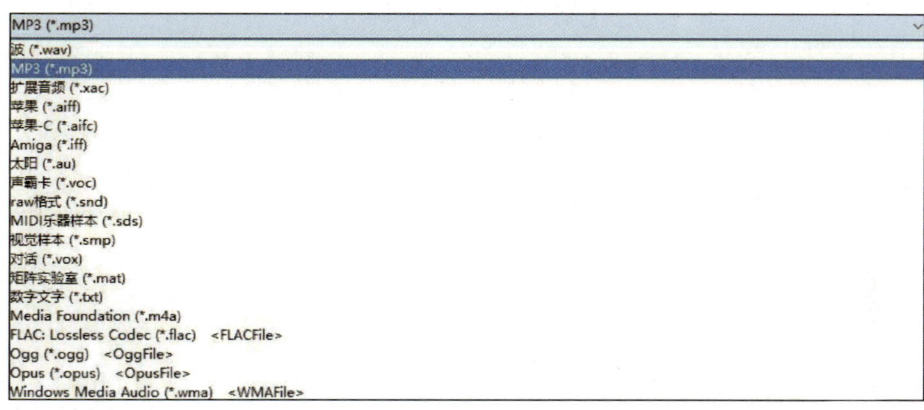

图 5–53　保存文件类型

（2）单击“保存”按钮即可将文件保存为 MP3 格式。

6. 使用 GoldWave 为音频降调

制作合唱伴奏带时，有些音频的音调过高，可使用降调方法降低音调。下面举例说明为音频降调的操作步骤。

（1）使用 GoldWave 打开待编辑的文件。单击菜单栏“效果 / 音高”选项，弹出“音高”对话框，选择“半音”单选框，单击右侧文本框，输入“–3”，勾选“保持节奏”复选框，如图 5–54 所示。

（2）单击“确定”按钮。音高转换完成后，将文件保存到本地磁盘。

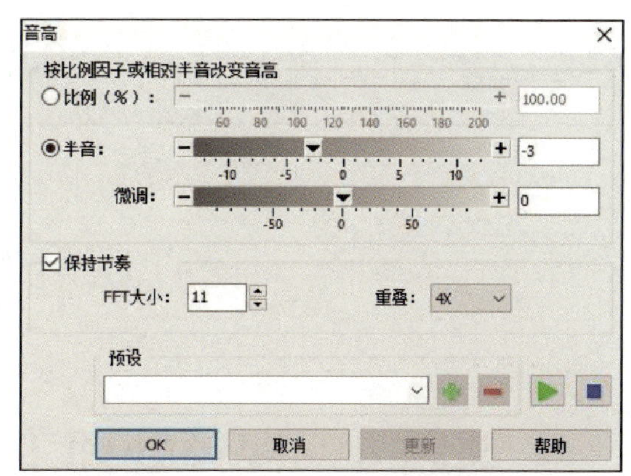

图 5–54　“音高”对话框

使用 Windows 自带录音机录制一段朗读散文的音频，并使用 GoldWave 降噪，配上

背景音乐，制作成散文诗朗诵作品，并将练习过程中的主要信息记录在表 5-6 中。

表 5-6　使用 GoldWave 降噪练习

项目	说明
活动背景	班会需要一段配乐诗朗诵，需要录制一段朗诵音频，并将朗诵音频与纯背景音乐合成配乐散文诗朗诵作品
重点提示	1. 录制的朗诵音频需要降噪 2. 背景音乐适当调整音量，以免音量过大覆盖朗读的声音
活动所需知识点分析	
主要实施步骤记录	
操作中遇到的问题及解决方法	

课题 4　视频处理工具——爱剪辑的使用

1. 了解视频处理工具的功能。
2. 掌握使用爱剪辑软件对视频文件进行简单处理的方法。
3. 掌握使用爱剪辑软件对视频格式进行转换的方法。

在日常生活和工作中，常需要对视频文件进行简单的编辑、剪切、合并等操作，和前面介绍过的图片处理工具、音频处理工具类似，使用专业软件虽可完成，但对于一般用户来说难度较大。而爱剪辑、快剪辑、会声会影等视频处理工具功能强大、操作简便，其支持 MP4、FLV、MKV、AVI 等多种格式视频的编辑，支持添加音频进行编辑，能够对视频进行剪切拼接、制作转场特效、添加字幕、制作“画中画”效果、制作片头片尾等。本课题以爱剪辑为例进行讲解。

一、爱剪辑的工作界面

爱剪辑的工作界面如图 5–55 所示，有“视频”“音频”“字幕特效”“叠加素材”“转场特效”“画面风格”等选项卡，其功能见表 5–7。

图 5–55　爱剪辑的工作界面

表 5–7　爱剪辑的工作界面选项卡功能

选项卡	功能
视频	剪切、拼接视频
音频	添加音频并对音频进行编辑
字幕特效	设置文字出现、停留、消失等特效，对文字颜色、大小等进行设置
叠加素材	为视频添加图片、去除视频水印，同时设置添加图片的进入和退出效果
转场特效	设置场景转换特效，可在不同视频片段之间插入转场特效
画面风格	调整画面色彩、亮度，添加滤镜效果，设置画面动态特效，同时还集成了一些动态特效模板

二、使用爱剪辑对视频进行简单剪辑

爱剪辑软件功能较多，最常见的功能是剪切视频、拼接视频、添加水印、制作转场特效、制作片头片尾等。下面结合实例分别讲解。

1. 剪切视频

（1）打开爱剪辑软件，默认会弹出“新建”对话框，单击“取消”按钮并在弹出的“提示”提示框中单击“确定”按钮，关闭该对话框。

（2）单击爱剪辑主界面“添加视频”按钮，如图 5–56 所示。弹出“请选择视频”对话框，选择爱剪辑软件自带素材“视频素材 .mp4”文件，单击“打开”按钮，如图 5–57 所示。

图 5–56 “添加视频”按钮

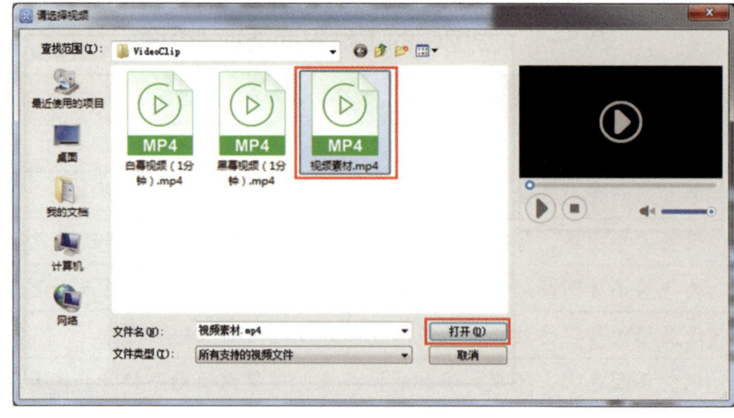

图 5–57 “请选择视频”对话框

（3）弹出“预览 / 截取”对话框，可看到视频长度为“12.9 s”，如图 5–58 所示。

如果事先知道需要截取视频的具体节点，可在“开始时间”和“结束时间”文本框中输入对应的时间节点，单击“确定”按钮即可完成视频的剪切。如果事先并不知道截取视频的具体时间节点，需要根据视频的具体内容来确定截取时间时，则单击“播放”按钮，视频即在“预览”框中开始播放，如图 5–59 所示。

图 5–58　“预览 / 截取”对话框

图 5–59　预览视频

（4）当预览视频找到合适的截取开始时间时，单击“暂停”按钮，则显示当前暂停时间节点，如图 5–60 所示。单击“开始时间”文本框后的“快速获取当前播放的视频所在的时间点”按钮，即将开始时间设定为当前暂停时间，如图 5–61 所示。

图 5–60　确定截取视频的开始时间

图 5–61　设置截取视频的开始时间

（5）确定开始时间后，单击“播放”按钮，继续播放视频，待播放到视频需要截取的结束时间时，单击“暂停”按钮，暂停视频，单击“结束时间”文本框后的“快速获取当前播放的视频所在的时间点”按钮，将“结束时间”文本框的值设置为当前暂停视频播放时间，即确定视频的结束时间，如图 5-62 所示。单击“确定”按钮，返回“视频”选项卡。

（6）这时可以看到，原 12.9 s 的视频已经被截取成为 4.08 s 的视频，如图 5-63 所示。

图 5-62　确定截取视频的结束时间

图 5-63　截取后的视频

（7）单击“导出视频”按钮，弹出“导出设置”对话框，在“片名”文本框中输入文件名“我的第一个视频剪辑”；在“制作者”文本框中输入个人姓名，其他参数使用默认值，如图 5-64 所示，单击“下一步”按钮，进入第二页面，继续单击“下一步”按钮，选择在 D 盘根目录下保存当前视频，单击“导出”按钮，即可开始转换视频，并弹出“进度”对话框，如图 5-65 所示，显示当前转换进度。

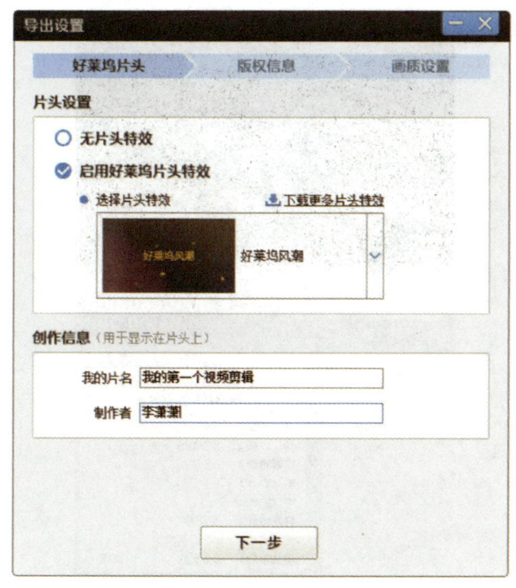

图 5-64　导出设置参数

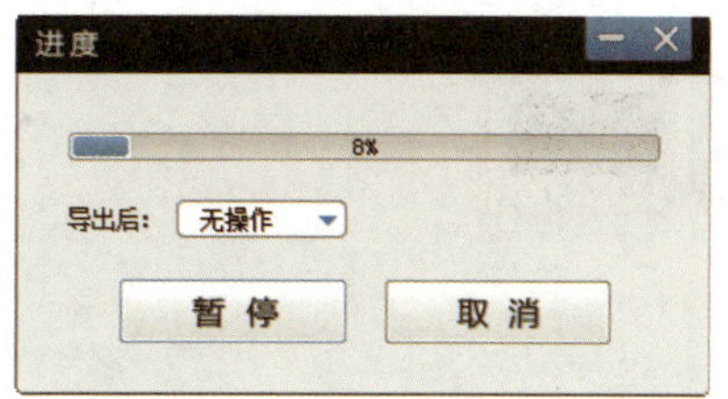

图 5-65　“进度”对话框

（8）视频转换完成，弹出“导出成功!”对话框，如图 5-66 所示。

（9）单击“打开存放文件夹”，打开存放视频的文件夹，双击视频文件可播放视频内容，如图 5-67 所示。

图 5-66　“导出成功!”对话框

图 5-67　播放截取后的视频

2. 拼接视频

（1）打开爱剪辑软件，关闭“新建”对话框。单击“添加视频”按钮，选择爱剪辑自带视频“黑幕视频（1 分钟）.mp4”；单击“打开”按钮，弹出“预览 / 截取”对话框；单击“确定”按钮，完成第一个视频的添加，如图 5-68 所示。

图 5-68　将第一段视频添加到编辑区域

（2）单击“添加视频”按钮，在弹出的“请选择视频”对话框中选择爱剪辑自带视频“视频素材.mp4”，单击“打开”按钮，弹出“预览/截取”对话框，单击“确定”按钮，完成第二个视频的添加，如图 5–69 所示。

图 5-69　将第二段视频添加到编辑区域

（3）单击“导出视频”按钮，弹出“导出设置”对话框，单击“下一步”按钮，进入第二页面，继续单击“下一步”按钮，弹出“导出设置”对话框，设置参数，如图 5–70 所示。单击“导出视频”按钮，视频导出成功后，打开视频，即可看到两段视频合成为一段的视频效果。

图 5-70　“导出设置”对话框

3. 添加水印

（1）在爱剪辑工作界面中，选择“视频”选项卡，添加“视频素材.mp4”到编辑区域，如图 5-71 所示。

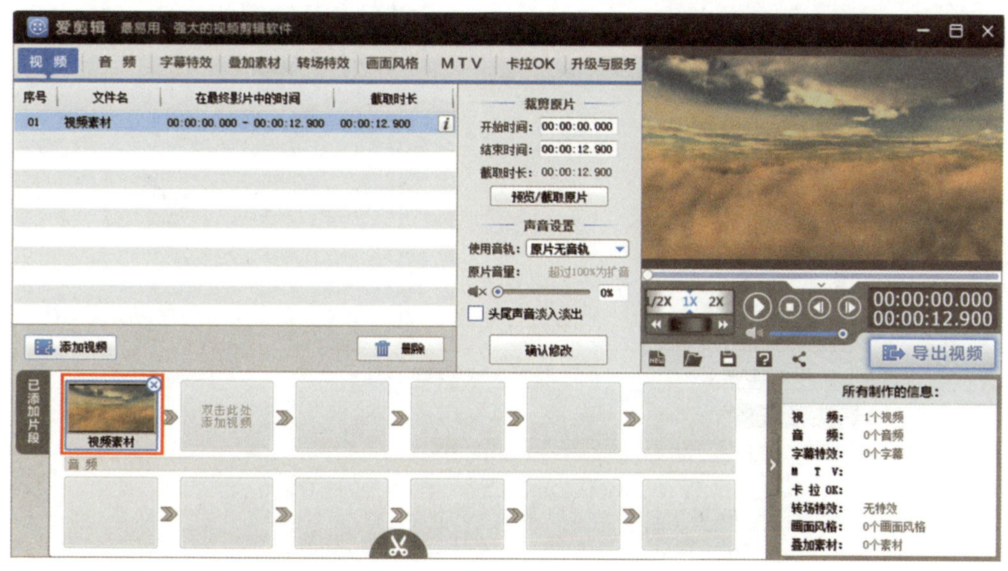

图 5-71　添加“视频素材.mp4”到编辑区域

（2）在视频预览界面预览视频，找到需要添加水印的时间节点，单击暂停视频播放，如图 5-72 所示。

图 5-72 视频预览界面

（3）单击“叠加素材”选项卡，单击“添加贴图”按钮，弹出“选择贴图”对话框，将贴图选择列表的滚动条拖动到最下方，单击“自定义”组的“点击这里添加素材”按钮，如图 5-73 所示。

图 5-73 “选择贴图”对话框

（4）弹出“请选择贴图图片”对话框，选择“文字水印.png”素材；单击“打开”按钮，返回“选择贴图”对话框；单击“确定”按钮，返回“叠加素材”选项卡。

（5）在“贴图设置”面板中将“持续时长”设置为“2 s”，并选择“淡入淡出（淡入＋淡出）”特效，如图5–74所示。即在视频暂停处添加持续时间为2 s的水印，单击“播放试试”按钮，预览水印添加效果。

图5–74 水印设置

（6）将添加好水印的视频导出并保存到本地磁盘。

4. 制作转场特效

（1）打开爱剪辑软件，单击“添加视频”，选择“黑幕视频（1分钟）.mp4”，单击“打开”按钮，弹出“预览/截取”对话框，设置结束时间为“00:00:05”，截取5 s黑屏。

（2）添加“视频素材.mp4”，编辑界面如图5–75所示。

（3）选择“转场特效”选项卡，选中编辑界面第二段视频。单击左侧“卷画特效（向左）”特效，在“转场设置”模块中，设置转场时间为“2 s”，如图5–76所示。单击“应用/修改”按钮，完成转场特效的设置。

（4）单击“播放”按钮，播放视频预览，可以看到5 s后视频通过向左的画卷特效进行转场切换。

（5）导出视频，并将视频保存到本地磁盘。

图 5-75 添加两个视频

图 5-76 转场特效设置

5. 制作片头片尾

（1）打开爱剪辑软件，依次添加视频“黑幕视频（5 s）”“视频素材”“黑幕视频（5 s）”三个视频素材，如图 5-77 所示。

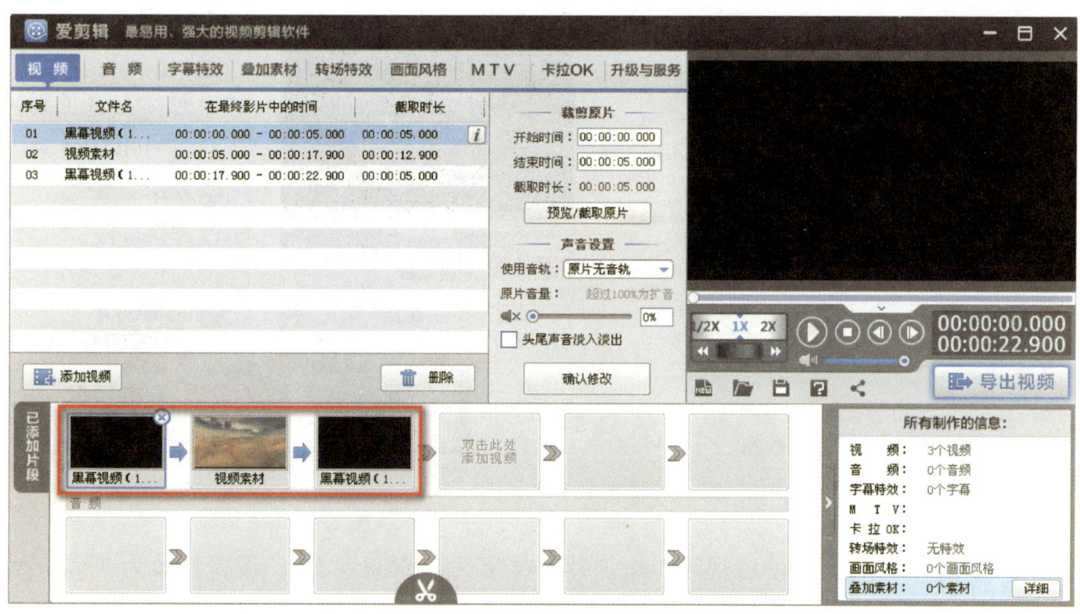

图 5-77　添加视频素材

（2）选中第一个黑幕视频，选择“字幕特效”选项卡，双击右侧视频预览界面，弹出“输入文字”对话框，输入文字“欢迎观看”，单击“确定”按钮，返回主界面，如图 5-78 所示。

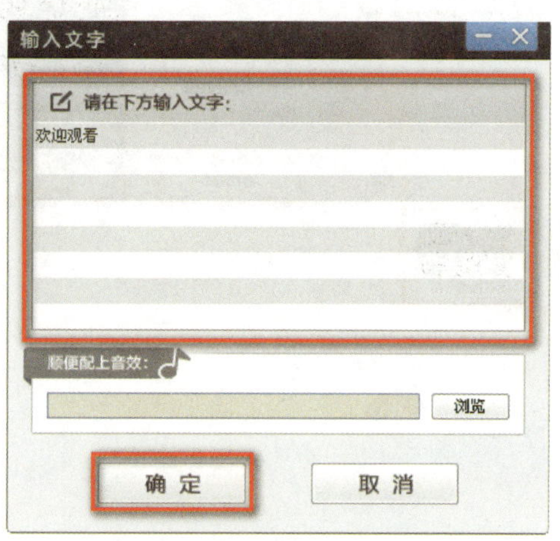

图 5-78　“输入文字”对话框

（3）在“字体设置”模块，设置字体大小为“60”，拖动视频预览界面的文字到合适位置，单击左侧“沙砾飞舞”特效选项，如图 5-79 所示。单击“特效参数”选项卡，设置“出现时的字幕”为“1 s”，“消失时的字幕”为“1 s”，其他参数使用默认值，如图 5-80 所示。单击“播放试试”预览视频效果。

图 5-79　片头文字参数设置

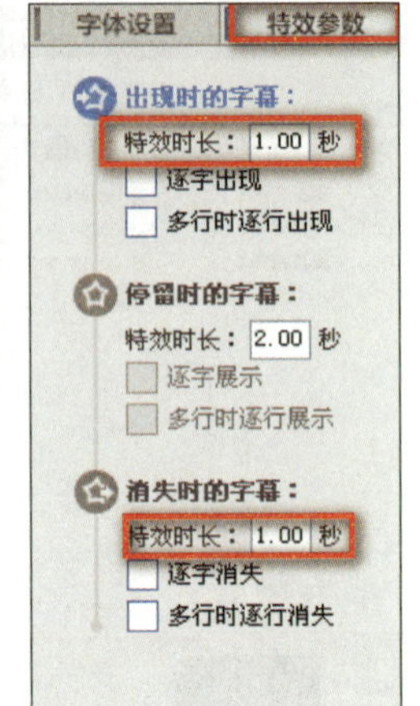

图 5-80　特效参数设置

（4）选中最后一个黑幕视频，添加片尾文字为“谢谢观看”，设置特效为“缤纷秋叶”，其他参数同片头文字设置，如图 5-81 所示。

图 5-81　片尾文字参数设置

（5）单击“播放”按钮，预览完整视频。导出视频并保存到本地磁盘中。

三、使用爱剪辑软件转换视频格式

爱剪辑软件支持对视频文件进行格式转换，下面举例说明其操作方法。

1. 使用爱剪辑软件打开“视频素材 .mp4”文件。

2. 单击“导出视频”按钮，弹出“导出设置”对话框，在“片名”文本框中输入“视频格式转换练习”，在“制作者”文本框中输入制作者的姓名；单击“浏览”按钮，将视频保存在本地磁盘D中；单击“导出格式”下拉列表，选择“AVI格式”选项，如图5-82所示。

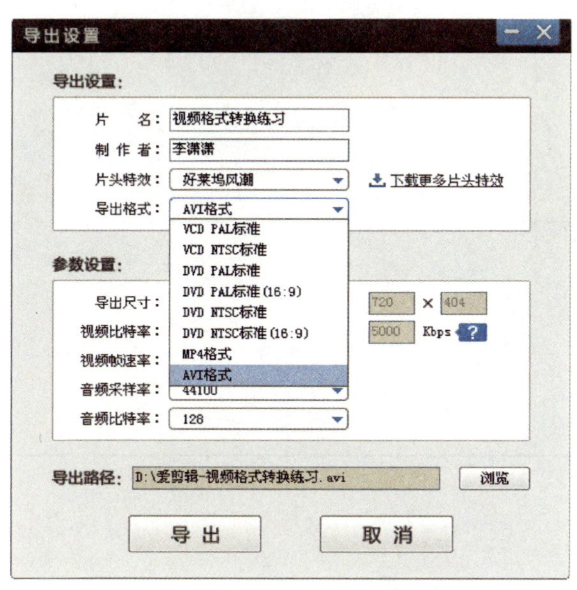

图5-82　“导出设置”参数

3. 单击“导出”按钮将视频导出，实现MP4格式视频转换为AVI格式视频。

录制一段校园生活视频，对该视频进行剪辑拼接，添加片头、片尾和转场效果。将其保存在本地磁盘，并将练习过程中的主要信息记录在表5-8中。

表5-8　录制校园生活视频练习

项目	说明
活动背景	为了留住校园生活的美好瞬间，试录制并剪辑一部校园生活的视频
重点提示	转场效果应设置丰富
活动所需知识点分析	

续表

项目	说明
活动实施步骤	
活动反思	

项目六
系统优化与安全防护工具

课题 1　系统安全优化工具——360 安全卫士的使用

1. 了解系统安全优化工具的功能。

2. 掌握使用 360 安全卫士对计算机系统进行安全检查、木马查杀和防火墙设置的方法，提高计算机的安全性。

3. 掌握使用 360 安全卫士对木马进行查杀、开启木马防火墙的方法。

4. 掌握使用 360 安全卫士进行计算机全面体检，并修复系统漏洞、清除系统垃圾、优化系统的方法。

一、系统安全优化工具的特点

系统安全优化工具是能够全方位、高效、安全地提高系统性能并维护系统安全的软件，具有系统全面检查、木马查杀、垃圾清理、优化加速、系统修复等多种功能。

系统全面检查在部分软件中被形象地称为“体检”，可对计算机进行详细的检查，让用户了解计算机当前的状态，并提出合理优化建议。

木马查杀功能可使用木马查杀引擎查杀计算机木马，并对计算机漏洞进行修复。

垃圾清理功能用于清理无用插件、垃圾文件、使用痕迹和注册表等。

优化加速功能用于提高系统的开机速度和运行速度。

系统修复功能主要用于修复系统出现的漏洞，防止非法用户将病毒或木马植入漏洞而危害系统的安全。

此类工具中最为常用的是 360 安全卫士和腾讯电脑管家，本课题以 360 安全卫士为例进行讲解。

二、360 安全卫士的使用

360 安全卫士的主界面如图 6–1 所示，分为三个部分：上方的选项卡提供了软件可实现的主要功能；底部是快捷按钮，单击对应的快捷按钮可进入相应的操作界面；中间是进行具体操作的区域，同时显示相应的功能信息。

图 6–1　360 安全卫士的主界面

1. 电脑体检

利用 360 安全卫士对计算机进行体检，其主要作用是对计算机进行全面扫描，让用户了解计算机当前使用的情况，并提出安全维护的建议，其操作方法如下。

（1）单击“开始”按钮，选择“360 安全中心”–“360 安全卫士”选项，弹出 360 安全卫士的主界面，如图 6–1 所示。默认显示“我的电脑”选项卡，单击“立即体检”按钮。

（2）系统自动对计算机进行扫描，同时在窗口中显示进度并动态显示检查结果，如图 6–2 所示。扫描完成后，自动显示扫描结果。

图 6–3 所示的检测结果显示，该计算机中存在系统漏洞、恶意插件、计算机使用当中出现的系统垃圾、平时上网留下的痕迹、注册表在使用时产生的冗余、计算机开机启动方面的不安全因素等，这就需要针对出现的问题进行修复。单击相应图标，可

显示问题详情，在清理前，应注意查看问题详情，判断是否存在误判情况，避免把有用的文件误当作垃圾清理掉。

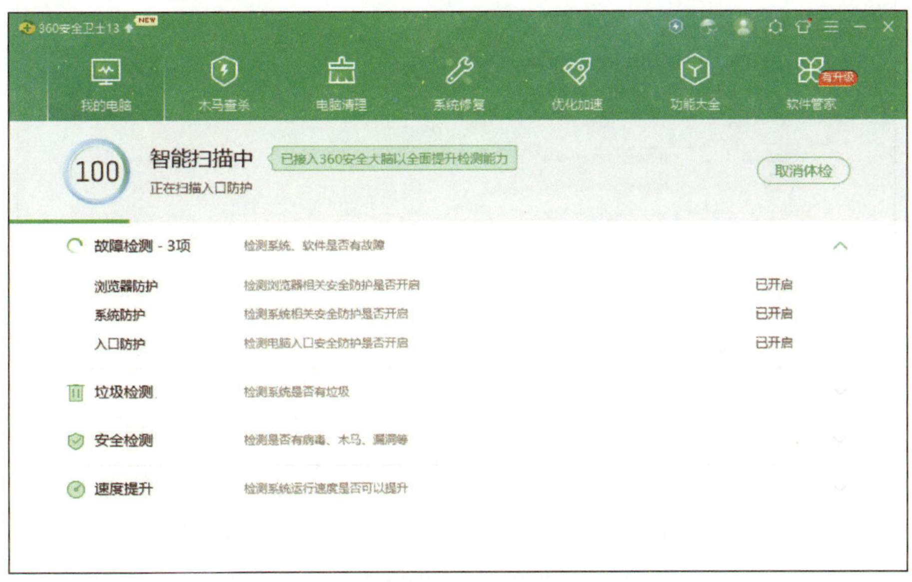

图 6-2　正在扫描

图 6-3　检测结果显示

（3）体检完成后，单击“一键修复”按钮，360 安全卫士可自动解决计算机中存在的相关问题，如图 6-4 所示。

图 6–4　软件正在对系统进行修复

（4）修复完成后自动弹出图 6–5 所示窗口，其中显示了修复信息，并根据计算机系统当前的安全程度进行打分。部分修复项目需重新启动计算机才能生效，单击右下角的“立即重启”按钮可立即重启，也可进行完其他操作后再手动重启。

图 6–5　修复完成后的显示结果

2. 木马查杀

360 安全卫士提供了强大的木马查杀功能，使用该功能可扫描并查杀计算机中的木马文件，实时保护系统安全。

使用 360 安全卫士进行木马查杀主要有三种方式，即“快速查杀”“全盘查杀”“按位置查杀”。其中，“快速查杀”能查杀超过 90% 的木马，速度较快，节省时间。下面以“快速查杀”为例，介绍木马查杀的具体操作。

（1）在“360 安全卫士”主窗口中，选择“木马查杀”选项卡，再单击“快速查杀”按钮，如图 6-6 所示。

图 6-6　360 木马查杀界面

（2）系统开始以“快速查杀”方式扫描计算机，界面中会显示扫描进度条，并在进度条下方显示扫描项目，如图 6-7 所示。

图 6-7　软件正在对系统进行扫描

（3）扫描完成后，会显示扫描结果，并将可能存在风险的项目罗列出来，单击“一键处理”按钮，可以将安全威胁一次性处理掉。针对扫描结果中列出的危险项，应注意阅读详情，确认是否确实为危险项，避免误判。如图 6–8 所示，扫描结果中发现 2 个危险项，此时，用户可根据需要选择“暂不处理”或“一键处理”。

图 6–8 “快速查杀”扫描完成

（4）处理成功后，将自动弹出提示对话框，提示处理成功，并建议立刻重启计算机。单击“好的，立刻重启”按钮，重新启动计算机。也可以单击“稍后我自行重启”按钮，待全部安全防护完成以后再重新启动计算机，如图 6–9 所示。单击“稍后我自行重启”按钮后，自动弹出成功处理木马和危险项的窗口，木马查杀完毕，如图 6–10 所示。在图 6–7 所示扫描界面中单击选中“扫描完成后自动关机（自动删除木马）”复选框，360 安全卫士将在对木马和危险项进行处理后自动关闭计算机。

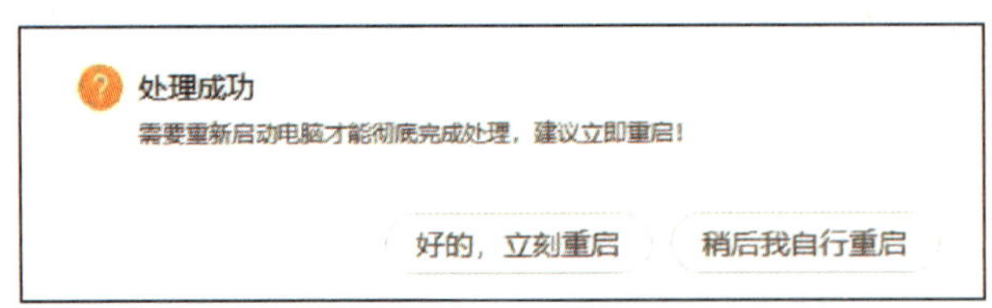

图 6–9 “处理成功”重新启动选项

3. 木马防火墙

360 安全卫士的木马防火墙功能能够有效地对网络攻击等进行主动防御，营造一个安全的计算机使用环境，其操作方法如下。

图 6-10　处理完毕窗口

（1）单击“开始”按钮，选择“360 安全中心”–“360 安全防护中心”选项，或单击“360 安全卫士”主界面左下角的“防护中心”按钮，进入 360 安全防护中心界面，如图 6-11 所示。

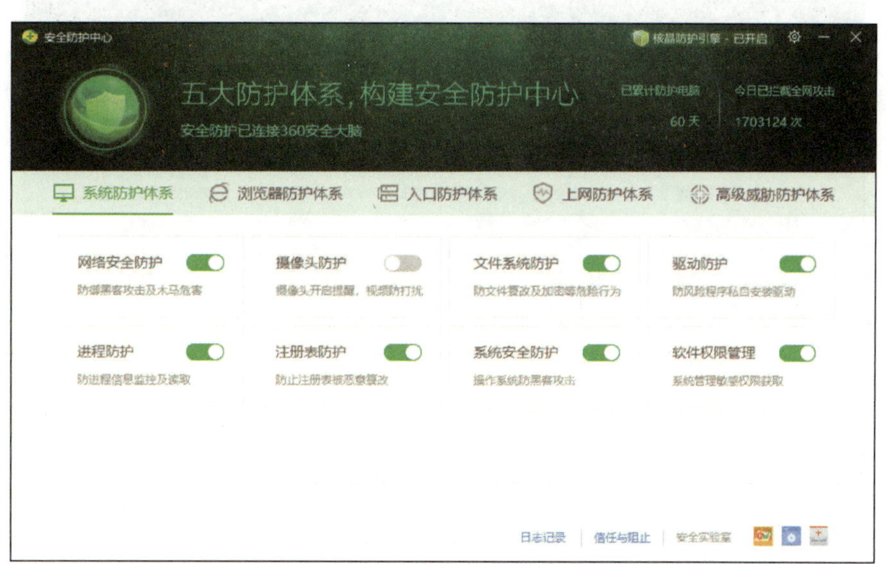

图 6-11　360 安全防护中心界面

（2）360 安全防护中心包含系统防护体系、浏览器防护体系、入口防护体系、上网防护体系、高级威胁防护体系等。每个体系中包含不同的防护内容，图 6-12 所示为浏览器防护体系。

图 6-12　浏览器防护体系

（3）每个防护体系下的防护内容可自主选择是否进行防护，滑动按钮绿色为开启，灰色为关闭，如图 6-13 所示。

图 6-13　防护内容的开启和关闭

4. 系统修复

360 安全卫士的系统修复功能主要用于修复系统的漏洞，防止非法用户将病毒或木马植入漏洞，从而窃取计算机中的重要资料，或破坏系统使计算机无法正常运行，其操作方法如下。

（1）在 360 安全卫士主界面中选择“系统修复”选项卡，如图 6–14 所示。单击“一键修复”按钮，系统开始扫描当前计算机是否存在漏洞，并将扫描结果提示在窗口中，如图 6–15 所示。

图 6–14　360 系统修复界面

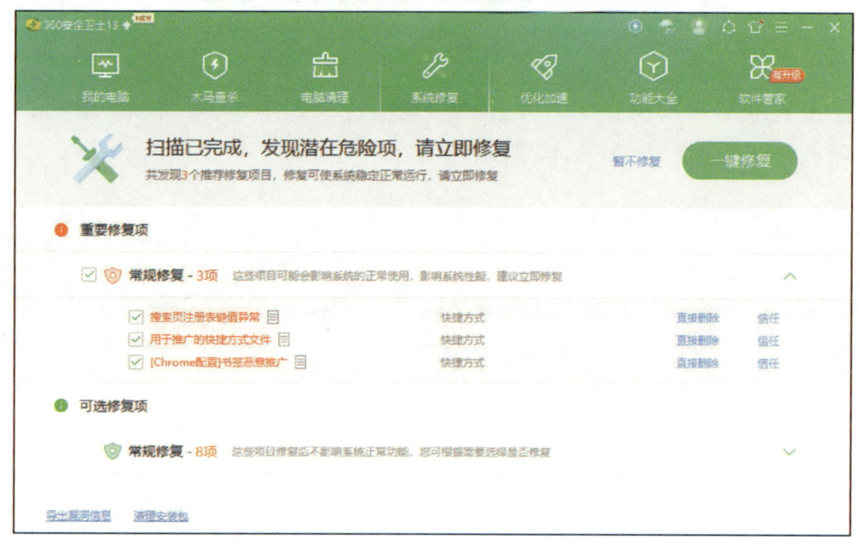

图 6–15　扫描完成

（2）若系统存在漏洞，可单击“一键修复”按钮，软件将自动对漏洞进行修复，如图 6–16 所示。如果修复的时间较长，可单击“后台修复”按钮，将程序转入后台运行，减少资源占用，如图 6–17 所示。

图 6-16　软件正在对漏洞进行修复

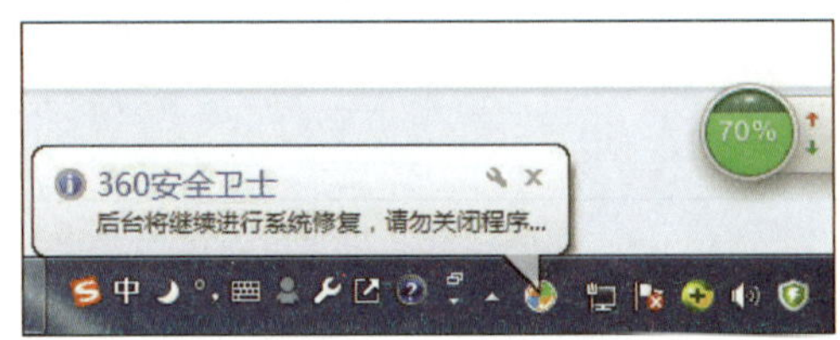

图 6-17　后台修复提示信息

（3）修复完成后将弹出提示，并显示修复报告，如图 6–18 所示。最后，重新启动计算机使所有修复生效，如图 6–19 所示。

图 6-18　修复完成

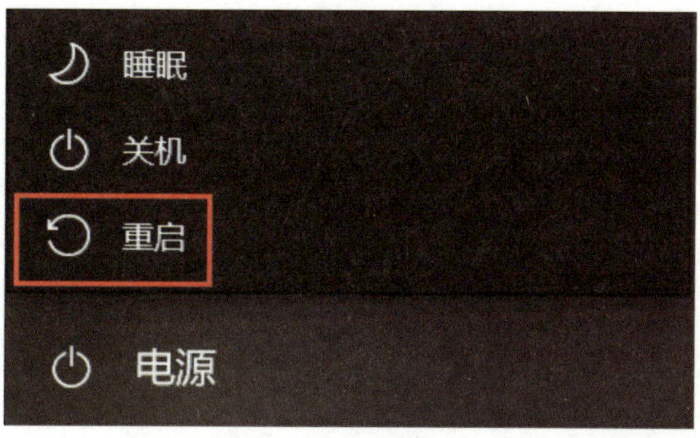

图 6-19　重启计算机修复生效

启动 360 安全卫士，首先在“电脑体检”界面中对计算机进行体检，并根据提示对计算机系统进行修复，然后使用“快速扫描”方式进行木马查杀，木马查杀完毕后开启木马防火墙。将练习过程中的主要信息记录在表 6–1 中。

表 6–1　360 安全卫士使用练习

项目	说明
软件版本	
系统修复过程中的操作要点、所遇问题和解决方法	
木马查杀过程中的操作要点、所遇问题和解决方法	
开启防火墙过程中的操作要点、所遇问题和解决方法	

课题 2　杀毒工具——金山毒霸的使用

1. 了解计算机病毒的定义和特征。
2. 掌握使用金山毒霸进行计算机系统病毒查杀的方法。
3. 掌握使用金山毒霸防护计算机病毒的方法。

一、计算机病毒的定义和特征

1. 计算机病毒的定义

计算机病毒是对计算机系统和资源进行破坏的一组程序或指令集合。该组程序或指令集合能通过某种途径潜入计算机中，达到某种条件时即被激活。它用修改其入门程序的方法将自己的精确复制或者可能演化的形式放入其他程序中，从而将其感染。之所以称为病毒，就是因为它像生物病毒一样具有传染性。与医学上病毒不同的是，它不是天然存在的，而是某些人利用计算机软、硬件所固有的脆弱性编制出来的。计算机病毒具有独特的复制能力。

2. 计算机病毒的特征

（1）传染性

传染性是计算机病毒最重要的特征，是判断一段程序代码是否为计算机病毒的重要依据。病毒程序一旦侵入计算机系统就开始搜索可以传染的程序或者介质，然后通过自我复制迅速传播。

（2）潜伏性

计算机病毒具有依附于其他介质而寄生的能力，这种介质被称为计算机病毒的宿主。依靠病毒的寄生能力，病毒传染合法的程序和系统后，不立即发作，而是悄悄地隐藏起来，然后在用户没有察觉的情况下进行传染。这样的病毒潜伏时间越长，病毒传染的范围就越大，危害性就越强。

（3）破坏性

无论哪种计算机病毒，一旦侵入都会对操作系统的运行造成不利的影响。即使不直接产生破坏作用，病毒程序也要占用系统资源。而大多数病毒程序要显示一些文字或图像，影响系统的正常运行，还有一些病毒程序会删除文件、加密磁盘中的一些数据，甚至摧毁整个系统中的数据，使之无法恢复。

（4）隐蔽性

计算机病毒是一种具有很高编程技巧、短小精悍的程序或指令集合，通常黏附在正常程序之中或者磁盘的引导扇区中。病毒会想方设法隐藏自身，防止被用户察觉。

（5）非授权可执行性

用户调用一个程序时，通常把系统控制权交给这个程序，并分配相应的系统资源，程序执行的过程对用户是透明的。而计算机病毒是非法程序，但具有正常程序的一切特征，它隐藏在合法的程序或数据中，当用户运行正常的程序时，病毒伺机窃取系统的控制权，得以抢先运行。

3. 计算机病毒的防范

为了防患于未然，用户需要随时观察计算机，如果出现下列情况之一，要警惕计算机是否感染上病毒并给予及时检测和清除。

（1）文件无故丢失、文件名不能辨认。

（2）可执行程序的文件变大。

（3）计算机运行速度明显变慢。

（4）自动打开陌生网站。

（5）磁盘空间无故被占用。

（6）不能识别磁盘设备。

（7）系统经常自动重启，或系统启动时间过长。

（8）计算机屏幕出现异常提示信息、异常滚动、异常图形显示等。

（9）磁盘上发现不明来源的隐藏文件。

为了确保安全，计算机中需要安装杀毒软件。常用的杀毒软件较多，国内的产品有360杀毒、金山毒霸、瑞星等，国外的产品有Kaspersky、McAfee、Avast等。现以金山毒霸为例介绍杀毒软件的具体使用方法。

二、金山毒霸的使用

杀毒软件通常具有监控识别、病毒扫描和清除、自动升级病毒库、主动防御等功能，有的杀毒软件还带有数据恢复功能，是计算机防御系统（包含杀毒软件、防火墙、木马和其他恶意软件的查杀程序、入侵预防系统等）的重要组成部分。

金山毒霸杀毒软件（Kingsoft Antivirus）融合了启发式搜索、代码分析、虚拟机查毒等反病毒技术，在查杀病毒种类、查杀病毒速度、未知病毒防治等多方面具有较高水平，同时具有病毒防火墙实时监控、压缩文件查毒、查杀电子邮件病毒等多项功能。

1. 病毒查杀

金山毒霸提供了“闪电查杀”“全盘查杀”和“自定义查杀”三种杀毒模式。

（1）闪电查杀和全盘查杀

1）单击“开始”按钮，选择“金山毒霸”–“金山毒霸”选项，弹出金山毒霸的主界面，如图 6–20 所示。

图 6–20　金山毒霸的主界面

2）选择“闪电查杀”或“全盘查杀”。在主界面中默认显示的是“闪电查杀”杀毒方式。单击“闪电查杀”按钮右下侧的箭头，可弹出“全盘查杀”和“自定义查杀”两种杀毒方式的选项，如图 6–21 所示。“闪电查杀”主要对关键部位进行检查，用时较少，是较为常用的方式。而“全盘查杀”方式则是对整个硬盘进行全面查杀，用时

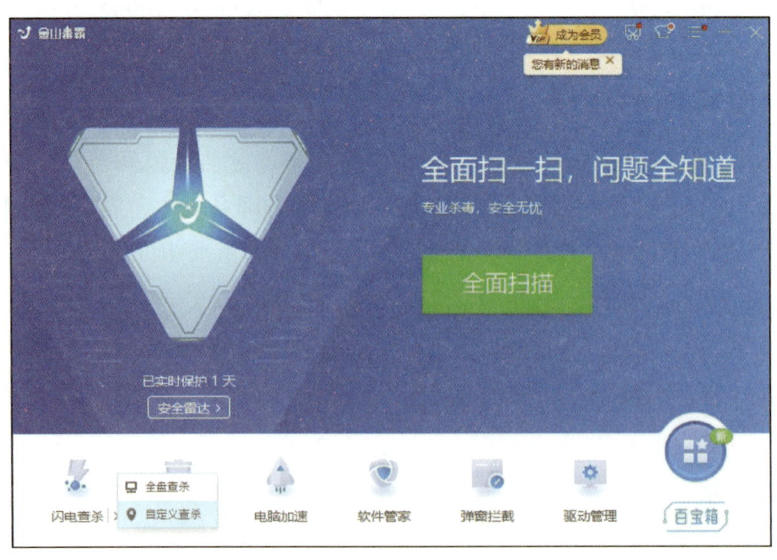

图 6–21　展开三种查杀方式选项

较长，但检查彻底。

软件在杀毒时会自动检测病毒库，如果病毒库老旧，那么会自动升级病毒库。

3）“闪电查杀”方式运行中的界面，如图 6–22 所示，可实时查看检查内容的进度。

4）扫描完成后，在窗口中将显示扫描结果，并将可能存在的风险项罗列出来，如扫描完成没有发现威胁，则显示计算机运行安全，如图 6–23 所示。

图 6–22 “闪电查杀”运行中

图 6–23 “闪电查杀”完成

进行病毒查杀时，占用系统内存较大，有可能导致系统运行速度减缓，如果要在计算机系统中进行其他操作，可单击查杀界面的“暂停扫描”按钮暂停查杀，待结束操作后，再重新查杀。单击“取消扫描”按钮可取消病毒查杀，单击“最小化”按钮可将杀毒软件窗口最小化。

5）查看所列风险项是否存在误报，勾选确认后，单击“立即处理”按钮，软件可自动处理可疑风险项。

（2）自定义查杀

1）在图 6–21 所示界面中选择“自定义查杀”，弹出“自定义查杀”对话框，用户可根据需要选择查杀的磁盘或者文件夹，如图 6–24 所示。

2）选择好查杀位置后，单击“确定”按钮，开始对指定位置进行查杀，如图 6–25 所示。

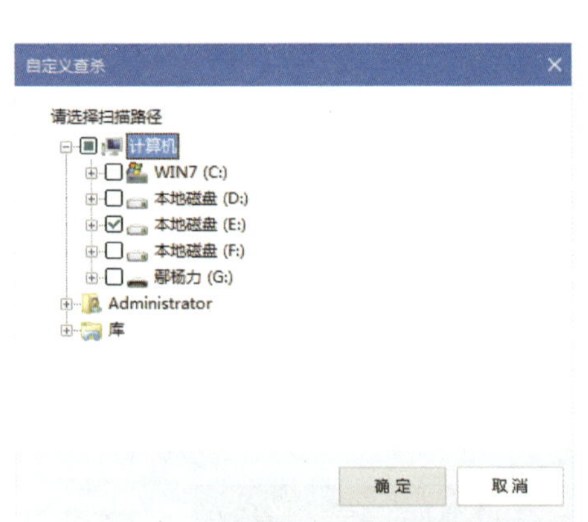

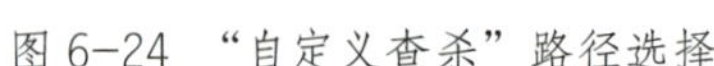
图 6–24 “自定义查杀”路径选择

图 6–25 “自定义查杀”运行中

3）如图 6–26 所示，查杀结果显示没有发现病毒或者风险项。

2. 查杀设置

对查杀病毒的内容进行设置可以减少一些查杀操作，使查杀过程更加方便，其操作方法如下：

（1）在金山毒霸主界面的右上角单击“菜单”按钮，单击“设置中心”按钮，弹出“设置中心”对话框，选择“基本设置”选项卡，如图 6–27 所示。在其中可设置“基本选项”“代理设置”“免打扰模式”等，如选中“开机时自动运行金山毒霸”复选框，则开机时会自动启动金山毒霸。

（2）选择“安全保护”选项卡，如图 6–28 所示。在其中可设置“病毒查杀”“系统保护”“上网保护”等，在“病毒查杀”组中单击选中“仅扫描程序和文档文件”单选框，则查杀病毒时只扫描程序和文档文件，其他不易感染病毒的文件并不扫描。

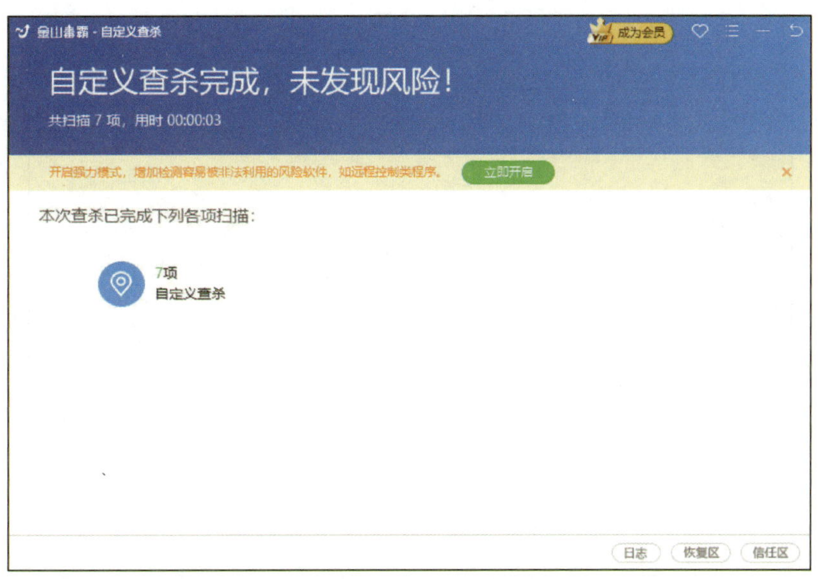

图 6-26 “自定义查杀”结果显示

图 6-27 “基本设置”选项卡

（3）选择“安全保护”选项卡中的“系统保护”组，如图 6-29 所示。在其中可设置“监控模式设置”和“安全功能设置”等，在“监控模式设置”中选择“智能监控”，可降低系统占用率，对系统性能影响最小。在“安全功能设置”中勾选“系统内核加固”和“提示 Office 文档安全结果”复选框，则金山毒霸会对核心系统内核进行加固，防止恶意驱动破坏系统内核，并提示 Office 文档的安全检查结果。

图 6-28 “安全保护”选项卡

图 6-29 “安全保护”选项卡 – “系统保护”组

（4）选择“安全保护”选项卡中的“上网保护”组，在其中可设置“上网保护设置”和“下载保护设置”等。在“上网保护设置”选项组中勾选“开启搜索引擎保护”和“开启安全网址推荐”等复选框，可增强对上网安全的保护，如图 6–30 所示。

（5）单击“垃圾清理”选项卡，选择“提醒设置”组可设置提醒条件，如将“提醒周期”设置为 1 周，将“垃圾提醒大小”设置为 300 M，如图 6–31 所示。当达到预设时间或垃圾大小达到预设条件时，金山毒霸将提醒用户垃圾溢出，及时清理。

图 6-30　“安全保护”选项卡 – “上网保护”组

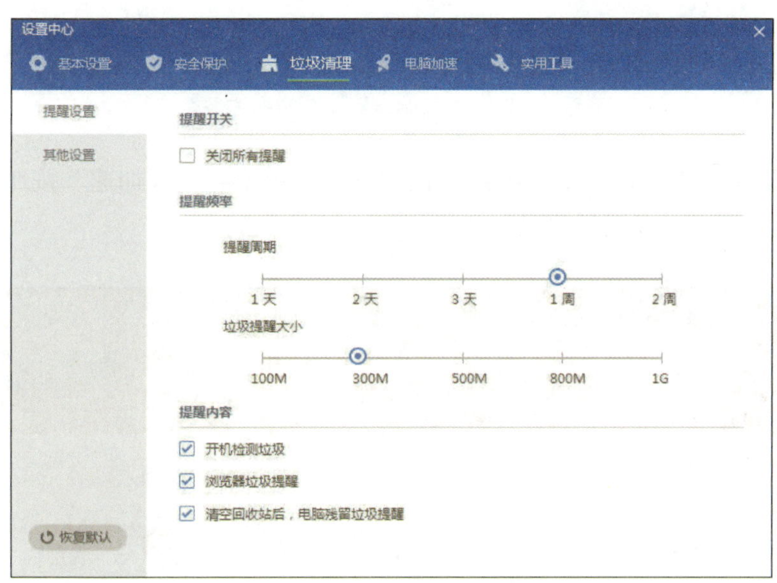

图 6-31　设置提醒频率

启用金山毒霸的定时查杀功能需要手动操作，而其他设置内容，如无特殊要求，一般保持默认即可。如需取消自定义查杀设置，可在“设置中心”对话框中单击左下角的“恢复默认”按钮，将查杀恢复为默认设置。

3. 计算机加速

金山毒霸集合了计算机加速优化功能，可以对计算机进行简单的加速优化，其操作方法如下。

（1）在金山毒霸主界面上单击“电脑加速”按钮，进入“电脑加速”操作界面，软件开始扫描可加速选项，如图 6–32 所示。

图 6–32 “电脑加速”正在进行扫描

（2）扫描完成后，将自动选中需优化的选项，单击“一键加速”按钮即可进行加速，如图 6–33 所示。完成后将显示各优化项，如图 6–34 所示。

图 6–33 扫描完成结果

图 6-34　系统优化完毕

4. 检查更新

杀毒软件在使用时，一定要注意病毒库和杀毒软件的更新。要养成良好的使用习惯，及时升级杀毒软件，增强杀毒软件识别病毒的能力，切断病毒传播的途径，不给病毒可乘之机。

如图 6–35 所示，在金山毒霸主界面的右上角单击“菜单”按钮，单击“检查更新”按钮，弹出“升级程序”对话框，如图 6–36 所示。系统可自动升级杀毒软件和病毒库，升级完重新启动计算机即可。

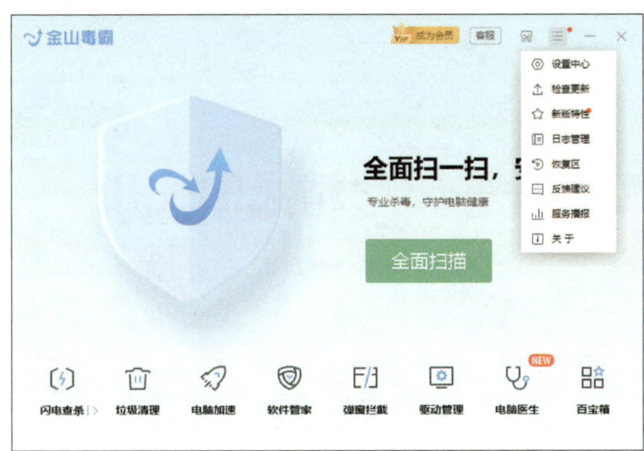

图 6–35　检查更新操作

图 6–36　“升级程序”正在升级病毒库

练习在计算机系统中安装金山毒霸软件，然后启动金山毒霸进入“病毒查杀”操作界面，对计算机进行全面查杀，然后开启“U 盘 5D 实时保护”。将练习过程中的主要信息记录在表 6–2 中。

表 6–2　金山毒霸软件使用练习

项目	说明
软件版本	
病毒查杀中的操作要点、所遇问题和解决方法	
开启“U 盘 5D 实时保护”中的操作要点、所遇问题和解决方法	

课题 3　驱动安装工具——驱动精灵的使用

1. 了解驱动程序和驱动安装工具的功能。
2. 掌握使用驱动精灵安装常用硬件设备驱动程序的方法。
3. 掌握使用驱动精灵对常用硬件设备的驱动程序进行更新、备份和还原的方法。

一、驱动程序的功能

驱动程序全称为设备驱动程序，是一种可以使计算机和设备通信的特殊程序，可以说相当于硬件的接口，操作系统只有通过这个接口才能控制硬件设备的工作，假如某设备的驱动程序未能正确安装，便不能正常工作。一般当操作系统安装完毕后，首要工作便是安装硬件设备的驱动程序。

以往驱动程序需要逐个安装，操作烦琐，时间又长，驱动安装工具的出现实现了驱动程序的批量下载和安装，降低了操作的复杂性，缩短了时间。常用的驱动安装工具有驱动精灵、360 驱动大师等，下面以驱动精灵为例，讲解驱动安装工具的使用。

二、驱动精灵的使用

驱动精灵是一款集驱动管理和硬件检测于一体的、专业级的驱动管理和维护工具，为用户提供驱动程序备份、恢复、安装、删除、在线更新等实用功能，利用强大的硬件检测技术，配合全面的驱动程序数据库，能够智能识别计算机硬件，并匹配相应的驱动程序，提供快速下载、安装和更新服务，其主界面如图 6–37 所示。

图 6–37　驱动精灵的主界面

1. 安装驱动程序

通过驱动精灵可以自动检测并安装计算机硬件设备的驱动程序，用户也可以根据实际需要手动选择安装。下面通过实例说明操作方法。

（1）单击“开始”按钮，选择“驱动精灵”–“驱动精灵”选项，弹出驱动精灵的主界面，如图 6–37 所示。

（2）在其中单击“立即检测”按钮，驱动精灵软件将对整个计算机的硬件驱动程序进行全面检测。完成后，将显示需要安装的驱动程序和驱动程序可更新的选项信息，如图 6–38 所示。

图 6–38　驱动精灵检测结果

（3）在检测结果中，共发现 9 个驱动 / 组建问题，5 个驱动可更新。单击“一键修复”按钮，可自动进行修复，如图 6–39 所示。

图 6–39　一键修复

（4）驱动下载完成后自动弹出“安装”对话框，单击“安装”按钮，驱动程序开始安装，如图 6–40 所示。

（5）驱动安装过程中的显示如图 6–41 所示。完成后，选择重启计算机的时间，单击“完成”按钮即可最终完成驱动程序的安装，如果安装失败将会出现提示，如图 6–42 所示。

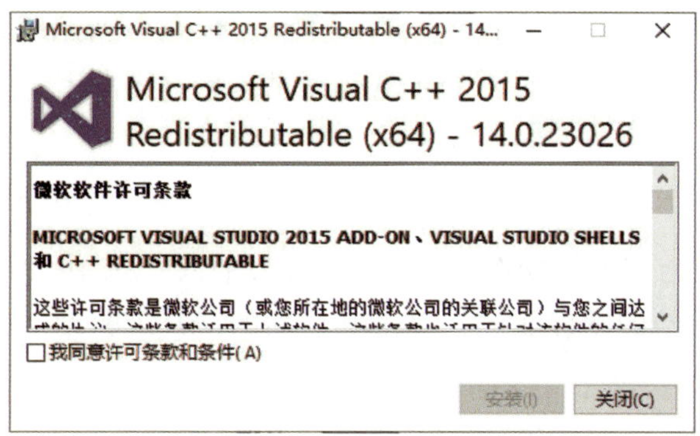

图 6-40　“安装”对话框

图 6-41　驱动安装进度

图 6-42　驱动安装失败提示

以上是单独安装个别驱动程序的步骤。如确认图 6–39 所示驱动都需安装，也可单击“一键安装”按钮，一次性安装全部驱动程序，此方法常用于刚安装完新操作系统的计算机。

2. 更新驱动程序

驱动程序的更新与安装的操作类似，在“驱动管理”选项卡中，“可升级驱动”组中列出了可以进行更新的硬件驱动，单击其后面的“升级驱动”按钮，即可下载新版本的驱动程序并完成安装。

3. 备份与还原驱动程序

在更新驱动程序前最好备份以前版本的驱动程序，防止更新驱动程序后，新版本的驱动程序不兼容等问题。

利用驱动精灵的备份与还原功能，可备份、还原驱动程序。当计算机重新安装操作系统或者某个硬件的驱动程序损坏时，即使没有连接网络，也可以还原驱动程序，使整个硬件系统正常运行，其操作方法如下。

（1）在驱动精灵主界面单击“驱动管理”按钮，再单击“驱动备份”选项卡，如图 6–43 所示。

图 6–43 “升级”下拉列表

（2）弹出图 6–44 所示的“驱动备份还原”对话框，其默认选中了所有选项，可根据需要调整，单击右上方的“修改文件路径”选项，弹出图 6–45 所示的“设置”对话框。

（3）单击“选择目录”按钮，在弹出的“浏览文件夹”对话框中设置驱动备份文件的保存路径，如图 6–46 所示，然后单击“确定”按钮。

图 6–44　“驱动备份还原”对话框

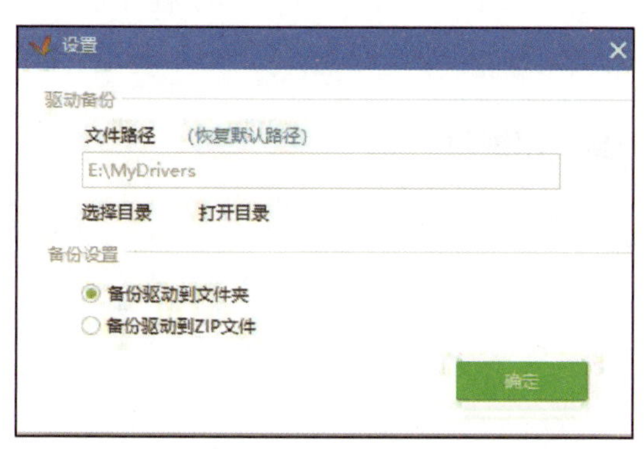

图 6–45　“设置”对话框

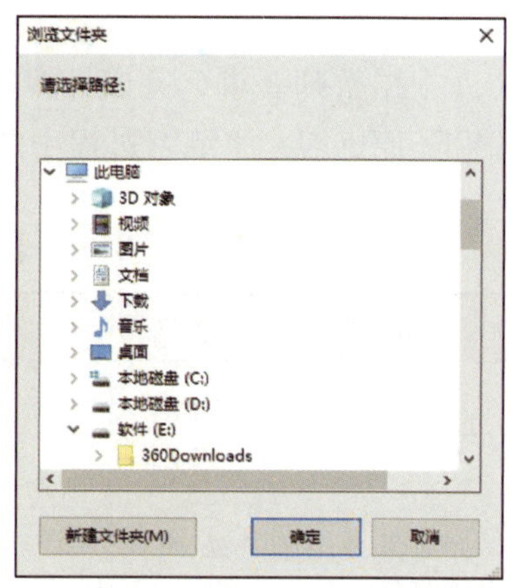

图 6–46　“浏览文件夹”对话框

（4）返回到“设置”对话框后，单击“确定”按钮返回到“驱动备份还原”对话框，单击“一键备份”按钮即可开始备份驱动程序。

（5）如果需要还原备份的驱动程序，需要在图 6–47 所示的“驱动备份还原”对话框中选择“还原驱动”选项卡，勾选需要还原的驱动程序，单击驱动程序选项后面的“还原”按钮即可进行驱动程序的还原，操作完成后需重新启动计算机。

图 6-47　驱动程序的还原

如全部选择，可单击“一键还原”按钮，一次性还原所有驱动程序。

根据教师要求，完成计算机中硬件驱动程序的安装和更新，并对驱动程序进行备份和还原练习。将练习过程中的主要信息记录在表 6–3 中。

表 6-3　驱动精灵使用练习

项目	说明
软件版本	
所安装驱动程序及版本清单	
驱动程序安装和更新过程中的操作要点、所遇问题和解决方法	

续表

项目	说明
驱动程序备份和还原过程中的操作要点、所遇问题和解决方法	

课题 4　一键还原工具
——U 启动和 Ghost 的使用

1. 掌握使用 U 启动制作 U 盘启动盘的方法。
2. 掌握使用 Ghost 对操作系统进行备份、恢复等操作的方法。

一、U 盘启动盘的制作

在安装或修复操作系统时，常需要使用 U 盘启动盘来进行安装、备份、还原操作系统和调整硬盘分区、硬盘内容相互复制等操作。U 盘启动盘需要用专用工具制作，此类工具有很多，U 启动就是一款常用的 U 盘启动盘制作工具，可以把普通 U 盘制作成 HDD 或 ZIP 启动盘，帮助用户更方便地维护计算机系统。该软件对 U 盘没有任何限制和要求，还支持 SD 卡和 TF 卡等，其使用方法如下。

1. 单击“开始”按钮，选择“U 启动装机版”选项，弹出 U 启动的主界面，如图 6–48 所示。

2. 将准备好的 U 盘插入计算机 USB 接口并等待操作系统对 U 盘进行识别。U 启动采用智能模式，可为 U 盘自动选择兼容性强与适应性高的方式进行制作，因此一般保持默认参数设置，直接单击“开始制作”按钮即可。

图 6–48　U 启动的主界面

3. 系统自动弹出警告窗口，提醒用户当前操作会清除 U 盘上的所有数据，查看并确认 U 盘中数据已备份后，单击“确定”按钮开始制作，如图 6–49 所示。

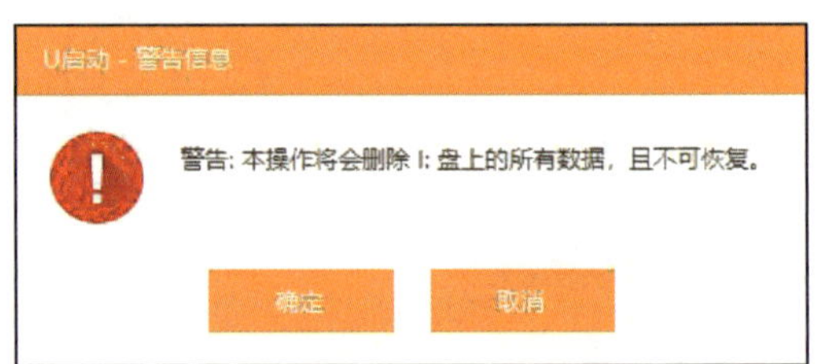

图 6–49　警告信息

4. 制作 U 盘启动盘只需少许时间，制作过程注意不要进行与 U 盘相关的任何操作，等待制作过程结束，如图 6–50 所示。

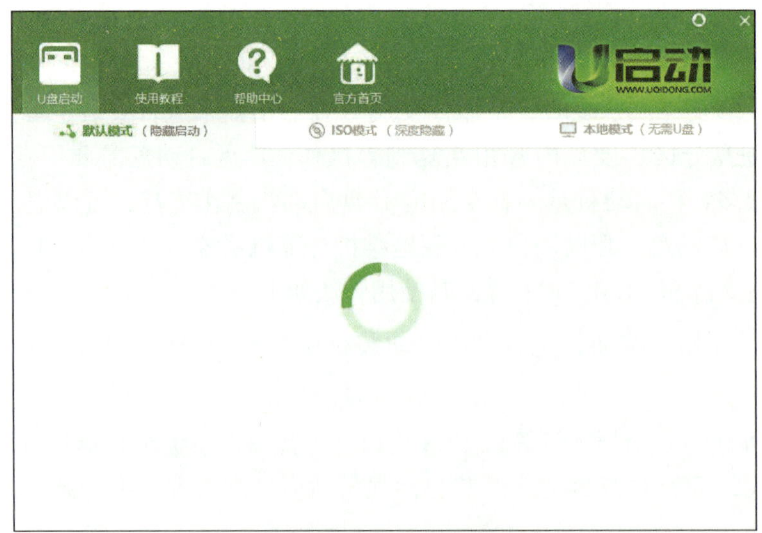

图 6–50　启动盘正在制作

5. 制作完成后弹出图 6–51 所示的对话框，单击“是”按钮可对制作好的 U 盘启动盘进行模拟启动测试。

6. 若可正常进入图 6–52 所示的启动界面，则说明 U 盘启动盘已制作成功（注意此功能仅作启动测试之用，切勿进一步操作）。按 Ctrl+Alt 组合键释放出鼠标，单击右上角的关闭按钮即可退出模拟启动测试。

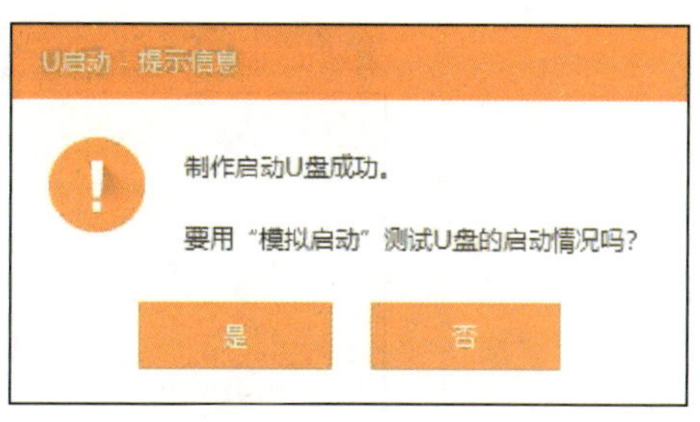

图 6–51　用“模拟启动”测试启动盘

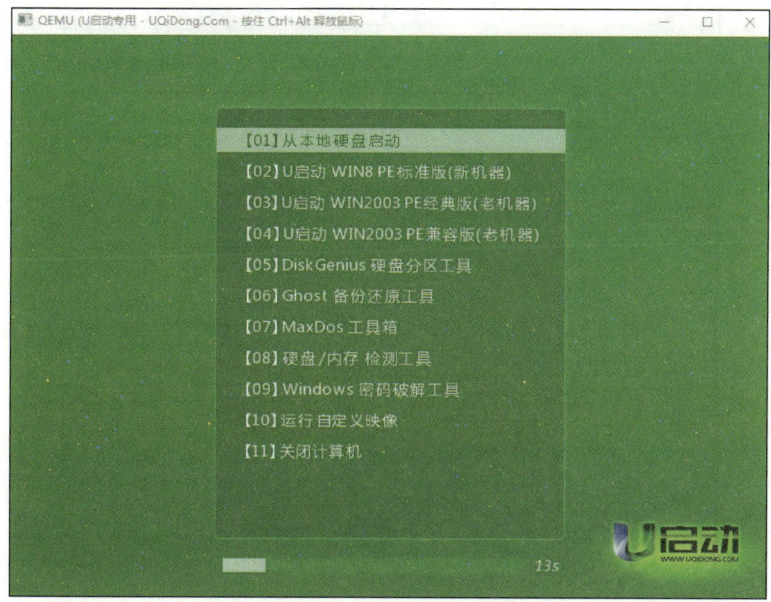

图 6–52　模拟启动测试窗口

二、使用 Ghost 备份和恢复系统

Ghost 是 Symantec 公司开发的一款硬盘备份还原工具，其主要功能是以硬盘的扇区为单位进行数据的备份与恢复操作，U 盘启动盘中一般都会内置 Ghost。下面通过实例说明其使用方法。

1. 从 U 盘启动系统并运行 Ghost

（1）开机，按 Del 键进入计算机 BIOS 设置界面，如图 6–53 所示。

（2）在 BIOS 设置界面中通过键盘上的方向键“→”选中“Boot”选项卡，将光标移动到“Removable Devices”选项上，通过“+”和“–”键选择移动设备，将“Removable Devices”移动到最上面，即将 U 盘设为第一启动项，如图 6–54 所示，然后按 Esc 键退出。

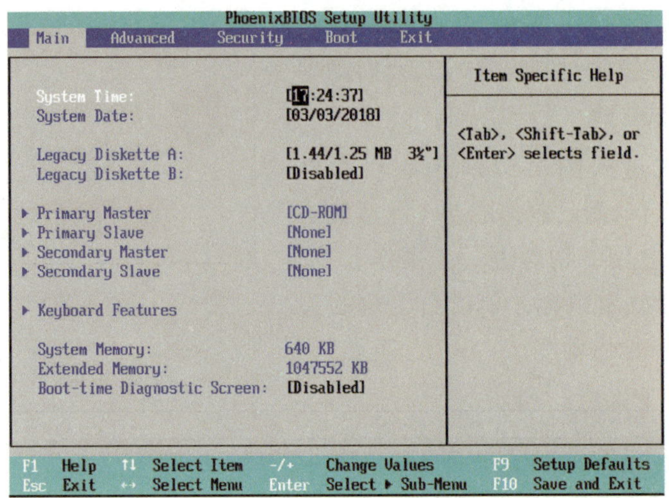

图 6–53　BIOS 设置界面

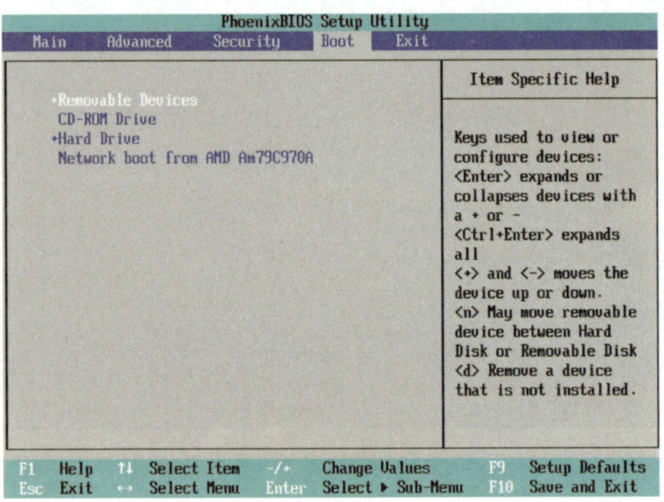

图 6–54　将 U 盘设为第一启动项

（3）通过键盘上的方向键“→”选中“Exit”选项卡，选中“Exit Saving Changes”选项，按 Enter 键，系统弹出“Setup Confirmation”对话框，选择“Yes”按钮，并按 Enter 键确认，如图 6–55 所示。

（4）重新启动后进入 U 盘启动盘，主页面如图 6–52 所示。通过键盘上的方向键“↓”选择“Ghost 备份还原工具”，按 Enter 键确认即可启动 Ghost。

2. 备份操作系统

在 Ghost 中备份数据实际上就是将整个硬盘或者一个分区中的映像文件复制到另一个磁盘上或一个镜像文件中。这里以备份计算机操作系统分区，并将其以“beifen.gho”为镜像文件名保存到硬盘为例，说明其操作方法。

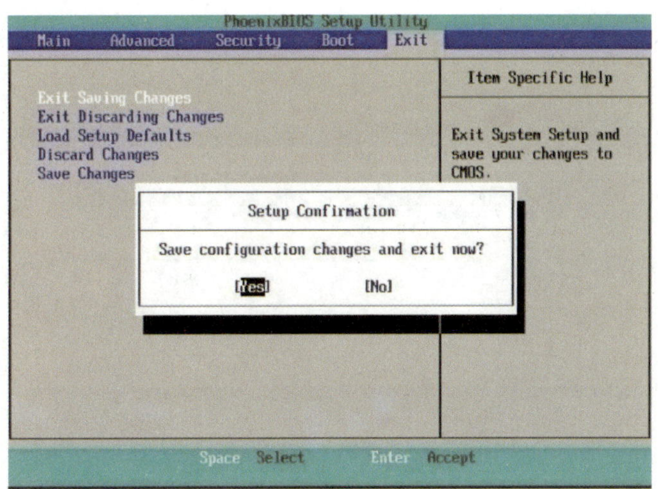

图 6-55　启动盘制作成功

（1）在 Ghost 主页界面中通过键盘上的方向键“↑”“↓”“←”“→”选择“local”-“partition”-“To Image”选项，如图 6-56 所示，然后按 Enter 键确认。

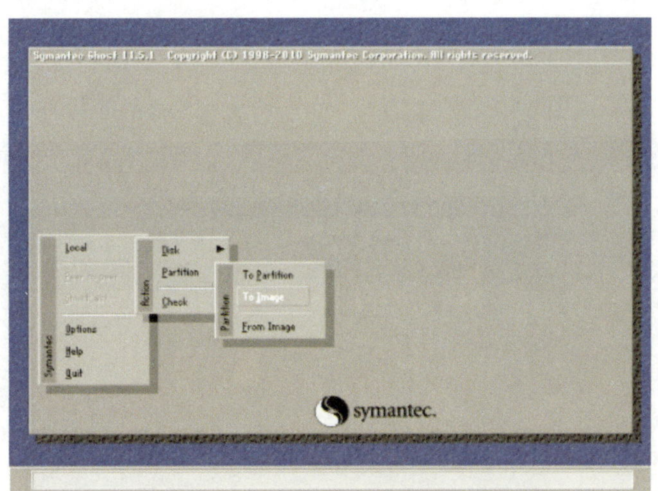

图 6-56　选择“To Image”选项

（2）此时 Ghost 要求用户选择需备份的磁盘，这里只安装了一个硬盘，无须进行选择，直接按 Enter 键即可。

（3）进入图 6-57 所示的选择备份磁盘分区界面，利用键盘上的方向键选择系统盘分区选项（图中为第一个选项），按 Enter 键，然后按 Tab 键选择界面中的“OK”按钮，当其呈高亮状态显示时按 Enter 键。

（4）在弹出的“File name to copy image to”（设置保存路径和名称）对话框中，按 Tab 键，然后按 Enter 键，在弹出的下拉列表框中选择需要备份的原系统的位置。

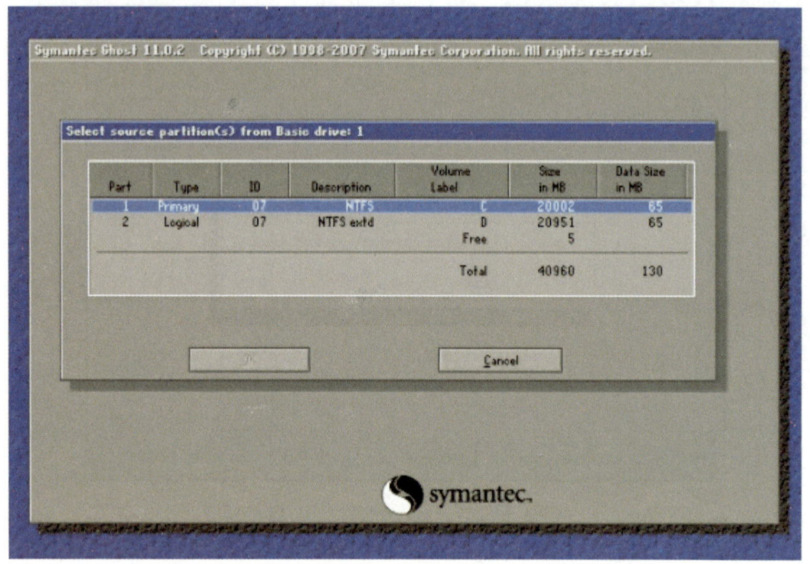

图 6-57　选择备份的分区

（5）按 Tab 键切换到文件名所在的文本框中，输入备份文件的名称“beifen.gho”（使用英文字母命名），完成后按 Tab 键切换到“Save”按钮，如图 6-58 所示，按 Enter 键执行保存操作。

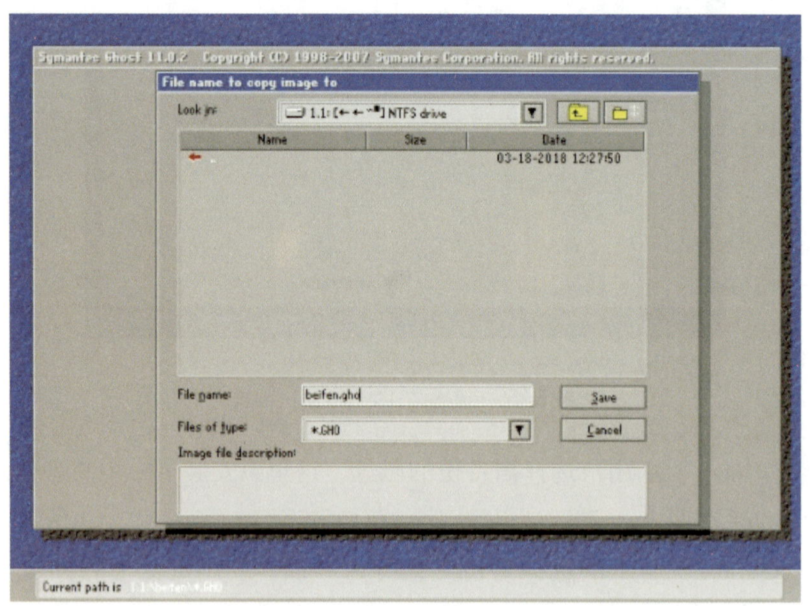

图 6-58　设置保存路径和名称

（6）这时会弹出一个文本提示对话框询问是否压缩镜像文件，默认为不压缩，此时直接按 Enter 键即可。

（7）在弹出的文本提示对话框中，询问是否继续创建分区镜像，默认为不创建。此时，按 Tab 键选择“Yes”按钮，然后再按 Enter 键继续创建分区镜像，如图 6-59 所示。

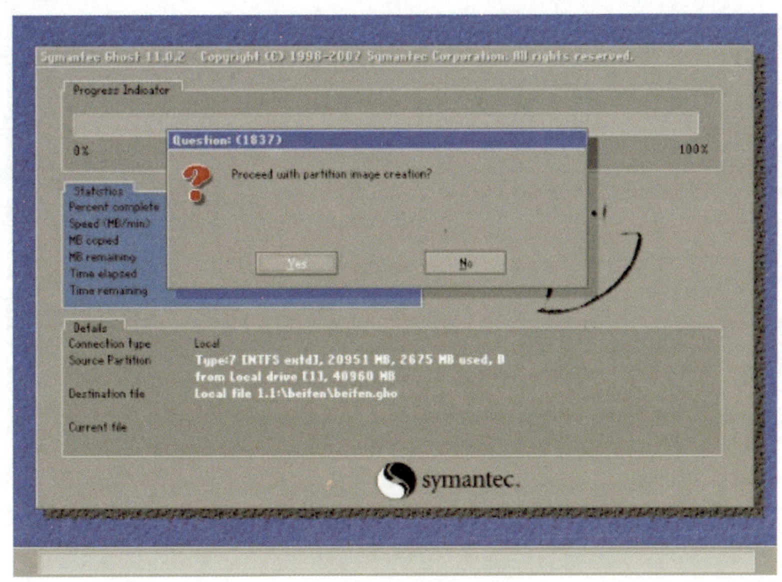

图 6-59　创建映像文件

（8）Ghost 开始备份所选分区，并显示备份进度，如图 6-60 所示。

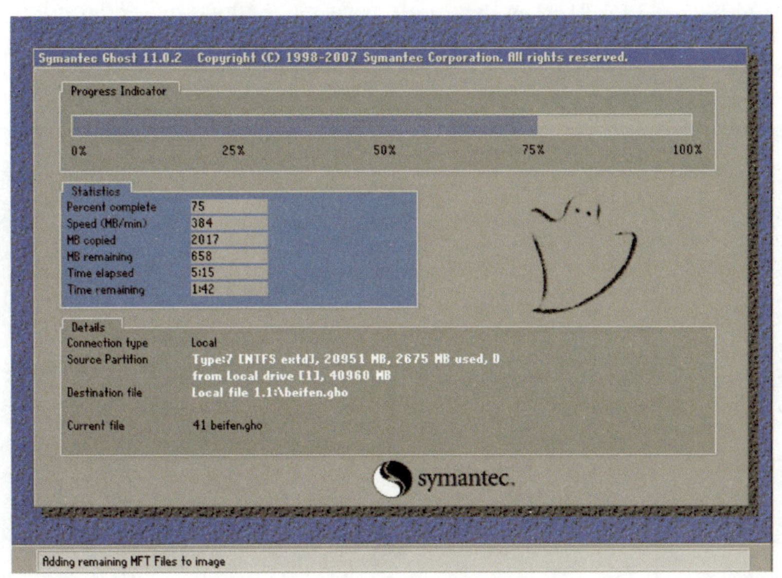

图 6-60　显示备份进度

（9）备份完成后将弹出图 6-61 所示的对话框，按 Enter 键确认即可返回 Ghost 主界面。

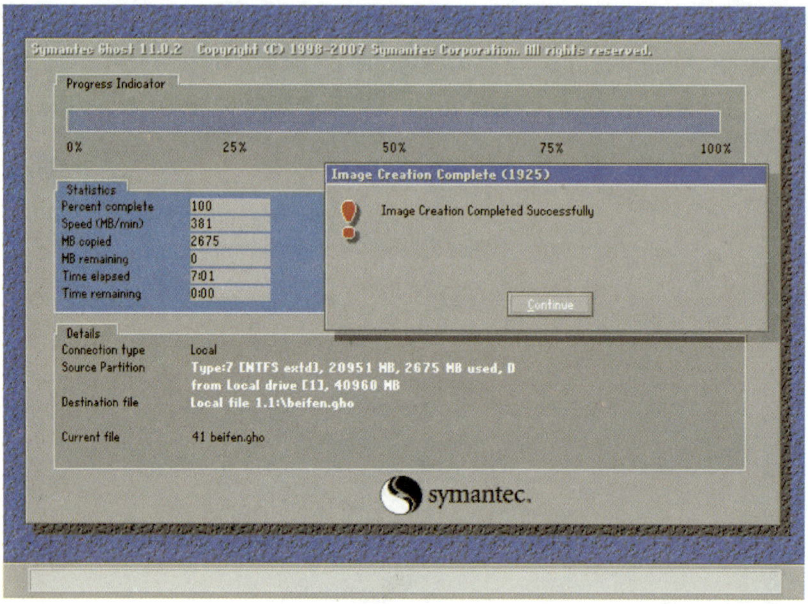

图 6-61 完成备份

3. 恢复操作系统

出现磁盘数据丢失或操作系统崩溃等现象导致计算机无法正常工作时，可使用 Ghost 恢复事先备份的操作系统数据，具体操作如下。

（1）和备份操作一样，从 U 盘启动，进入 Ghost 主界面，选择“local”-“Partition”-“From Image”选项，如图 6-62 所示，然后按 Enter 键确认。

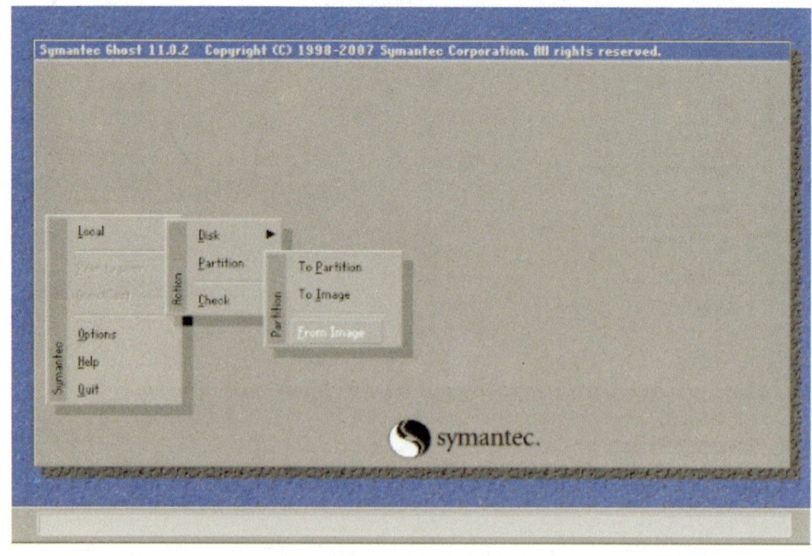

图 6-62 选择“From Image”选项

（2）在弹出的“Image file name to restore from”（选择要恢复的镜像文件）对话框中，选择此前已经备份好的镜像文件的所在位置，并在列表框中选择要恢复的镜像文件，如图 6-63 所示，然后按 Enter 键确认。

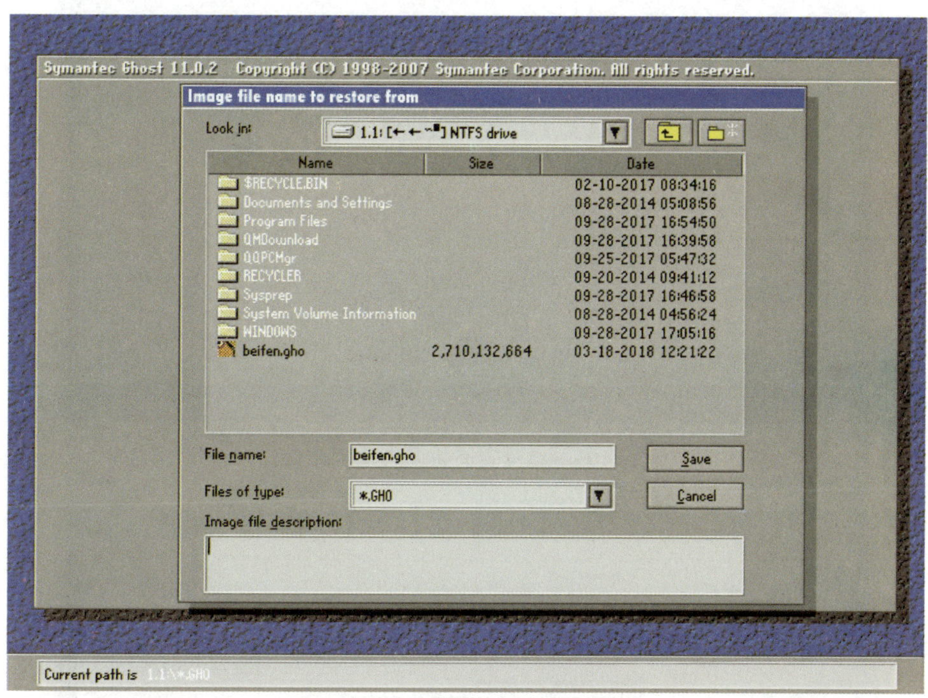

图 6-63 选择要恢复的镜像文件

（3）在弹出的对话框中将显示所选镜像文件的相关信息，按 Enter 键确认。

（4）在弹出的对话框中选择要恢复的硬盘，这里只有一个硬盘，可直接按 Enter 键进入下一步操作。

（5）在弹出的图 6-64 所示的界面中，选择目标磁盘分区，这里需要恢复的是系统分区，应选择第一个选项。由于系统默认选择的便是第一个选项，因此这里直接按 Enter 键即可。

（6）此时将弹出一个文本提示对话框，提示用户此操作会覆盖所选分区，破坏现有数据。确认无误后按 Tab 键选择对话框中的“Yes”按钮，按 Enter 键确认，如图 6-65 所示。

（7）系统开始执行恢复操作，并在打开的界面中显示恢复进度。恢复完成后根据提示按 Enter 键重启计算机，即可完成恢复操作系统的操作。

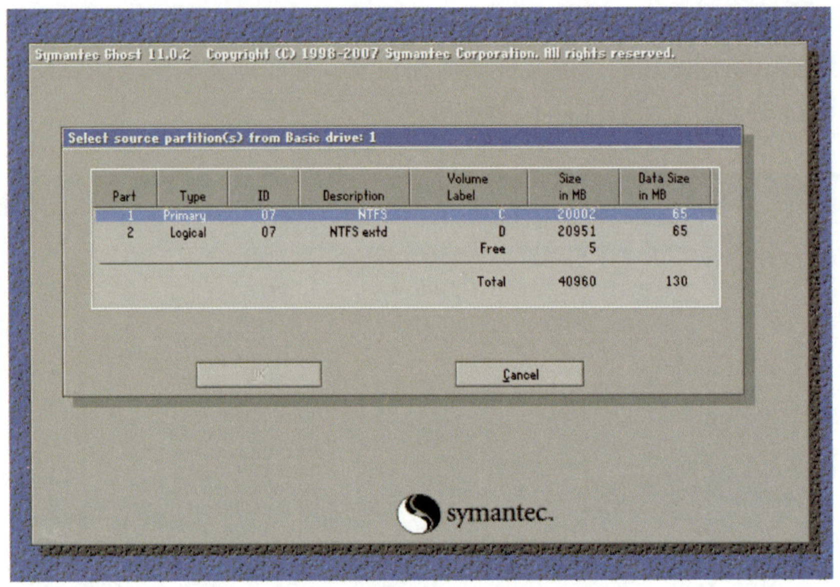

图 6-64　选择需要恢复的磁盘分区

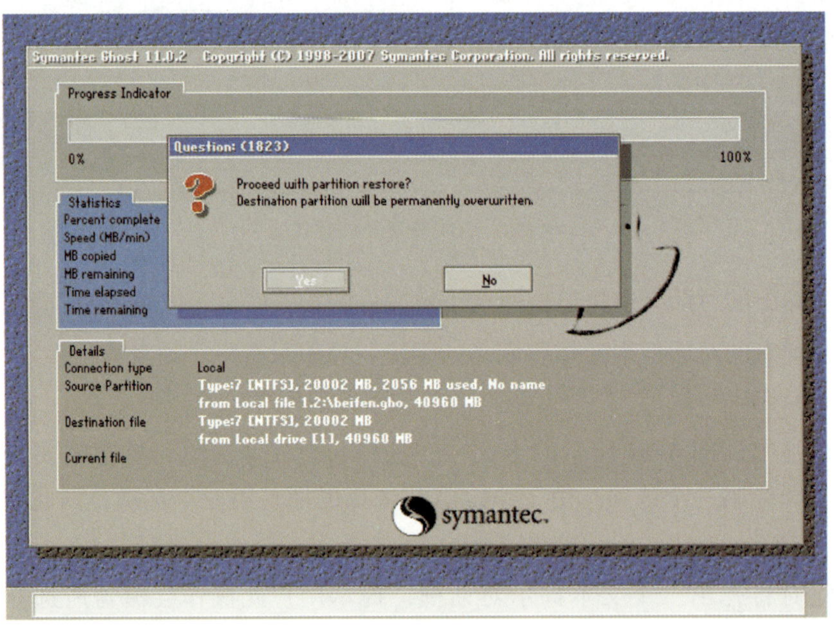

图 6-65　确认恢复

下载并安装 U 启动，独立制作 U 盘启动盘，然后使用 Ghost 进行备份和恢复原操

作系统的操作。将练习过程中的主要信息记录在表 6-4 中。

表 6-4　U 启动和 Ghost 使用练习

项目	说明	
软件名称	U 启动	Ghost
软件版本		
制作U盘启动盘过程中的操作要点、所遇问题和解决方法		
系统备份和恢复过程中的操作要点、所遇问题和解决方法		

项目七
磁盘管理工具

课题 1　磁盘分区工具——DiskGenius 的使用

1. 了解磁盘分区的相关概念。
2. 掌握使用 DiskGenius 对磁盘进行管理、分区的方法。

一、磁盘分区工具的功能

硬盘是计算机中存放信息的主要存储设备。使用硬盘前，首先必须将硬盘划分为若干区域，即对磁盘进行分区。

磁盘分区有传统的 MBR 和近年来新出现的 GPT 两种格式。对于传统的 MBR 格式的磁盘分区，有主分区、扩展分区和逻辑分区三种类型。一个硬盘可以有一个主分区、一个扩展分区，也可以只有一个主分区没有扩展分区，逻辑分区可以有若干个。主分区是用于硬盘启动的分区，它是独立的，也是硬盘的第一个分区，一般是 C 盘。分出主分区后，通常将剩下的部分全部分成扩展分区，但扩展分区是不能直接使用的，需要再划分为若干逻辑分区来使用。也就是说，每个逻辑分区都是扩展分区的一部分。而对于 GPT 格式的磁盘分区，则没有这些区别，所有分区均为主分区。

对磁盘进行分区，以及对分区进行管理，都需要用到磁盘分区工具。常用的磁盘分区工具有 DiskGenius、Acronis Disk Director Suite、硬盘分区魔术师、傲梅分区助手等。本课题以 DiskGenius 为例进行讲解。

须注意，应减少磁盘分区软件的使用频率，因为对磁盘分区的操作有一定风险，一旦在使用时遇到断电等突发情况，可能存在数据丢失或磁盘损坏的风险。

二、DiskGenius 的使用

DiskGenius 除具备基本的建立分区、删除分区、格式化分区等磁盘管理功能外，还提供了强大的分区恢复功能（快速找回丢失的分区）、误删除文件恢复功能、分区被格式化及分区被破坏后的文件恢复功能、分区备份与分区还原功能、复制分区与复制硬盘功能、快速分区功能、整数分区功能、检查分区表错误与修复分区表错误功能、检测坏道与修复坏道的功能、基于磁盘扇区的文件读写功能。此外，它还支持 VMWare 虚拟硬盘文件格式，支持对 IDE、SCSI、SATA 等各种类型的硬盘及各种 U 盘、USB 移动硬盘、存储卡（闪存卡）进行操作。

DiskGenius 操作界面如图 7–1 所示，由标题栏、菜单栏、工具栏和驱动显示窗口等组成。

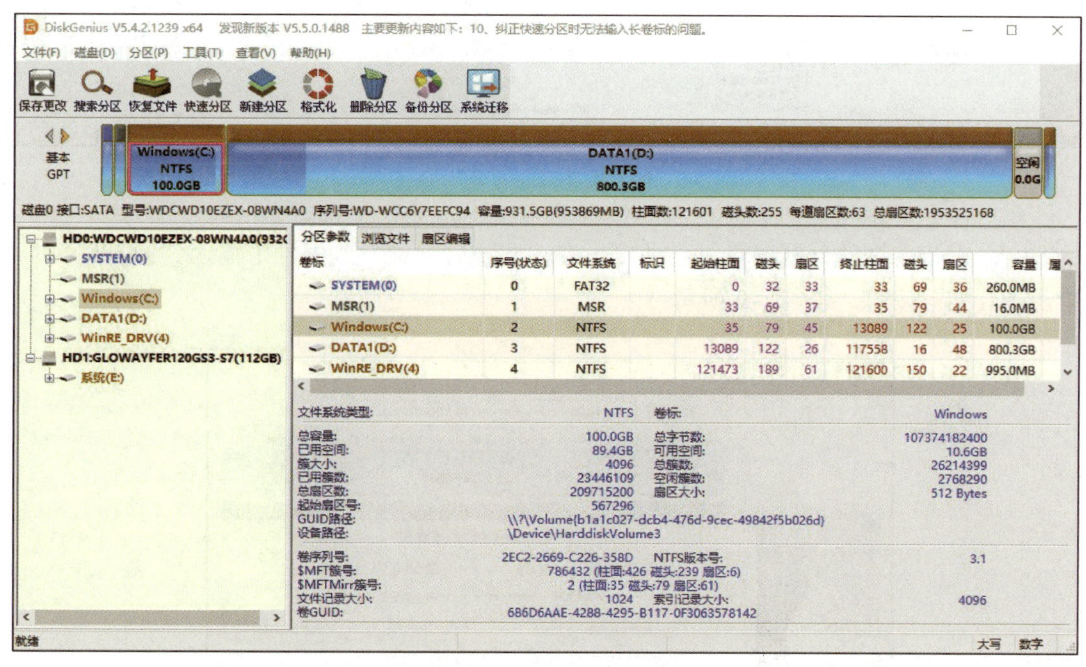

图 7–1　DiskGenius 操作界面

1. 调整分区容量

使用 DiskGenius 来调整分区容量是指增大或缩小指定分区的容量，但因磁盘的总容量不会发生改变，指定的另一个分区容量会相应地缩小或增大。下面结合实例讲解其操作方法。此例中磁盘已经安装了操作系统并已分为若干区，目标为将 C 盘缩小为 100 GB。

（1）启动 DiskGenius，选择要操作的磁盘（即 C 盘），选择“分区” – “调整分区大小”选项，如图 7–2 所示。

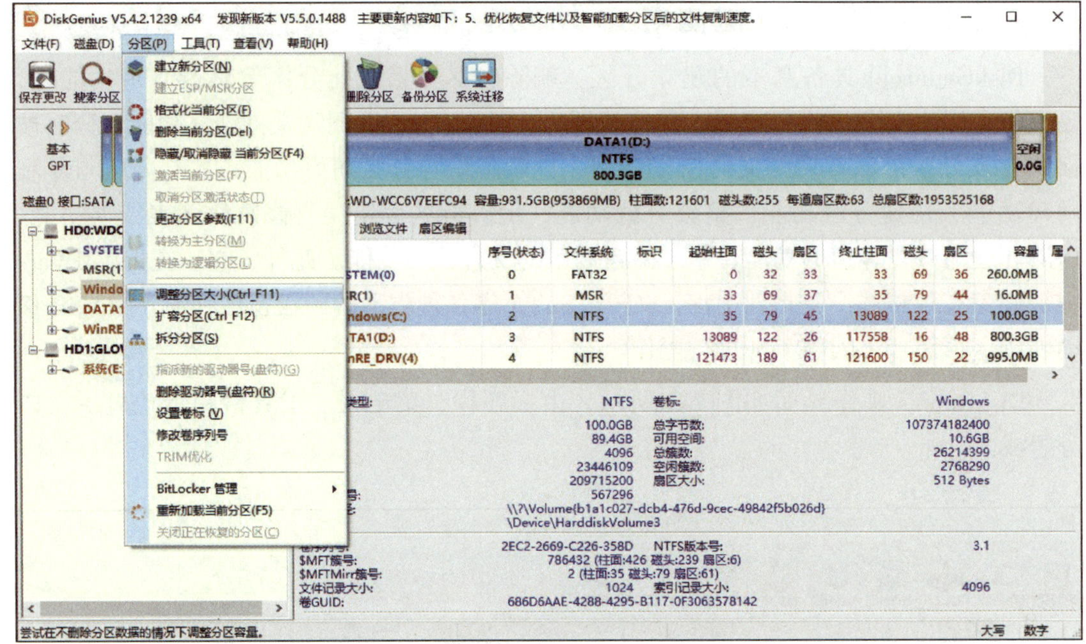
图 7-2 “调整分区大小”命令

（2）弹出“调整分区容量”对话框，在“调整后容量”数值框中输入“100.00 GB”，单击“开始”按钮，如图 7-3 所示。

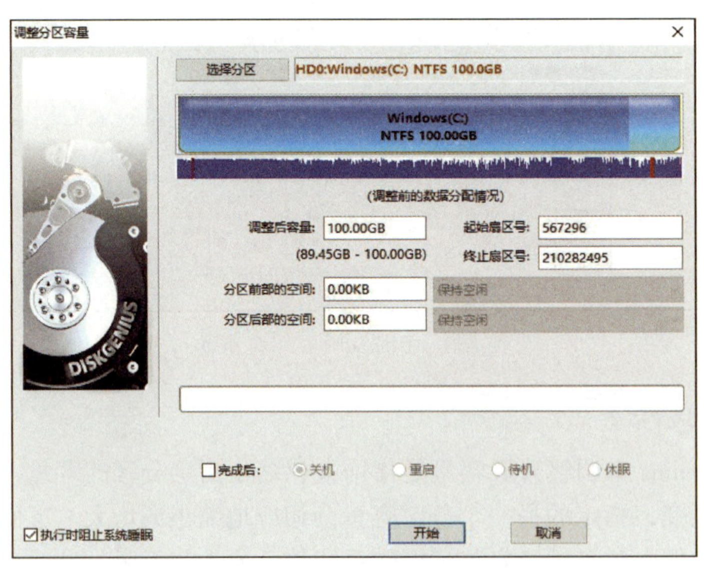

图 7-3 “调整分区容量”对话框

（3）在弹出的确认对话框中单击“是”按钮，如图 7-4 所示。

（4）如图 7–5 所示，在“重新启动”提示框中，提示用户是否“确定要立即重启并继续执行”，执行完毕后，单击“确定”按钮即可。

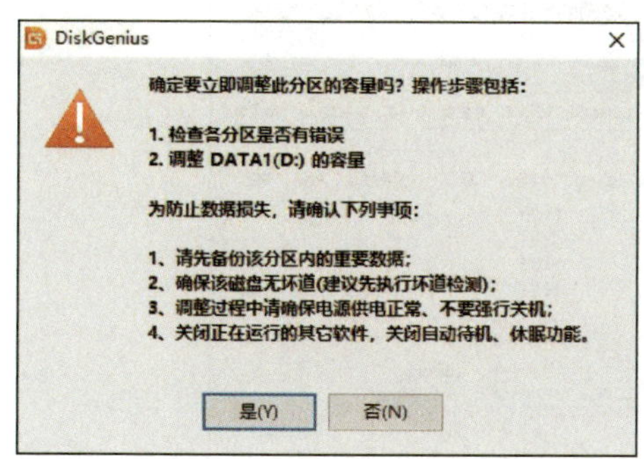

图 7–4　确认对话框

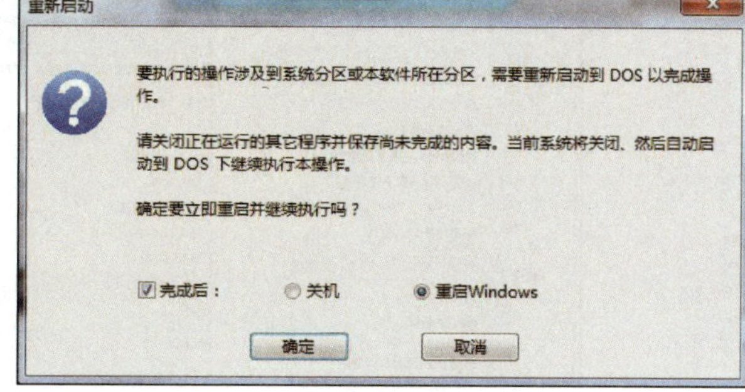

图 7–5　“重新启动”提示框

2. 创建分区

使用 DiskGenius 可以很方便地在现有磁盘基础上新建分区。下面以将系统盘剩余磁盘的空闲容量创建为新分区为例，讲解其操作方法。

（1）启动 DiskGenius，在磁盘状态栏中选择“空闲”磁盘，单击“新建分区”按钮，弹出“建立新分区”对话框，如图 7–6 所示。

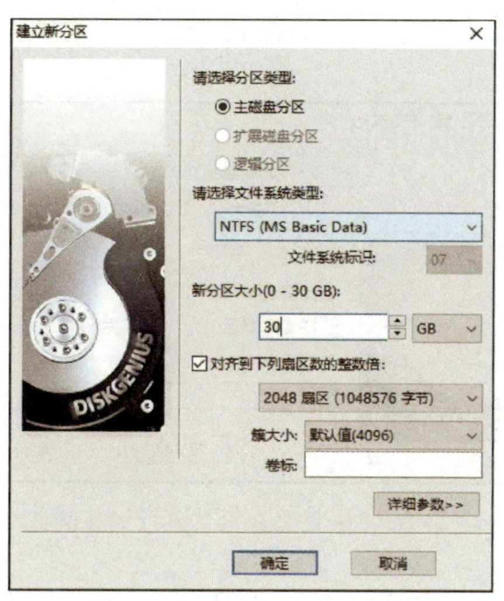

图 7–6　“建立新分区”对话框

（2）选中“逻辑分区”单选框，其他设置保持默认，单击“确定”按钮。

（3）在主界面中选择“磁盘”–“保存分区表”选项，如图 7–7 所示，在弹出的对话框中单击“是”按钮确认保存分区表，或单击“保存更改”按钮。

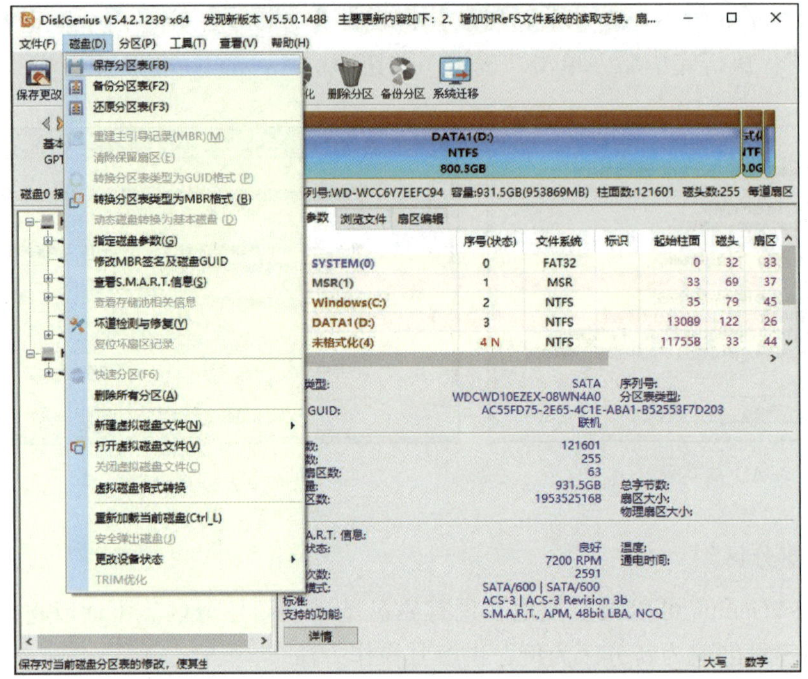

图 7-7　保存分区表

（4）在打开的“格式化分区（卷）”对话框中设置新分区的文件格式、驱动器号等信息，单击“格式化”按钮完成新分区的格式化，如图 7-8 所示。

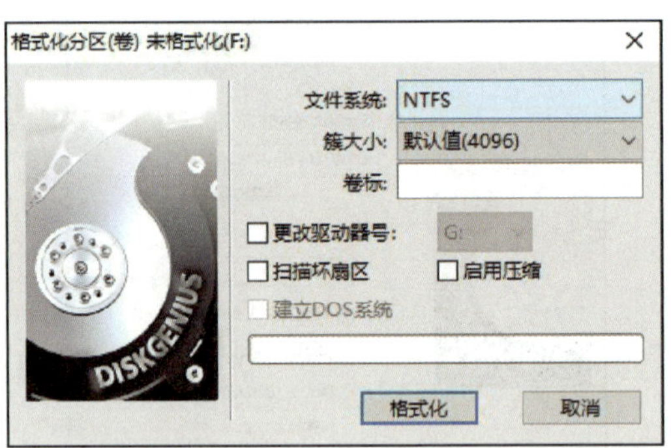

图 7-8　“格式化分区（卷）”对话框

在某些情况下，执行完任务后需要重启计算机，并在重新进入系统之前执行所有操作。如未自动重启，则需要用户手动重启计算机，以使操作生效。

3．无损分割分区

使用 DiskGenius 还可以将一个含有数据的分区分割为两个分区，并且可以自定义每个分区中保存的数据。需要注意的是，无损分割分区有一定风险，应先备份资料再进行分区，下面举例讲解其操作方法。

（1）启动 DiskGenius，在主界面左侧的分区列表中选择 D 盘，然后选择“分区”–“调整分区大小”选项，如图 7–9 所示。

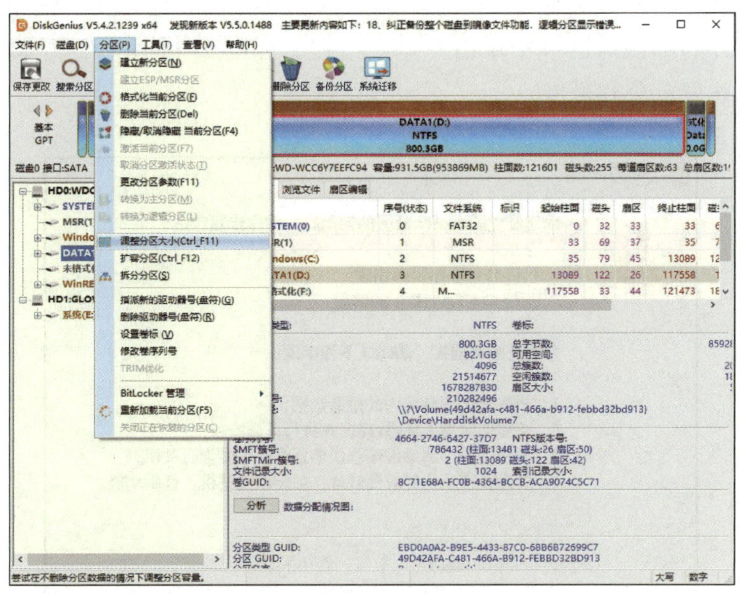

图 7–9　“调整分区大小”命令

（2）打开“调整分区容量”对话框，在“调整后容量”数值框中输入“100.00 GB”，然后单击上方图示中的“(D:)”，单击“分区后部的空间”右侧的下拉列表框，选择“建立新分区”选项，单击“开始”按钮，如图 7–10 所示。

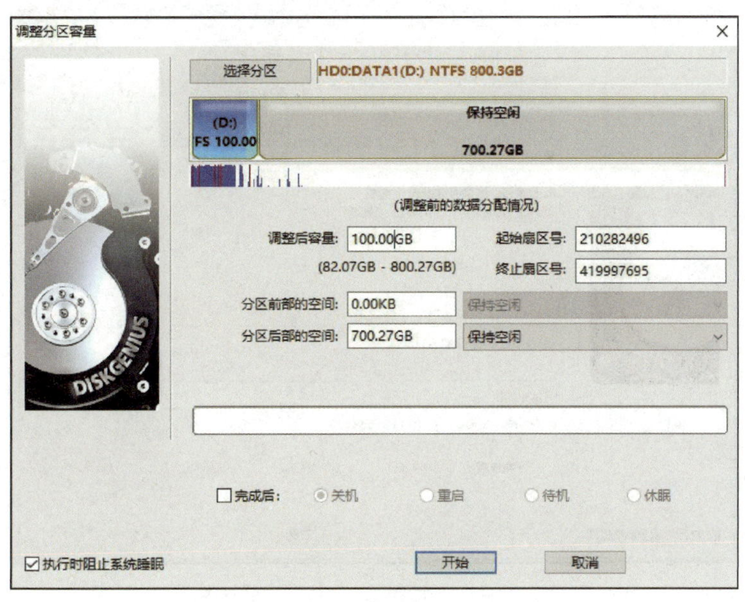

图 7–10　设置分割分区的参数

在进行无损分割分区操作时，应将“调整后容量”的数值设置为大于当前分区中存放文件容量的值，如本分区中已存放文件的容量为 10 GB，那么“调整后容量”的数值应大于 10 GB，否则将出现错误，严重时将损坏数据、丢失文件。

（3）在打开的确认对话框中单击“是”按钮，如图 7-11 所示，开始对所选分区执行分割操作，并显示分割进度。

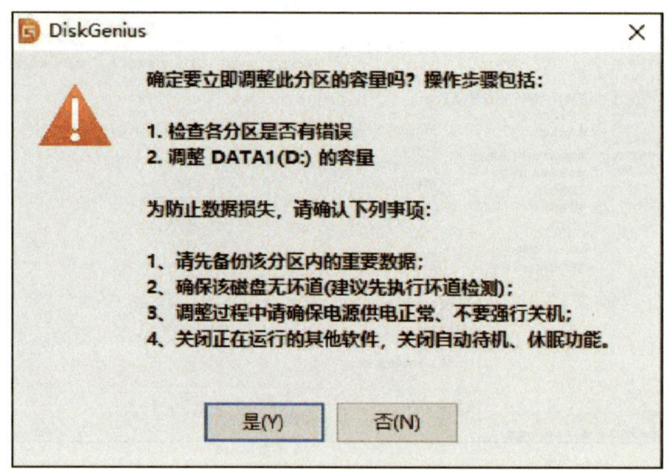

图 7-11　确认操作

（4）如图 7-12 所示，在“调整分区容量”对话框中，会显示“需执行的调整操作”“调整进度条”提示信息，完成分割后，单击“完成”按钮即可。

图 7-12　“调整分区容量”对话框

如果对分区容量分配结果不满意，可单击“删除分区”按钮删除分区，将其转换为空闲容量，然后再创建新的分区，重新对分区的容量大小进行设置。

使用 DiskGenius 完成调整分区容量、创建分区、无损分割分区等练习。将练习过程中的主要信息记录在表 7-1 中。

表 7-1　DiskGenius 使用练习

项目	说明
软件版本	
调整分区容量过程中的操作要点、所遇问题和解决方法	
创建分区过程中的操作要点、所遇问题和解决方法	
无损分割分区过程中的操作要点、所遇问题和解决方法	

课题 2　文件恢复工具——FinalData 的使用

1. 了解文件恢复的基本原理。
2. 掌握使用 FinalData 恢复误删除文件的方法。
3. 掌握使用 FinalData 恢复误清空回收站文件的方法。
4. 掌握使用 FinalData 恢复误格式化硬盘文件的方法。
5. 掌握使用 FinalData 恢复硬盘分区丢失、损坏文件的方法。
6. 掌握使用 FinalData 恢复 U 盘、手机、相机卡文件的方法。
7. 掌握使用 FinalData 万能恢复的方法。

在生活和工作中使用计算机时，由于误操作等原因，常会遇到文件不慎丢失或损坏的情况。一些重要文件的丢失或损坏，往往会造成很大的损失。实际上，这些文件仍然是有机会被找回或修复的。文件恢复是计算机行业中一个重要的研究领域，大到公安机关破案、航空部门研究飞行事故，小到个人计算机故障的维修，都会用到文件恢复技术。在专业领域，文件恢复有专门的硬件和软件工具，而在一般用户的日常使用中，也有操作较为简便的文件恢复工具来实现这类功能。

一、文件恢复的基本原理

在使用计算机时会发现，向磁盘中写入一个文件通常比较慢，而且文件越大，需要的时间越多，但在删除一个文件时，无论文件大小，几乎都是很快就能完成，远比写入要快得多。这是因为计算机在进行删除操作时，为了提高效率，并不需要真的将在磁盘中记录的信息全部销毁，而只需要对这一段信息做一个标记，“告诉”操作系统这里不再是一个文件，而是一段可以利用的“空白”存储空间。再有新文件写入时，操作系统直接将信息写入这里，将已标记作废的信息覆盖掉即可。这样，在用户看来，文件已消失，存储空间已被释放并可以再次利用，实现“删除”的效果。格式化操作与删除操作类似，也是通过对存储信息进行“作废”标记来实现的。

由此可见，文件虽已删除，但其数据信息仍然还在磁盘中，只要通过一定的技术手段将其正确读取出来，就有可能实现文件的恢复。文件恢复工具就是利用这一原理进行工作的。

由以上分析可知，文件能否恢复的一个重要因素是数据信息是否被覆盖，如果有新的信息写入导致原有数据信息被覆盖，那么文件就无法被恢复。因此，一旦发现误操作等原因导致文件丢失，应立即避免再向该磁盘中写入新的数据。

二、FinalData 的功能和主界面

常用的文件恢复工具有很多种，如 FinalData、EasyRecovery 等，前面课题使用过的 DiskGenius 也具有数据恢复功能，其共同特点是操作简便、功能强大。由于不同开发者所采用的技术不同，使不同的文件恢复工具恢复功能往往各有所长，因此使用某一款软件无法恢复数据时，可以考虑使用其他软件进行尝试。不同的软件主界面各异，但其基本功能和操作逻辑是一致的。这里以 FinalData 为例进行讲解。

FinalData 是一款功能非常强大的磁盘数据恢复工具，具有恢复已删除或丢失的文件、恢复已删除的 E-mail 和修复 Office 文件等功能，可以帮助用户恢复由于误操作删除或因格式化磁盘造成丢失的数据，还可以修复 Word、Excel、Xml、Jpg、PowerPoint 等文件。

在计算机中成功安装 FinalData 后，单击“开始菜单”，选择“所有程序”-“FinalData”-“FinalData”选项，启动 FinalData 并进入 FinalData 主界面，如图 7-13 所示。

图 7-13 FinalData 主界面

三、使用 FinalData 恢复删除或丢失的文件

1. 恢复误删除文件

使用 FinalData 恢复误删除文件，操作步骤如下。

（1）启动 FinalData 软件，在 FinalData 主界面中单击“误删除文件”按钮，进入“请选择要恢复的文件和目录所在的位置”对话框，如图 7-14 所示。浏览找到需要恢复的文件，单击“下一步”按钮，系统将自动开始扫描误删除的文件。

（2）扫描结束以后，进入“扫描结果”对话框 1，如图 7–15 所示。如果没有可恢复的文件，则在该对话框中会显示“扫描结束，未发现可恢复的文件！”的提示信息，这时，可直接单击“完成”按钮，结束文件恢复；也可单击“深度文件修复”按钮，进行深度检测可恢复的文件。

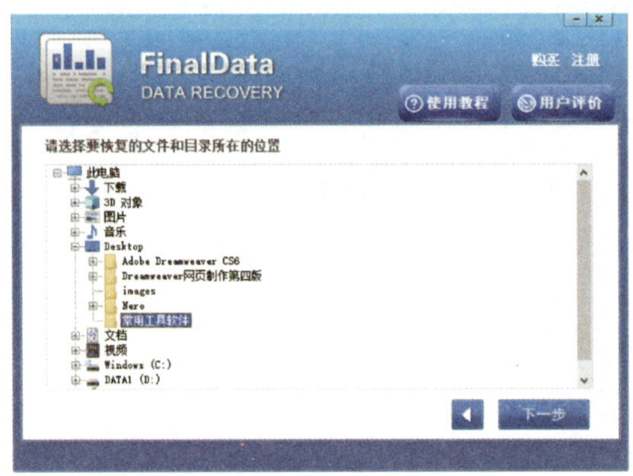

图 7–14 “请选择要恢复的文件和目录所在的位置”对话框

图 7–15 “扫描结果”对话框 1

（3）在图 7–15 中，当单击“深度文件修复”按钮，可进入“深度查找文件”对话框，如图 7–16 所示。在该对话框中，会显示“深度查找文件”进度条，进行自动深度扫描误删除的文件。

（4）深度文件修复扫描结束以后，进入“扫描结果”对话框 2，如图 7–17 所示。在本例，列表框中会按文件名类型显示被删除的文件名等文件。

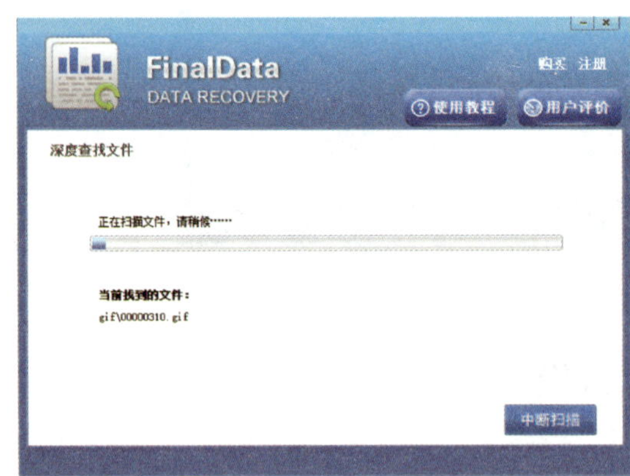

图 7–16 “深度查找文件”对话框

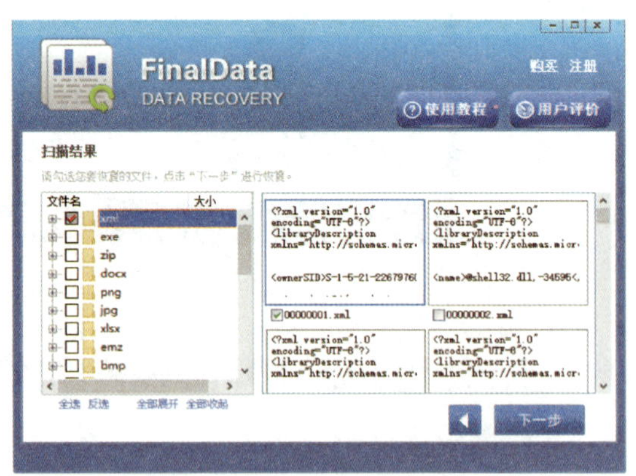

图 7–17 “扫描结果”对话框 2

（5）如果未选中需要恢复的文件名复选框，而直接单击“下一步”按钮，则将会显示“请选择您需要恢复的文件！”信息提示框，如图 7–18 所示，可单击“确定”

按钮。

（6）若勾选了文件名的复选框，单击“下一步”按钮，进入“选择恢复路径”对话框，如图 7–19 所示。

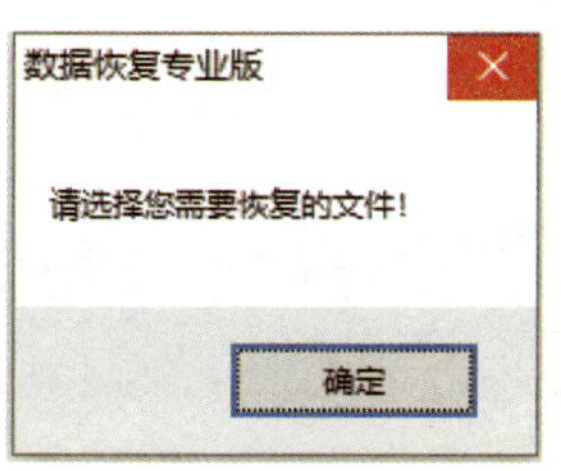

图 7–18　信息提示框

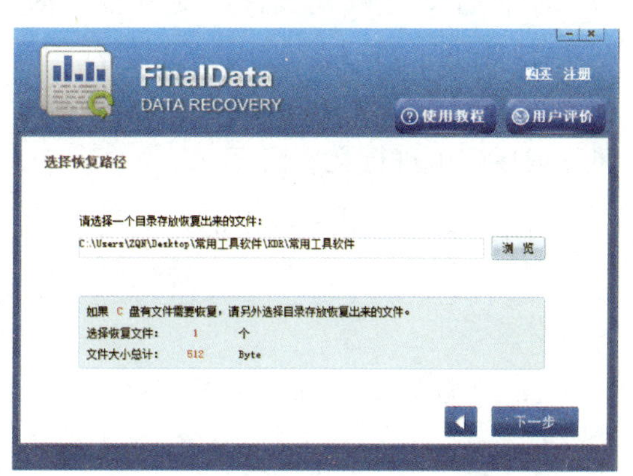

图 7–19　“选择恢复路径”对话框

（7）单击“浏览”按钮，进入“浏览文件夹”对话框，如图 7–20 所示。选择存放要恢复文件的文件夹，也可以直接默认路径，单击“确定”按钮，将返回“选择恢复路径”对话框，如图 7–19 所示。

（8）为保证数据完整性，恢复后的文件不可保存到与扫描路径相同的磁盘分区中。当恢复文件的保存路径与扫描路径相同时，单击“下一步”按钮将会显示误操作信息提示框，如图 7–21 所示，单击“确定”按钮，返回“选择恢复路径”对话框，如图 7–19 所示。

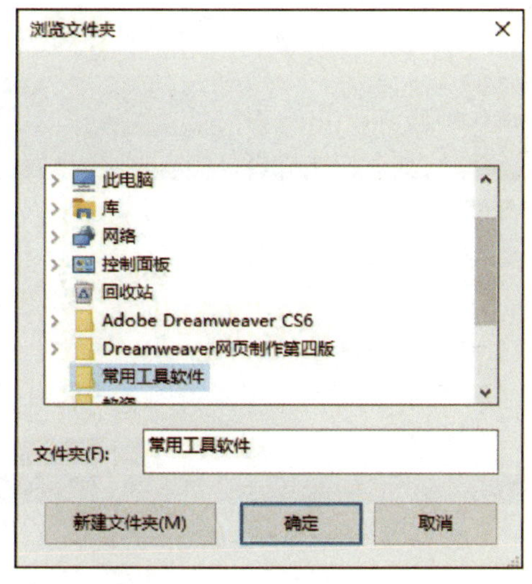

图 7–20　“浏览文件夹”对话框

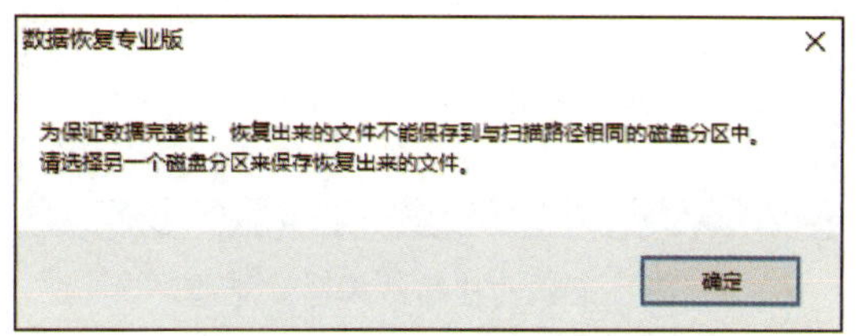

图 7–21　误操作信息提示框

（9）如果 FinalData 文件恢复工具没有注册，则在“选择恢复路径”对话框（见图 7–19）单击“下一步”按钮。将进入“注册后即可恢复文件”对话框，如图 7–22 所示。在“注册码”文本框中，输入注册码，单击“立即注册”按钮，注册完成后即可进行文件恢复。

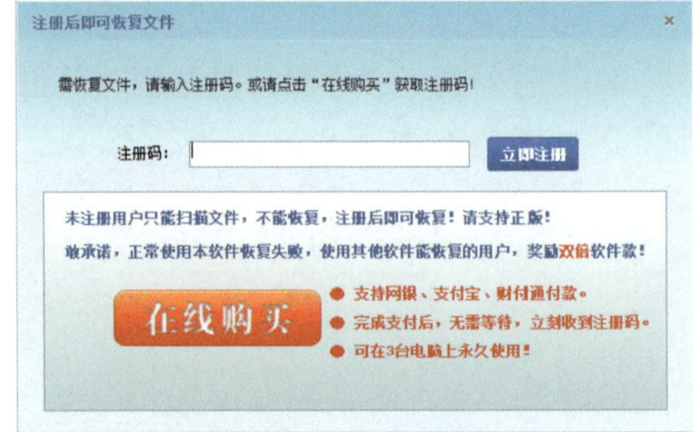

图 7–22 “注册后即可恢复文件”对话框

（10）文件恢复完成以后，在存放恢复文件的文件夹中，即可查看恢复后的文件。

2. 恢复误清空回收站的文件

使用 FinalData 恢复误清空回收站的文件，操作步骤如下。

（1）启动 FinalData，在 FinalData 主界面中单击“误清空回收站”按钮，进入“查找已经删除的文件”对话框，如图 7–23 所示。在该对话框中，会显示文件扫描状态，以及文件系统分析状况。

图 7–23 “查找已经删除的文件”对话框

（2）软件查找结束以后，会进入“扫描结果”对话框，如图 7–24 所示，在该对话框中会显示扫描出来的文件信息。勾选“文件名”复选框，单击“下一步”按钮，进入“选择恢复路径”对话框，如图 7–25 所示。

图 7–24 “扫描结果”对话框

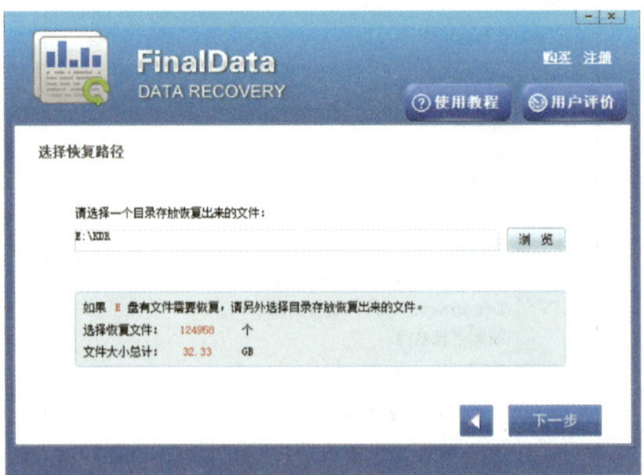

图 7–25 “选择恢复路径”对话框

（3）单击“浏览”按钮，进入“浏览文件夹”对话框，如图 7–26 所示。选择存放恢复文件的文件夹，也可直接选择默认路径，单击“确定”按钮，将返回“选择恢复路径”对话框，如图 7–25 所示。

（4）选择好一个目录存放恢复的文件路径后，如果计算机没有插入 USB 盘，当单击“下一步”按钮时，将会显示“要从所有硬盘分区中恢复文件，需要插入一个 USB 盘来恢复文件。”信息提示框，如图 7–27 所示，单击“确定”按钮。

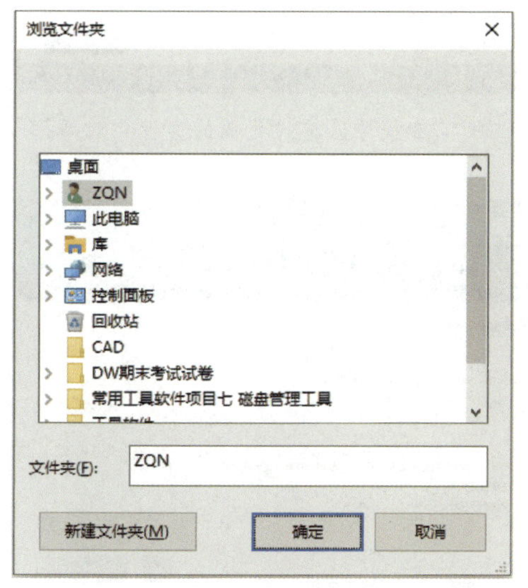

图 7–26　“浏览文件夹”对话框

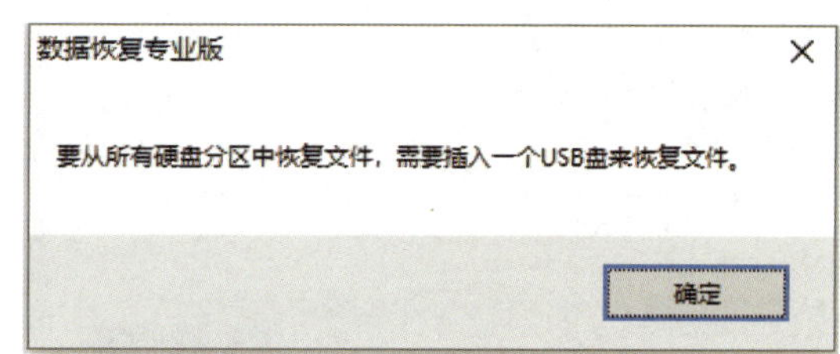

图 7–27　信息提示框

（5）在计算机中插入 USB 盘后，单击“下一步”按钮，即可进行文件恢复，文件恢复完成后，在存放恢复的文件夹中，即可查看恢复好的文件。

3. 恢复误格式化硬盘文件

使用 FinalData 恢复误格式化硬盘文件，操作步骤如下。

（1）启动 FinalData，在 FinalData 主界面中单击“误格式化硬盘”按钮，进入“请选择要恢复的分区”对话框，如图 7–28 所示。

（2）选择要恢复的分区，单击“下一步”按钮，进入“查找分区格式化前的文件”对话框，如图 7–29 所示，软件会自动查找分区格式化前的文件。

（3）扫描结束后，会显示查找到的全部类型（文档、图像、媒体、网页）文件，以及最后的修改时间（今天、一周内、本月内、今年内）等信息，如图 7–30 所示。

（4）选择文件类型或修改时间，勾选列表框中需要恢复的文件左侧的复选框，单击“下一步”按钮，进入“选择恢复路径”对话框，如图 7–31 所示。

图 7-28 “请选择要恢复的分区”对话框

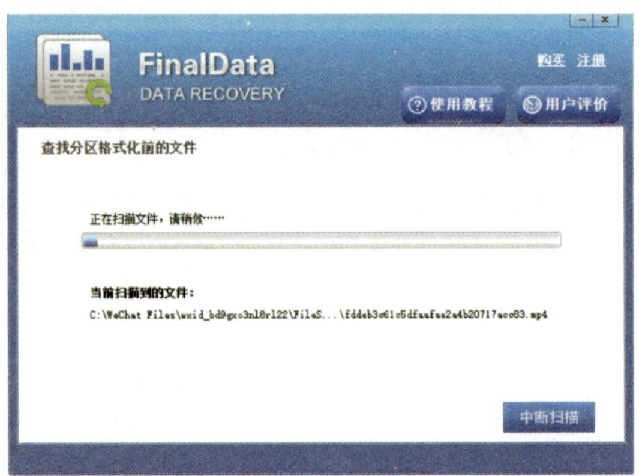
图 7-29 “查找分区格式化前的文件”对话框

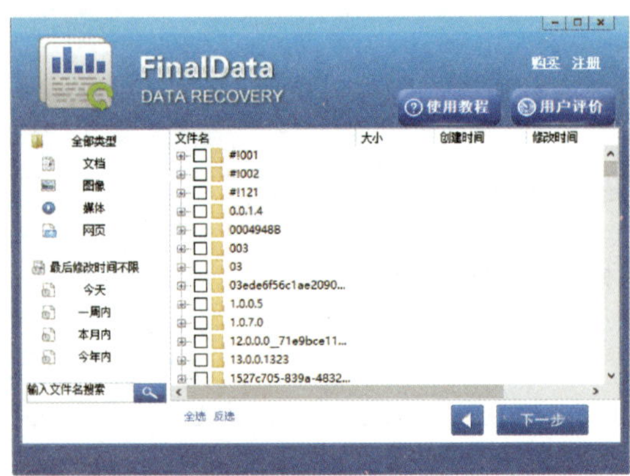
图 7-30 选择要恢复的文件对话框

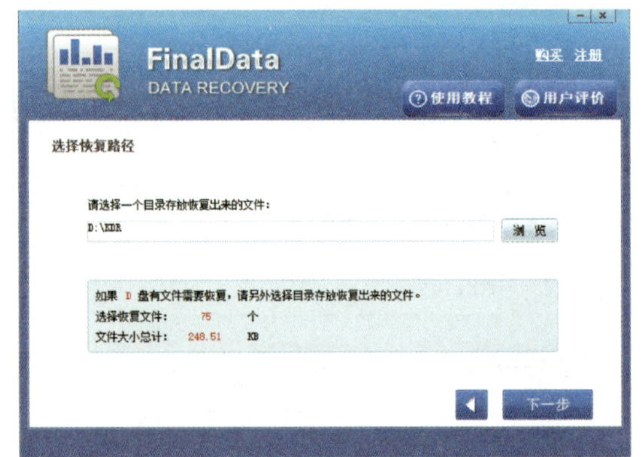
图 7-31 “选择恢复路径”对话框

（5）如果没有勾选文件，直接单击“下一步”按钮，将显示“请选择您需要恢复的文件！”信息提示框，如图 7-32 所示，单击“确定”按钮。

（6）在“选择恢复路径”对话框中，单击“浏览”按钮，进入“浏览文件夹”对话框，如图 7-33 所示，选择存放恢复文件的路径，也可以直接默认路径，单击“确定”按钮，将返回“选择恢复路径”对话框，如图 7-31 所示，单击“下一步”按钮，进行误格式化硬盘文件的恢复，文件恢复完成后，在存放恢复的文件夹中，即可查看恢复后的文件。

4. 恢复硬盘分区丢失损坏的文件

使用 FinalData 恢复硬盘分区丢失损坏的文件，操作步骤如下。

（1）启动 FinalData，在 FinalData 主界面中单击“硬盘分区丢失 / 损坏”按钮，进入“请选择要恢复的磁盘”对话框，如图 7-34 所示。

（2）在该对话框中，选择要恢复的磁盘，单击“下一步”按钮，进入“查找分区”对话框，如图 7-35 所示。

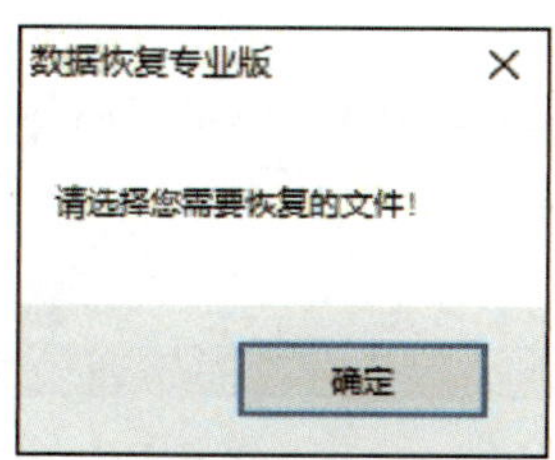

图 7-32　信息提示框

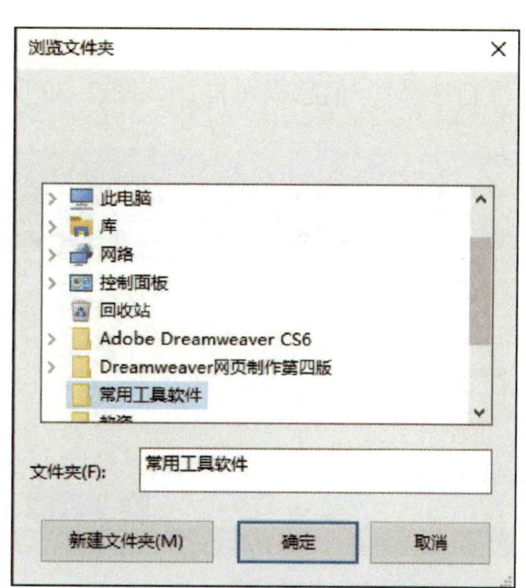

图 7-33　“浏览文件夹”对话框

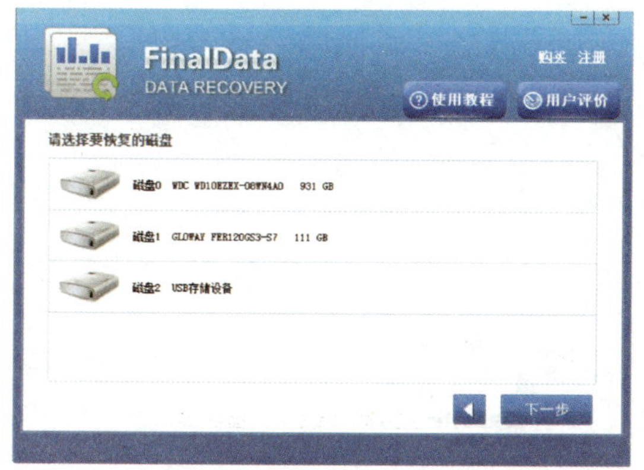

图 7-34　“请选择要恢复的磁盘”对话框

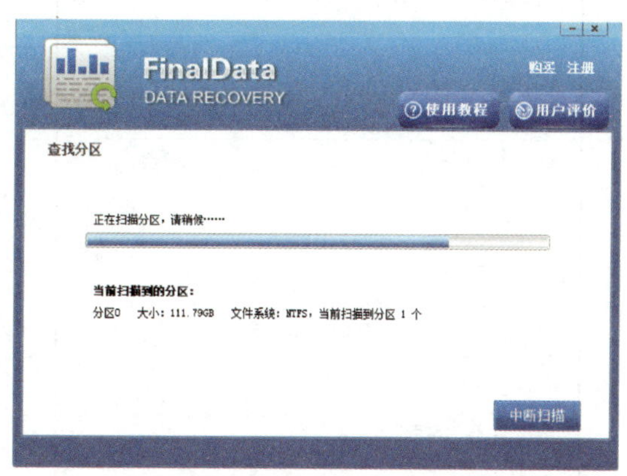

图 7-35　“查找分区”对话框

（3）在“查找分区”对话框中，软件会自动查找分区的文件，软件查找分区结束后，将进入查找分区结果对话框，如图 7-36 所示。在该对话框中会显示查找到的全部类型（文档、图像、媒体、网页）文件，以及最后的修改时间（今天、一周内、本月内、今年内）信息。

（4）在该对话框中，选择文件类型或修改时间，勾选列表框中需要恢复的文件复选框，单击“下一步”按钮，进入“选择恢复路径”对话框，如图 7-37 所示。

（5）单击“浏览”按钮，进入“浏览文件夹”对话框，如图 7-38 所示。

（6）选择一个文件夹存放恢复的文件，单击“确定”按钮，返回“选择恢复路径”对话框，如图 7-37 所示。

（7）如果选择恢复的分区不足时，将显示“您选择恢复的分区没有足够的空间，请重新选择！”信息提示框，如图 7-39 所示。

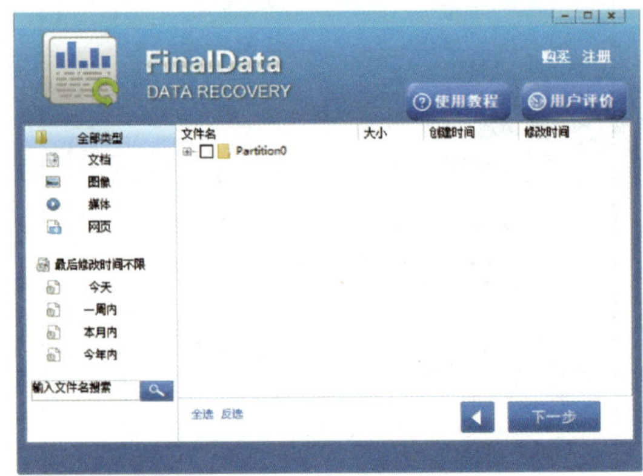

图 7-36　查找分区结果对话框

图 7-37　“选择恢复路径”对话框

图 7-38　“浏览文件夹”对话框

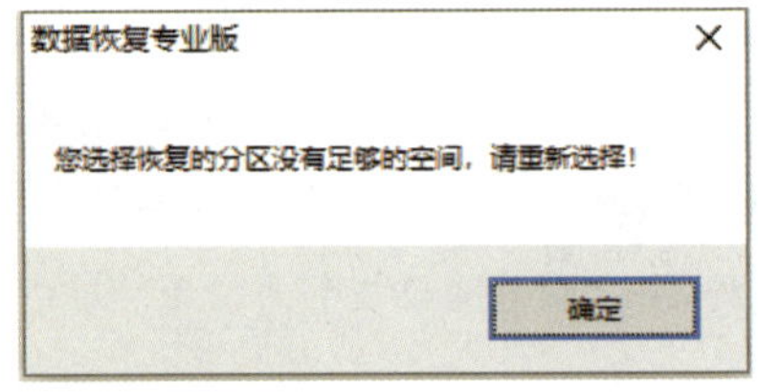

图 7-39　信息提示框

（8）选择好恢复文件的路径后，单击“下一步”按钮，即可进行文件恢复。文件恢复完成以后，在存放恢复的文件夹中，即可查看恢复好的文件。

注意：为保证数据完整性，恢复后的文件不能保存到与扫描路径相同的磁盘分区中。

5. 恢复 U 盘、手机、相机卡文件

使用 FinalData 恢复 U 盘、手机、相机卡文件，操作步骤如下。

（1）启动 FinalData，在进行“U 盘手机相机卡恢复”之前，应先将 U 盘、手机、相机卡移动存储设备连接好。

这里以 U 盘为例，启动 FinalData，在 FinalData 主界面中单击“U 盘手机相机卡恢复”按钮，进入“请选择要恢复的移动存储设备”对话框，如图 7-40 所示。

（2）如果设备中没有连接 U 盘，在“请选择要恢复的移动存储设备”对话框中，将会打开“电脑中未发现可用移动存储设备，请插好存储设备”信息提示框，如图 7-41 所示。

图 7-40　“请选择要恢复的移动存储设备”对话框

图 7-41　信息提示框

（3）在“请选择要恢复的移动存储设备”对话框中，选择要恢复的移动存储设备，单击“下一步”按钮，进入“搜索移动存储设备中的丢失文件”对话框，如图 7-42 所示。

（4）在该对话框中，软件会自动搜索移动存储设备中丢失的文件，软件扫描结束后，进入“扫描结果”对话框，如图 7-43 所示，列表框中会按文件名类型显示被删除的文件名等文件。

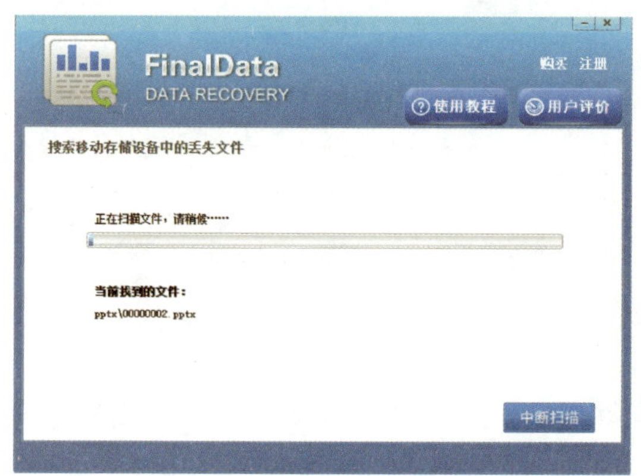

图 7-42　“搜索移动存储设备中的丢失文件”对话框

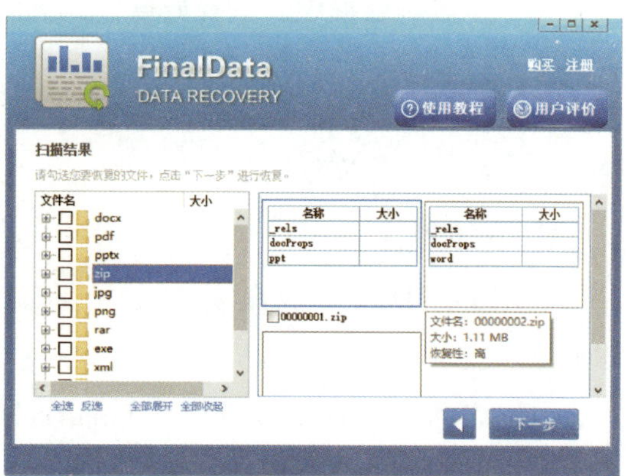

图 7-43　“扫描结果”对话框

（5）在“扫描结果”对话框中，如果不勾选文件，直接单击“下一步”按钮，将会显示“请选择您需要恢复的文件!”信息提示框，如图 7–44 所示，单击“确定”按钮。

（6）返回“扫描结果”对话框，在该对话框中勾选好要恢复的文件，单击“下一步”按钮，进入“选择恢复路径”对话框，如图 7–45 所示。

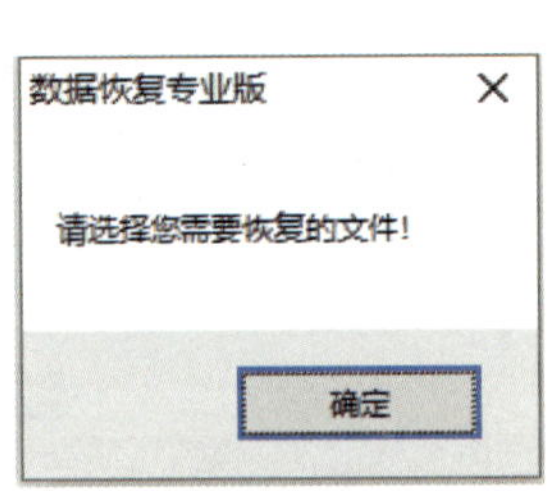

图 7–44　信息提示框

图 7–45　“选择恢复路径”对话框

（7）在“选择恢复路径”对话框中，单击“浏览”按钮，进入“浏览文件夹”对话框，如图 7–46 所示，选择一个文件夹存放恢复的文件，单击“确定”按钮，返回图 7–45 所示的“选择恢复路径”对话框。

（8）在该对话框中，选择好恢复路径后，单击“下一步”按钮，即可进行文件恢复。文件恢复完成后，在存放恢复的文件夹中，即可查看恢复后的文件。

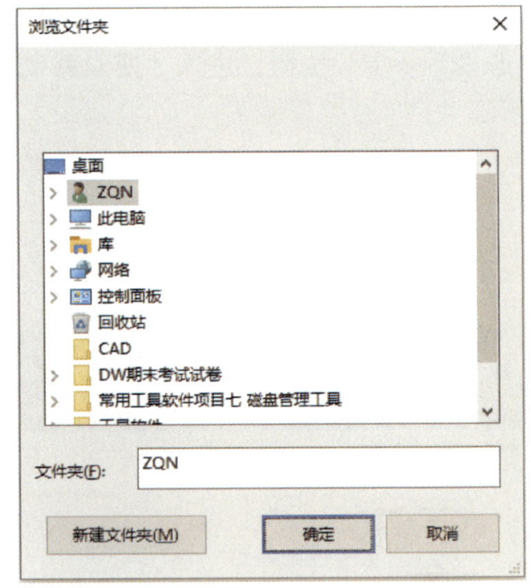

图 7–46　“浏览文件夹”对话框

6. 万能恢复

使用 FinalData 万能恢复，操作步骤如下。

（1）启动 FinalData 软件，在 FinalData 主界面中单击“万能恢复”按钮，进入“请选择要恢复的分区或者物理设备”对话框，如图 7–47 所示。

（2）在该对话框中，选择好要恢复的分区或者物理设备，单击“下一步”按钮，进入“深度查找文件”对话框，如图 7–48 所示。

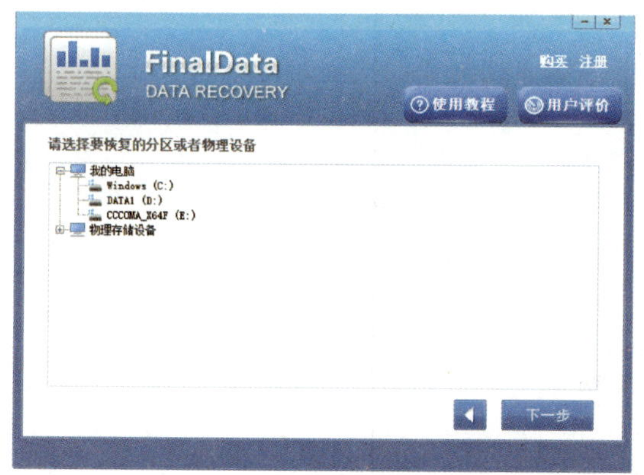

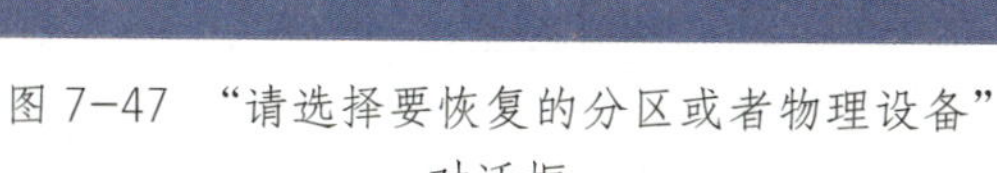
图 7-47　“请选择要恢复的分区或者物理设备”对话框

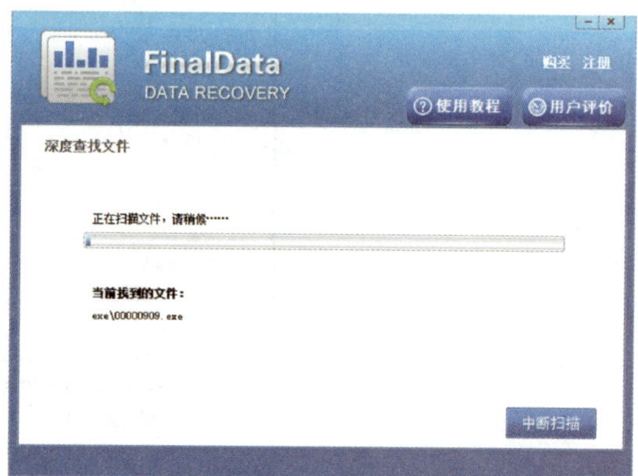

图 7-48　“深度查找文件”对话框

（3）在该对话框中，软件会自动进行深度查找删除的文件，扫描结束后，进入“扫描结果”对话框，如图 7-49 所示，在列表框中会按文件名类型显示被删除的文件名等文件。

（4）在该对话框中，勾选文件名复选框，单击“下一步”按钮，进入“选择恢复路径”对话框，如图 7-50 所示。

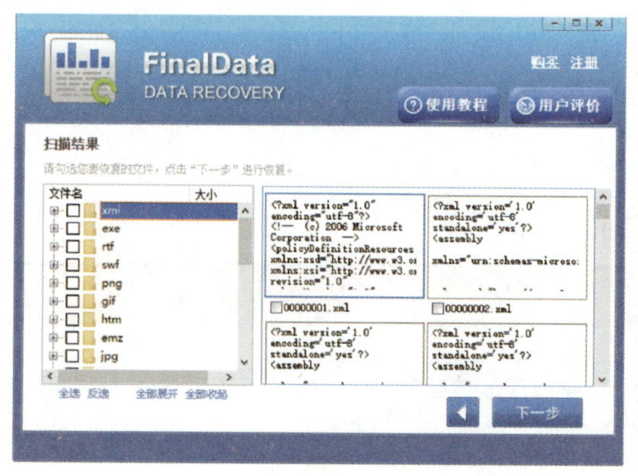

图 7-49　“扫描结果”对话框

图 7-50　“选择恢复路径”对话框

（5）在该对话框中，单击“浏览”按钮，进入“浏览文件夹”对话框，如图 7-51 所示。选择一个文件夹存放恢复的文件，单击“确定”按钮，返回“选择恢复路径”对话框。

（6）在该对话框中，选择好一个文件夹存放恢复的文件后，单击“下一步”按钮，即可进行文件恢复。文件恢复完成以后，在存放恢复的文件夹中，即可查看恢复后的文件。

图 7-51 “浏览文件夹”对话框

使用 FinalData 恢复误删除文件、恢复误清空回收站的文件、修复误格式化硬盘文件、修复硬盘分区丢失损坏的文件、修复 U 盘等。将练习过程中的主要信息记录在表 7-2 中。

表 7-2 FinalData 使用练习

项目	说明
软件版本	
使用 FinalData 恢复误删除文件过程中的操作要点、所遇问题和解决方法	
使用 FinalData 恢复误清空回收站的文件过程中的操作要点、所遇问题和解决方法	

续表

项目	说明
使用 FinalData 恢复误格式化硬盘文件过程中的操作要点、所遇问题和解决方法	
使用 FinalData 恢复硬盘分区丢失损坏的文件过程中的操作要点、所遇问题和解决方法	
使用 FinalData 恢复 U 盘过程中的操作要点、所遇问题和解决方法	
使用 FinalData 万能恢复过程中的操作要点、所遇问题和解决方法	

课题 3　光盘刻录工具——Nero 的使用

1. 了解光盘刻录工具的功能。
2. 掌握使用 Nero 管理和播放的方法。
3. 掌握使用 Nero 编辑和转换的方法
4. 掌握使用 Nero 翻录和刻录的方法。
5. 掌握使用 Nero 备份和恢复的方法。
6. 掌握使用 Nero 体验人工智能的方法。

随着技术的发展，U 盘、移动硬盘由于具有存储空间大、不易损坏、可反复使用等优势，已成为日常使用中的主流存储介质。但由于成本低、通用性好等特点，光盘依然是一种非常常见的存储介质。向光盘中存储数据，需要硬件和软件两个方面的支持。

实现向光盘存储数据的硬件设备是光盘刻录机，它利用激光将数据写入空白光盘上从而实现数据的储存，其写入过程可以看作是普通光驱读取光盘的逆过程。

而软件方面，则需使用各类光盘刻录工具，常用的有 Nero、Alcohol Express Burn 等，本课题以 Nero 为例进行讲解。Nero 是一款专业的刻录软件，具有刻录、编辑、备份、翻录和转换等功能。使用该软件可以将文件备份到 CD、DVD 和蓝光光盘等。Nero 支持刻录的视频格式很多，如 RM、RMVB、3GP、MP4、AVI、FLV 等，无须用另外的视频转换器转换格式。Nero 软件还可以自动制作符合光盘刻录要求的文件，并且支持视频的编辑、DVD 菜单的制作、字幕的添加，以及 ISO 映像文件的制作等。

一、管理和播放

在计算机中成功安装光盘刻录工具 Nero Start 后，单击“开始菜单”命令，选择“所有程序”–“Nero2021”–“Nero Start”选项，启动 Nero Start 并进入其主界面，如图 7–52 所示。下面对该软件的常用功能及操作方法进行讲解。

图 7–52 Nero Start 主界面

1. 管理器

（1）在“类别”组中，单击“管理和播放”按钮，弹出“管理和播放”窗口，如图 7–53 所示。

（2）选择“Nero DuplicateManager”选项，单击相应的“打开”按钮，弹出“Nero DuplicateManager Photo Trial”界面，在“选择文件夹”组中，选择并添加要在其中搜索重复项和相似图像的文件夹，如图 7–54 所示。

图 7-53　“管理和播放”窗口

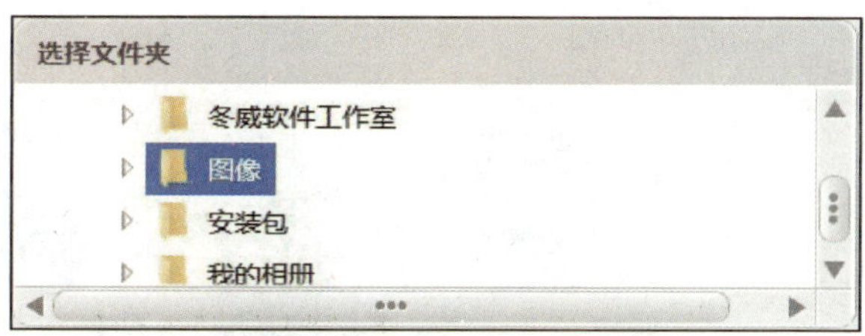

图 7-54　选择文件夹

（3）单击“添加”按钮，将文件夹添加到“要清理的文件夹”组中，如图 7-55 所示。

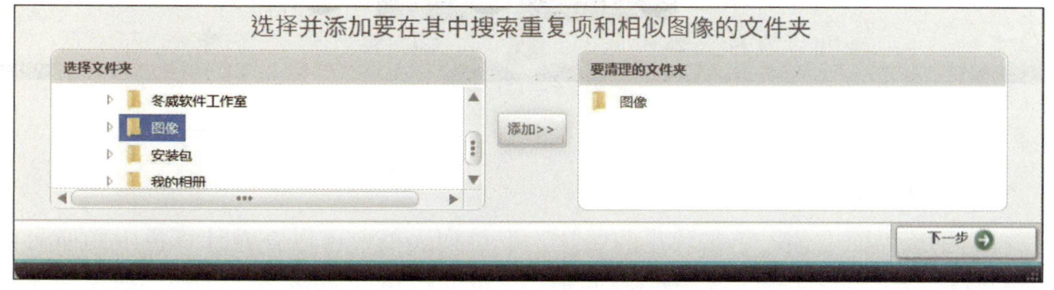

图 7-55　添加到“要清理的文件夹”组

（4）单击“下一步”按钮，软件自动会对图像进行相似度对比，当显示“祝贺！未发现重复项或相似图像。您可以调节相似度设置来尝试查找某些相似的图像。”信息提示框时，单击“确定”按钮，如图 7-56 所示。

图 7-56 信息提示框

2. 多媒体演示

在“管理和播放”窗口中，选择“Nero MediaHome”选项，单击“打开”按钮，弹出“Nero MediaHome”界面，如图 7-57 所示，其具有查找、浏览和管理内容，播放照片、视频和音乐，播放光盘，播放流媒体内容等功能。

图 7-57 “Nero MediaHome”界面

（1）浏览照片

1）在该界面左侧，单击“我的照片”下拉列表框，可以查看计算机中的所有照片，选择“时间轴”标签，弹出“时间轴”界面，可单击 按钮，弹出“打开”对话框，选中要添加的照片，单击“打开”按钮，返回该界面，即可查看按时间轴顺序归纳的照片，如图 7-57 所示。

2）选择“AI 标签”标签，弹出“AI 标签”界面，如图 7-58 所示。

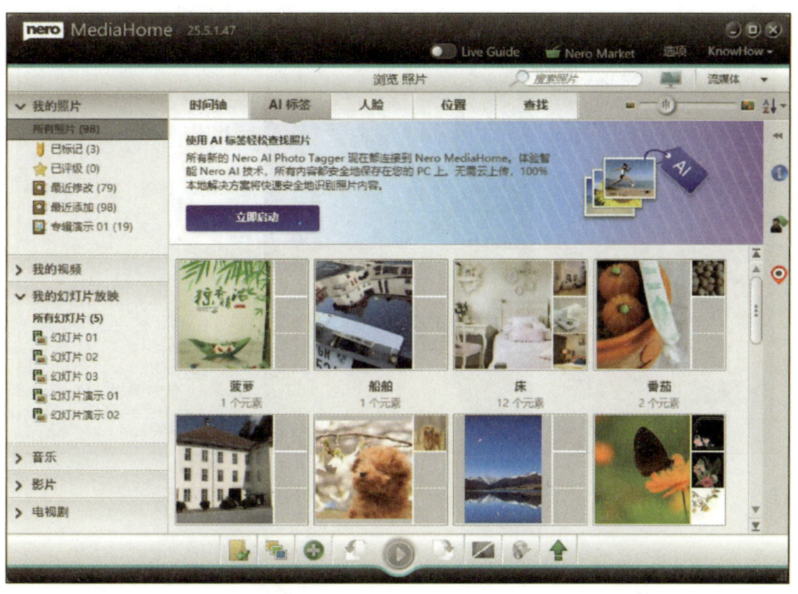

图 7-58　“AI 标签”界面

3）单击“立即启动”按钮，开启“Nero AI Photo Tagger”功能，这时会显示分析提示框，如图 7-59 所示。

图 7-59　分析提示框

4）单击“分析”按钮，弹出“Nero AI Photo Tagger”界面，分析照片，如图 7-60 所示。

5）分析照片结束以后，会弹出标签提示框，如图 7-61 所示，单击“确定”按钮。

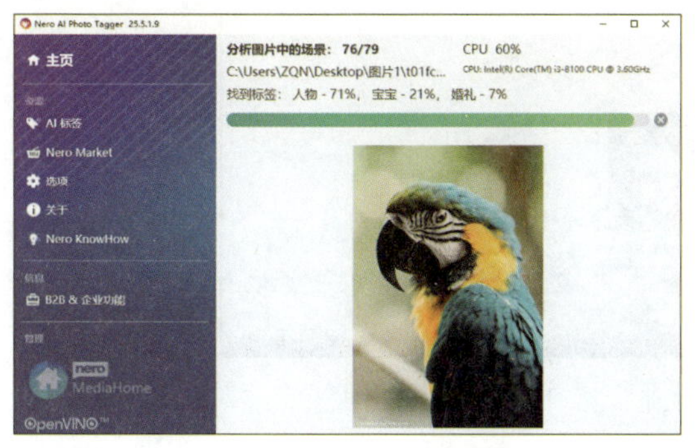

图 7-60　分析照片界面

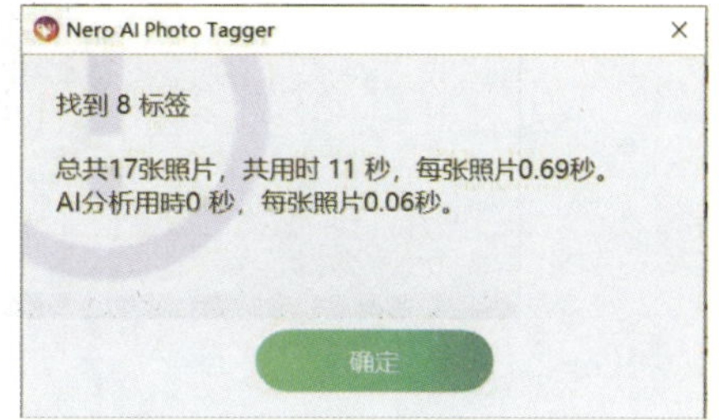

图 7-61　标签提示框

6）检测到的 AI 标签有菠萝、船舶、床、山等，如图 7-62 所示。当单击“场景”AI 标签时，在“Nero AI Photo Tagger”界面中，会显示出检测到的“场景”照片。

图 7-62　检测到的 AI 标签界面

7）在如图 7–58 所示的“AI 标签”界面中，当选择“脸部”标签时，可弹出“脸部”界面，如图 7–63 所示。

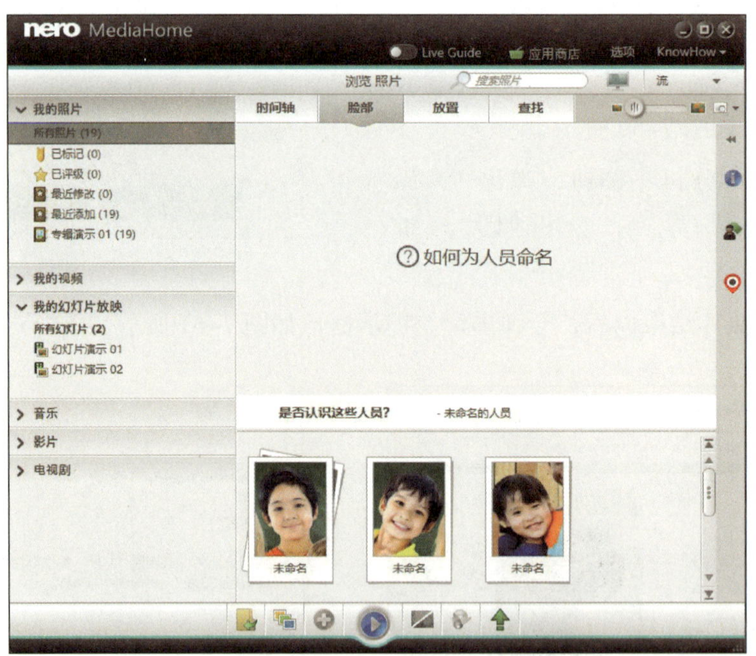

图 7-63　“脸部”界面

8）在该界面的下部，单击 按钮，在弹出的右键菜单中选择“人员组”选项，弹出“创建组”对话框，如图 7–64 所示。

9）在“请为组输入名称:”文本框中，输入要创建组的名称（如“蓝鲸”），如图 7–64 所示，单击“确定”按钮，创建“蓝鲸”组，如图 7–65 所示。

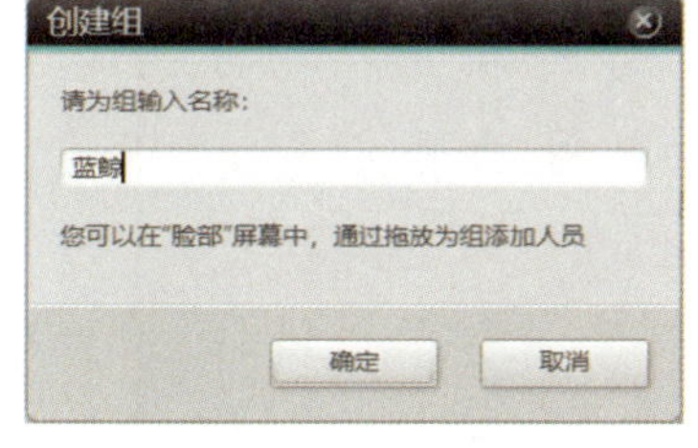

图 7-64　创建组对话框

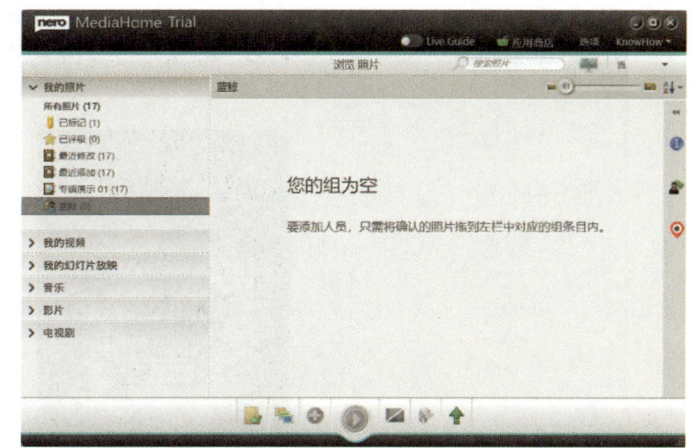

图 7-65　“蓝鲸”组

10）在图 7-57 所示的界面中，选择“所有照片”选项，在显示的所有照片中，选中想要标记的照片，单击鼠标右键，在弹出的右键菜单中选择“添加标记”选项，为照片添加标记，如图 7-66 所示。

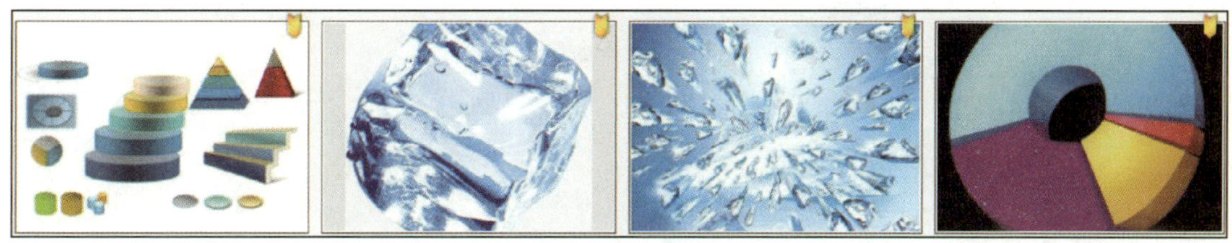

图 7-66　添加标记

11）在“浏览照片”界面中，选中照片，单击鼠标右键，在弹出的右键菜单中选择“为人员命名”选项，弹出“查看照片”界面，如图 7-67 所示。在该界面中，如果在显示的照片中有人员，系统会自动选中照片中人员的脸，可在显示的文本框中为人员命名；如果没有人员，也可为照片中的任何事物命名（例如，动物、房屋、书籍、树木等）。这里以图 7-67 为例，单击“添加丢失的人脸”按钮，选择要命名的事物，在显示的文本框中，输入文本（如蝴蝶），即可为事物命名。

12）在图 7-67 所示的“查看照片”界面中，单击按钮，将弹出“演示视图”提示框，如图 7-68 所示，单击“确定”按钮，弹出“正在编辑照片”界面，如图 7-69 所示。

13）在该界面中，当选择“增强”标签时，可以对照片进行自动增强（自动曝光、上色）、剪切、拉直、红眼消除等设置。

14）选择“调整”标签，可以对照片进行增亮、背光、色温、饱和度等设置，如图 7-70 所示。

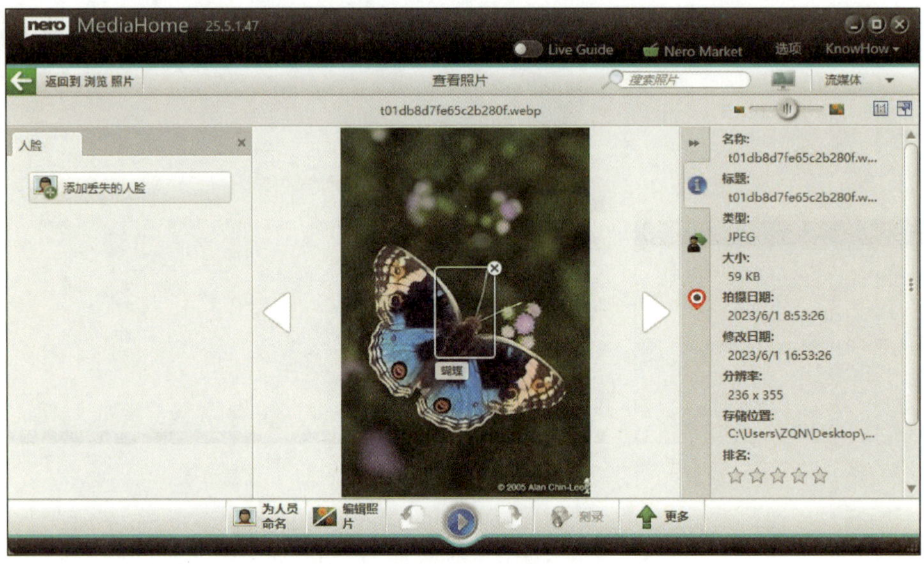

图 7-67 “查看照片”界面

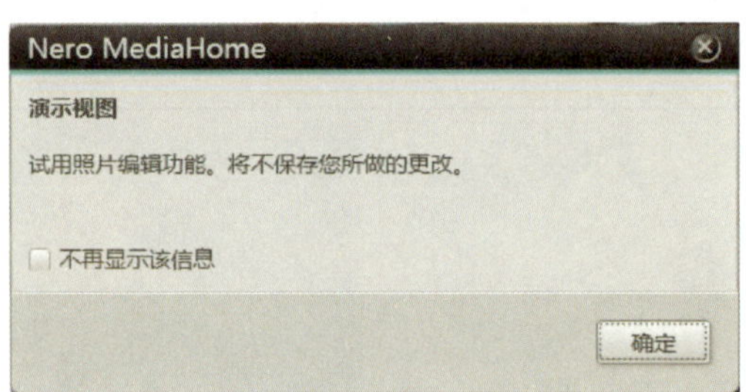

图 7-68 “演示视图”提示框

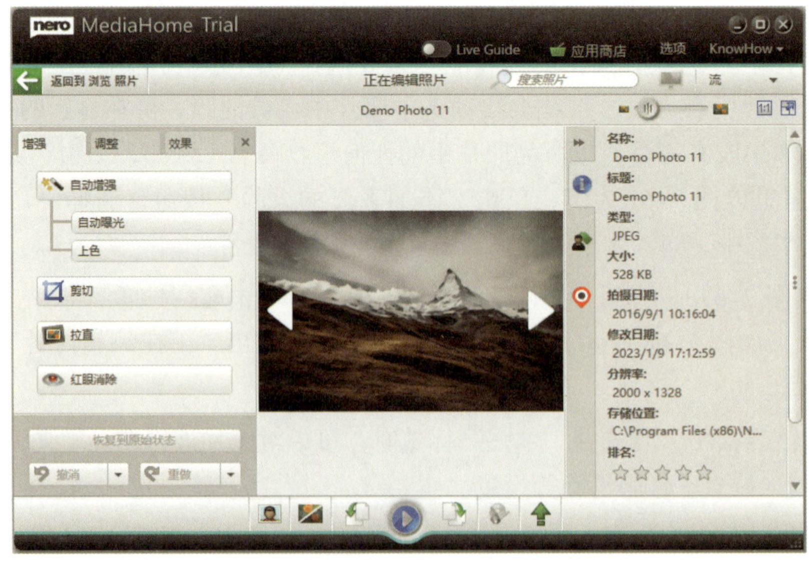

图 7-69 “正在编辑照片”界面

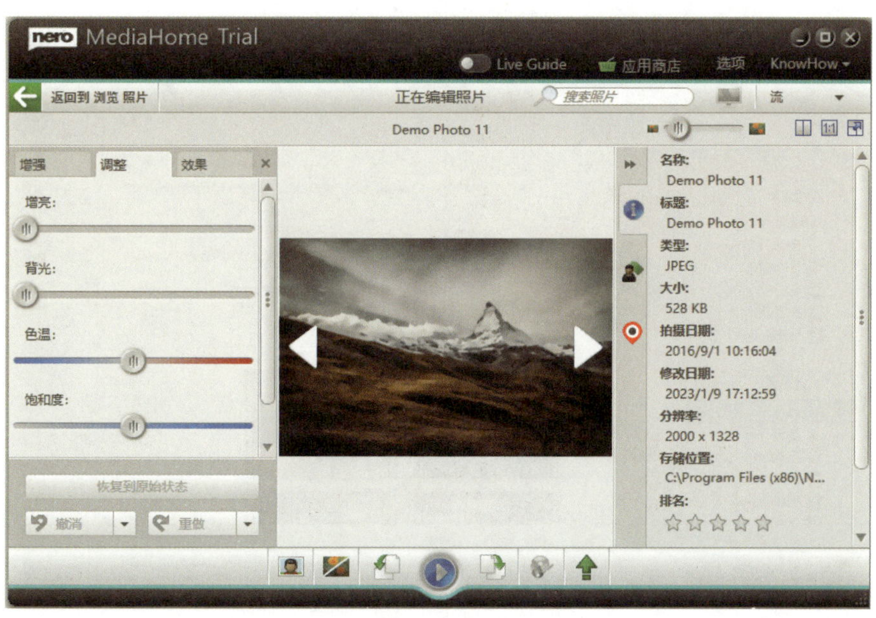

图 7–70　“调整”设置

15）选择“效果”标签，可以对照片进行深褐色、灰度级、污点、锐化、发光、复古等设置，如图 7–71 所示。

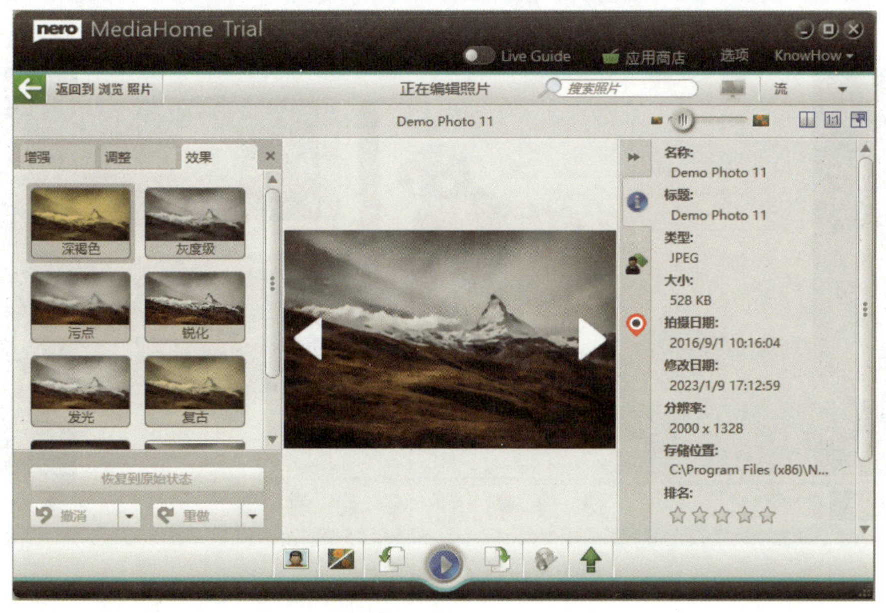

图 7–71　“效果”设置

16）在图 7–57 所示的界面中，单击“我的视频”下拉列表，选择“所有视频”选项，弹出“时间轴”界面，如图 7–72 所示，显示出计算机中的所有视频。

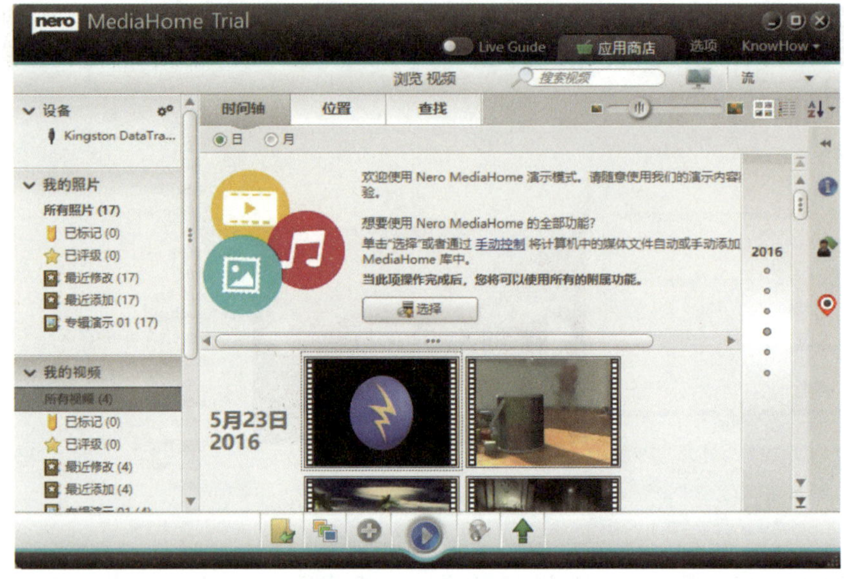

图 7–72 “时间轴”界面

17）选中想要观看的视频，单击播放按钮，即可观看视频，如图 7–73 所示。

图 7–73 “播放 -Video”界面

（2）播放幻灯片

1）在如图 7–57 所示的“时间轴”界面中，单击“我的幻灯片放映”下拉列表，选择“幻灯片演示”选项，弹出“浏览幻灯片”界面，如图 7–74 所示。

图 7-74　“浏览幻灯片”界面

2）在选中的幻灯片上单击鼠标右键，在弹出的右键菜单中选择“新建 / 幻灯片”选项，弹出“新建幻灯片”对话框，如图 7-75 所示。在“请输入幻灯片的名称”文本框中输入幻灯片的名称后，单击“确定”按钮，返回“浏览幻灯片”界面。幻灯片将在每次更改后自动保存。

3）在选中要放映的幻灯片后，单击播放按钮，弹出“幻灯片放映”界面，如图 7-76 所示，这时将自动放映选中的幻灯片。结束放映后，关闭“幻灯片放映”界面，返回“浏览幻灯片”界面。

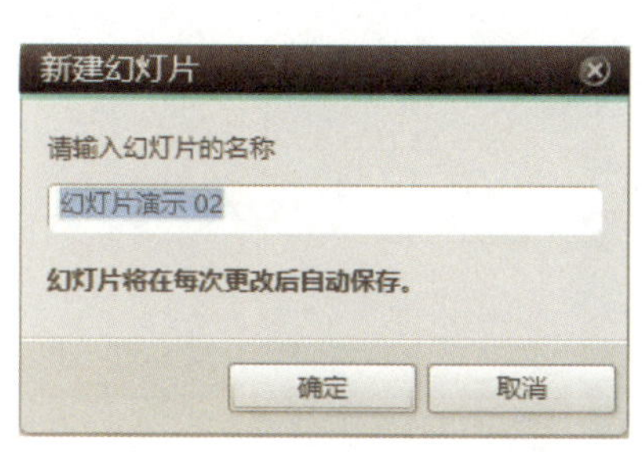

图 7-75　“新建幻灯片”对话框

图 7-76　“幻灯片放映”界面

4）单击编辑项目图标，弹出“幻灯片 - 幻灯片演示”界面，如图 7-77 所示。

图 7–77 “幻灯片 – 幻灯片演示”界面

5）选择要编辑的幻灯片，单击左侧“个性化幻灯片”组中的“主题”按钮，弹出“个性化幻灯片 – 主题”对话框，如图 7–78 所示。可在右侧“预览”框中进行“主题”预览，选定要设置的主题后，单击“确定”按钮即可设置。

6）单击“标题”标签，弹出“个性化幻灯片 – 标题”对话框，如图 7–79 所示。可勾选“跳过开头”“跳过结尾”复选框，在“序曲”文本框中为幻灯片命名，幻灯片设置完成以后，单击“确定”按钮，返回图 7–78 所示的对话框。

图 7–78 “个性化幻灯片 – 主题”对话框

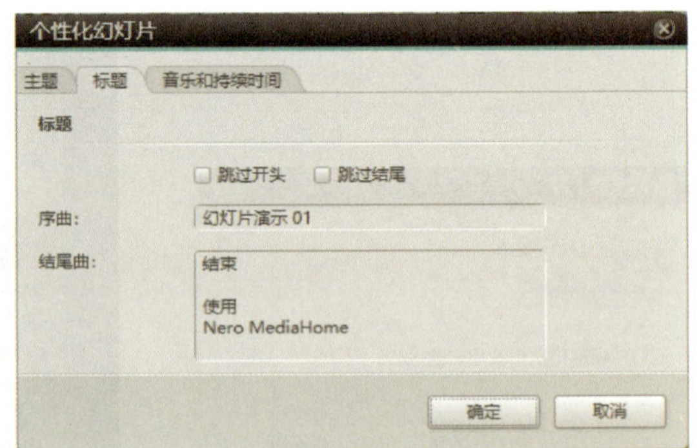

图 7–79 “个性化幻灯片 – 标题”对话框

（3）播放音乐

1）选择“音乐和持续时间”标签，弹出“个性化幻灯片 – 音乐和持续时间”对话框，如图 7–80 所示。在“幻灯片持续时间”组中，将显示幻灯片持续总时间的信息，也可调整放映时长；在“视频声音”组中，可对“视频”“背影音乐”进行设置；在“背景音乐”组中，在“使用主题音乐”下拉列表框中，可选择要使用的主题音乐；设置完成以后，单击“确定”按钮，返回图 7–78 所示的对话框。

2）在图 7–74 所示的“浏览幻灯片”界面中单击左侧的“音乐”下拉列表框，在其中选择“所有音乐”选项，进入“浏览音乐”界面，如图 7–81 所示。可以查看计算机中所有音乐的专辑、艺术家、流派、标题等信息。

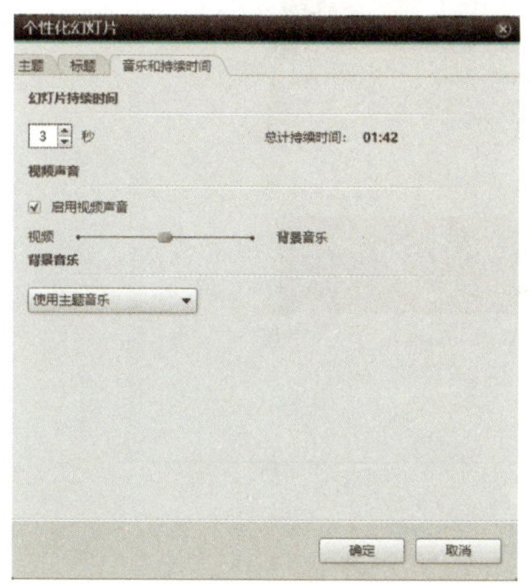

图 7–80 “个性化幻灯片 – 音乐和持续时间”对话框

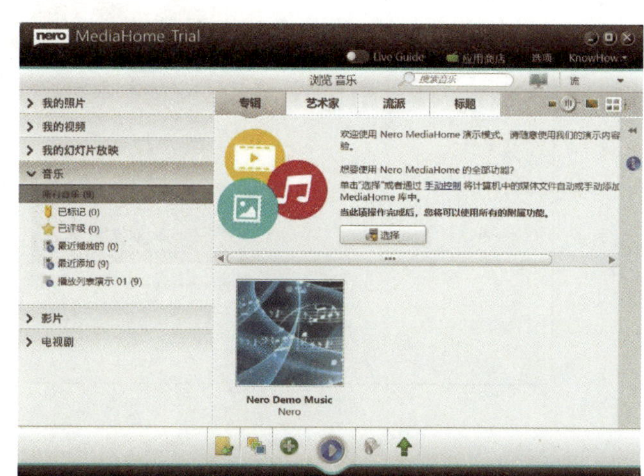

图 7–81 “浏览音乐”界面

3）选中要播放的音乐文件，单击播放按钮，即可进行音乐播放，如图 7–82 所示。

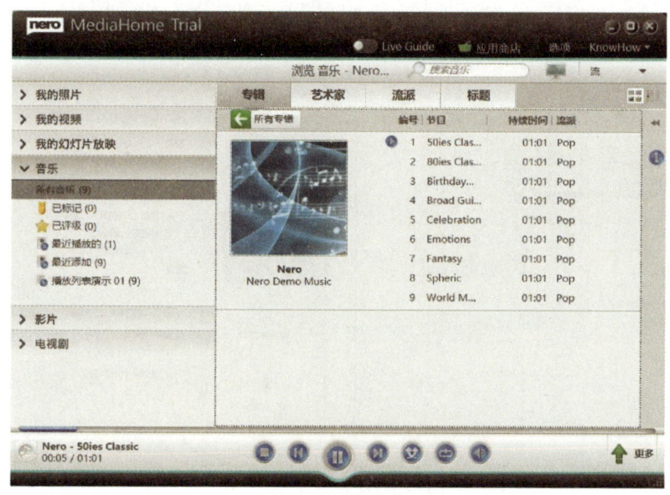

图 7–82 播放音乐

二、翻录和刻录

启动 Nero Start 软件，在“类别”组中，单击“翻录和刻录”按钮，进入“翻录和刻录”界面，如图 7–83 所示。

图 7–83 “翻录和刻录”界面

1. 将文件刻录至光盘

（1）选择“Nero Burning ROM”选项，单击“打开”按钮，弹出“Nero Burning ROM”界面，如图 7–84 所示，可进行 CD–ROM（UDF）、音乐光盘、混合模式 CD、CD EXTRA 方式的编辑。

（2）这里以音乐光盘为例，在图 7–84 中选择“音乐光盘”选项，再单击“刻录”选项，弹出“新编辑 – 音乐光盘 – 刻录”对话框，如图 7–85 所示。

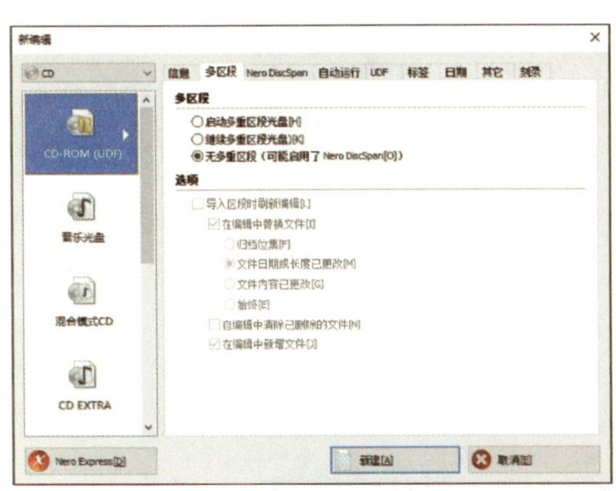

图 7–84 “Nero Burning ROM”界面

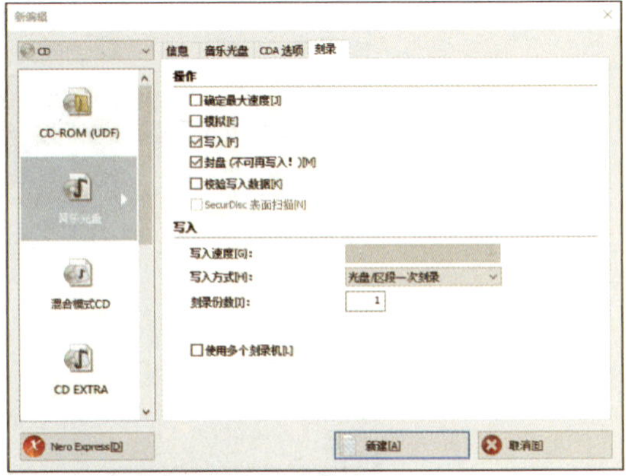

图 7–85 “新编辑 – 音乐光盘 – 刻录”对话框

（3）刻录信息可选择默认，单击“新建”按钮，弹出“音乐刻录”界面，如图 7–86 所示，会显示出“光盘内容”框和“文件浏览器”框。

（4）在“文件浏览器”框中，选择要刻录的音乐文件，如“冰雪舞动”音乐文件，拖拽至左侧“光盘内容”框中，如图 7–87 所示，在此窗格中，会显示音乐文件的“播放时间”等信息，单击“立即刻录”按钮。

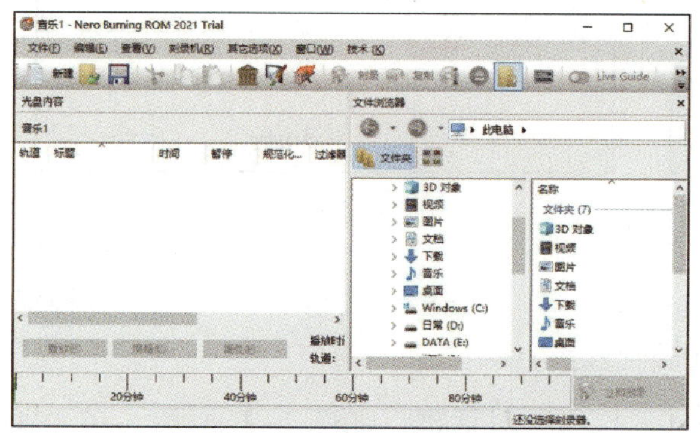

图 7–86　“音乐刻录”界面

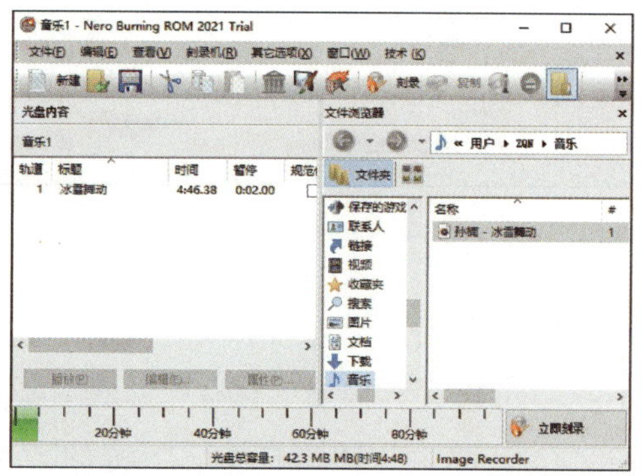

图 7–87　“冰雪舞动”刻录界面

（5）如果计算机中已经插入光盘，单击“立即刻录”按钮时，会显示“选择刻录器”对话框，如图 7–88 所示。选择要进行刻录的“刻录器设备”，单击“确定”按钮，软件会自动进行刻录；如果计算机中没有插入光盘，当单击“立即刻录”按钮时，会显示“确实要立即开始刻录进程，而不检查设置?”提示框，如图 7–89 所示。单击“是”按钮，进入“保存映像文件”对话框，如图 7–90 所示。选中保存映像文件的路径，单击“保存”按钮，保存映像文件，并单击“确定”按钮，开始音乐文件的刻录。

（6）音乐文件刻录完成后，会显示“刻录完毕”提示框，如图 7–91 所示，在“事件日志”组中会显示时间、事件等信息。

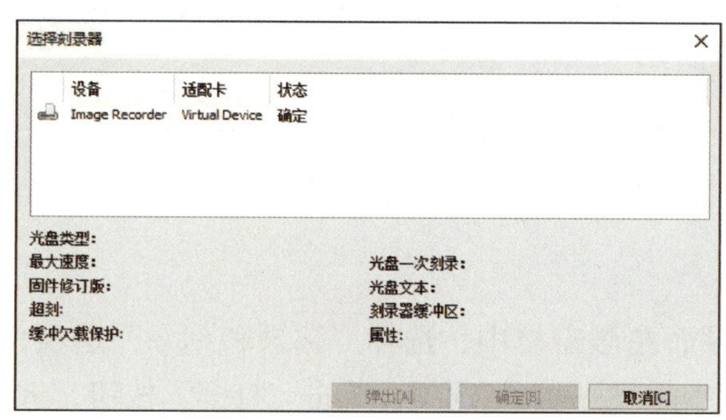

图 7–88　“选择刻录器”对话框

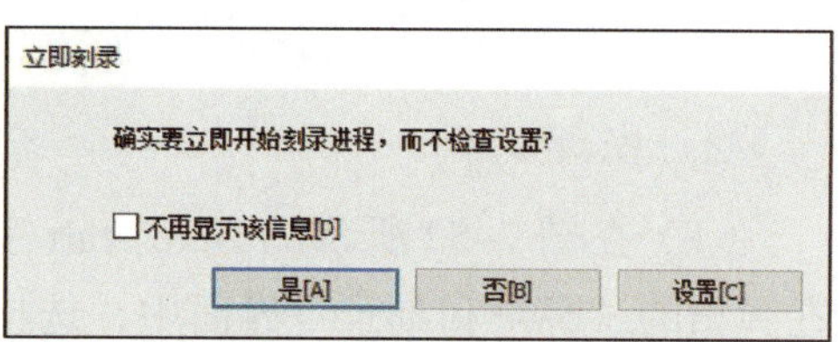

图 7–89　“立即刻录”提示框

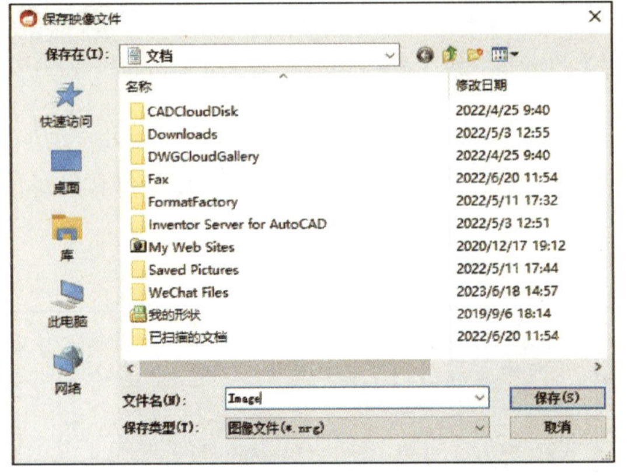

图 7–90 “保存映像文件”对话框

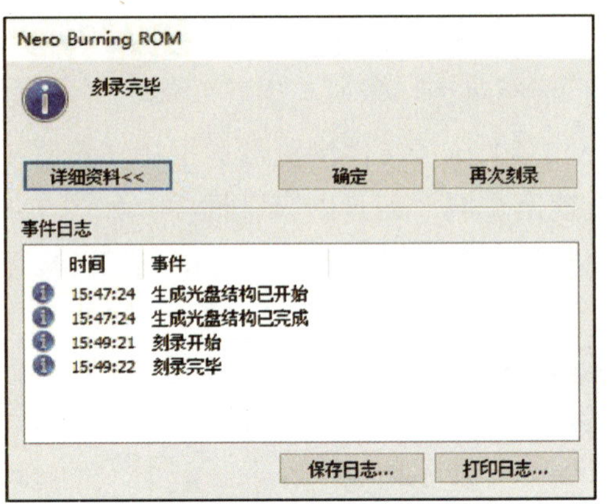

图 7–91 “刻录完毕”提示框

（7）单击“保存日志 ...”按钮，进入“另存为”对话框，如图 7–92 所示。选择保存文件的路径，单击“保存”按钮，返回到“刻录完毕”提示框。

（8）单击“打印日志 ...”按钮，进入“打印”对话框，如图 7–93 所示。在“打印机”组中，可在“名称”下拉菜单中，选择打印机；单击“属性”按钮，可对打印机的属性进行设置；在“份数”组中，可输入需要打印的份数；在“打印范围”组中，可对页码范围、选定范围进行设置，单击“确定”按钮，即可对刻录文件进行打印。

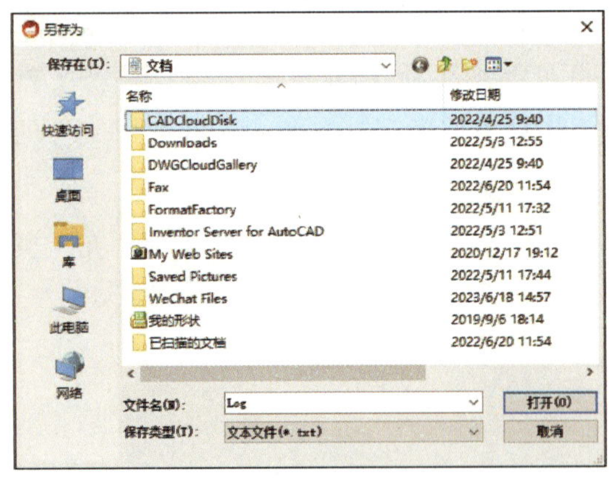

图 7–92 “另存为”对话框

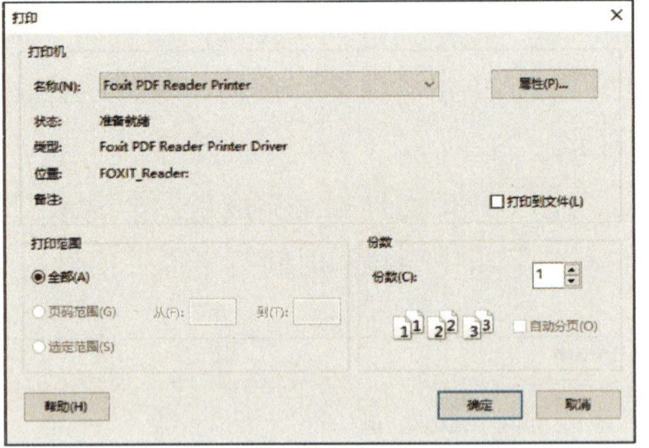

图 7–93 “打印”对话框

2. 光盘复制

（1）在图 7–52 所示的 Nero Start 主界面左侧窗格中，选择“翻录和刻录”选项，在弹出的“翻录和刻录”界面中，选择“Nero Express”选项，单击“打开”按钮，进入“Nero Express”界面，如图 7–94 所示，在此可以进行数据、音乐、视频、映像、工程、复制等操作。

（2）这里以“音乐”为例，选择“音乐”选项，弹出“我的音乐 CD”界面，如图 7–95 所示。

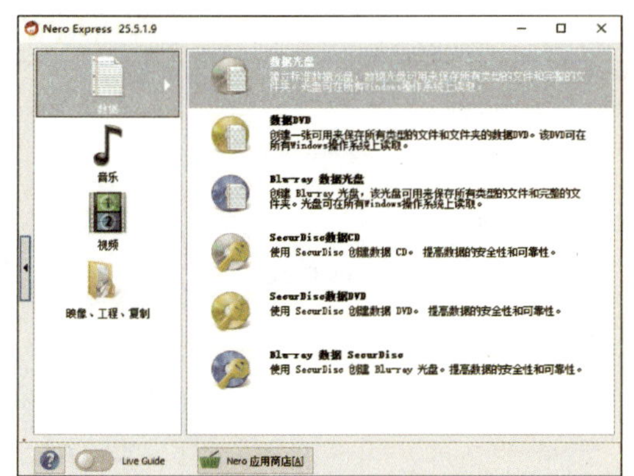

图 7–94　“Nero Express”界面

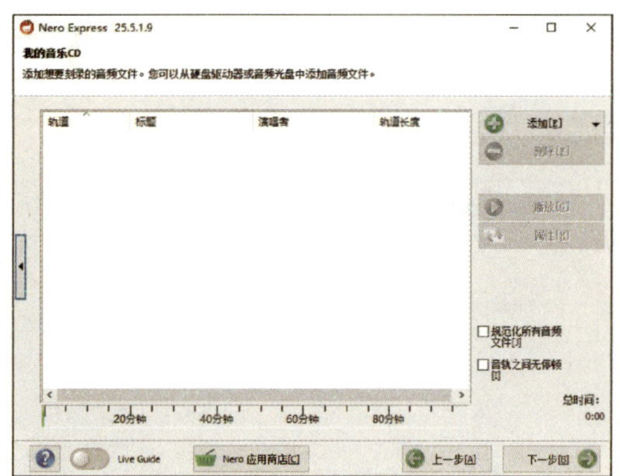

图 7–95　“我的音乐 CD”界面

（3）单击“添加”下拉列表框，选择“文件”选项，弹出“添加文件和文件夹”文本框，如图 7–96 所示。

（4）选中要添加的音乐文件，单击“添加”按钮，音乐文件将添加到“我的音乐 CD”界面中，如图 7–97 所示，会显示音频文件的轨道、标题、演唱者、轨道长度、总时间等信息。

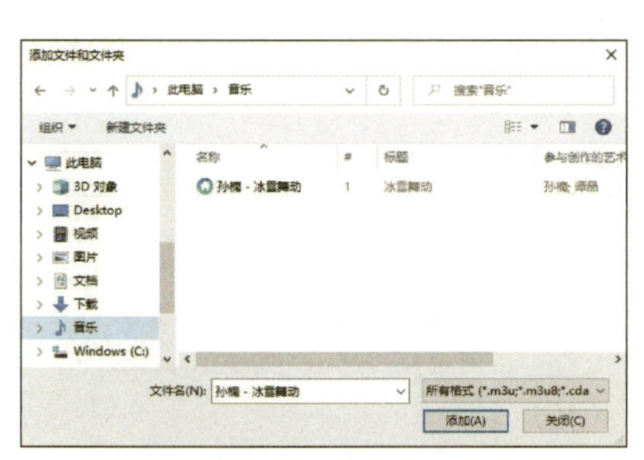

图 7–96　“添加文件和文件夹”对话框

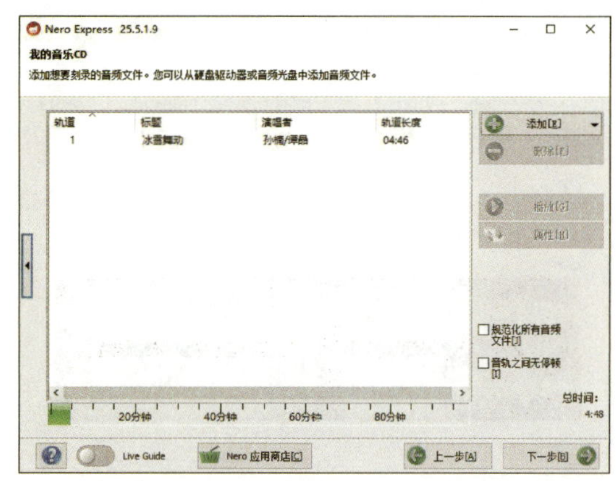

图 7–97　“我的音乐 CD”界面

（5）选中该界面中的“音频文件”，若单击“删除”按钮，可以删除音频文件，若单击“播放”按钮，可弹出音频文件“播放”对话框，如图 7–98 所示。关闭该对话框，返回图 7–97 所示的界面。

（6）选中“音频文件”，单击“属性”按钮，弹出“音频轨道属性”对话框，如图 7–99 所示，选择“轨道属性”选项卡，在“源信息”组中，可查看文件、频率、声道、分辨率等信息；在“属性”组中，可查看标题（光盘文本）、演唱者（光盘文本）、暂停、国际标准刻录代码（ISRC）、保护、与前一个音轨交叉淡入淡出等信息。设置完成后，单击“确定”按钮，返回图 7–97 所示的界面。

图 7–98　播放音频文件

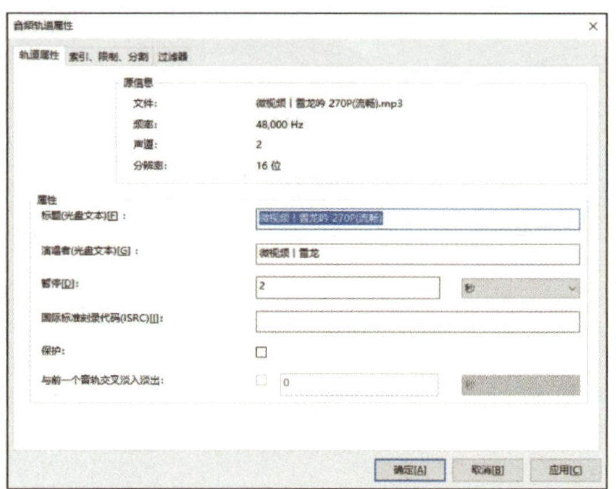

图 7–99　“音频轨道属性”对话框

（7）选择“索引、限制、分割”选项卡，弹出“索引、限制、分割”选项卡，如图 7–100 所示。在“波形图”组中可查看“波形图”信息，在“位置”组中，可进行新建索引、分割、播放、放大、编辑、在索引位置拆分、缩小、删除、全屏等设置，设置完成后，单击“确定”按钮，返回图 7–97 所示的界面。

（8）选择“过滤器”选项卡，如图 7–101 所示，可进行正常化、消除嚓嚓声、减低嘶嘶声、淡入、淡出、扩大立体声、卡拉 OK、回声、均衡器等设置，设置完成后，单击“确定”按钮，返回图 7–97 所示的界面。

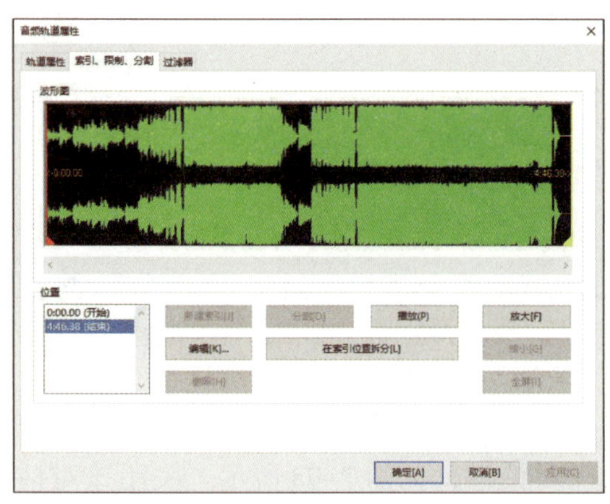

图 7–100　“索引、限制、分割”选项卡

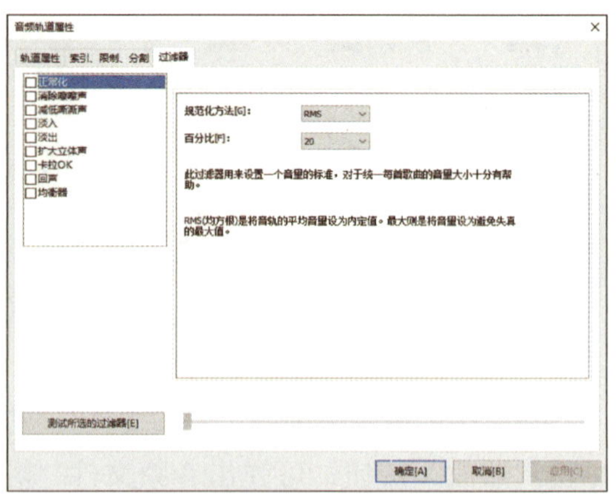

图 7–101　“过滤器”选项卡

（9）在图 7–97 所示的“我的音乐 CD”界面中，选中要刻录的音频文件，单击“下一步”按钮，进入“最终刻录设置”界面，如图 7–102 所示。

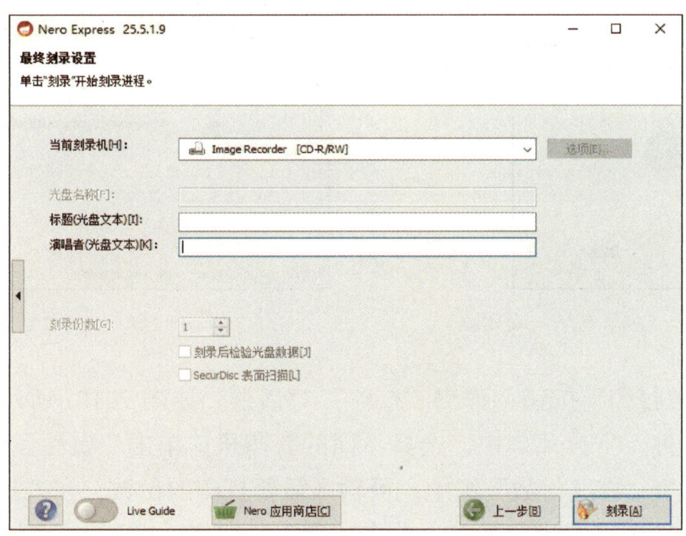

图 7–102　“最终刻录设置”界面

（10）单击“刻录”按钮，进入“保存映像文件”对话框，如图 7–103 所示。选择及保存映像文件路径及文件名后，单击“保存”按钮，弹出“刻录过程”界面，并显示刻录进程状态，如图 7–104 所示。

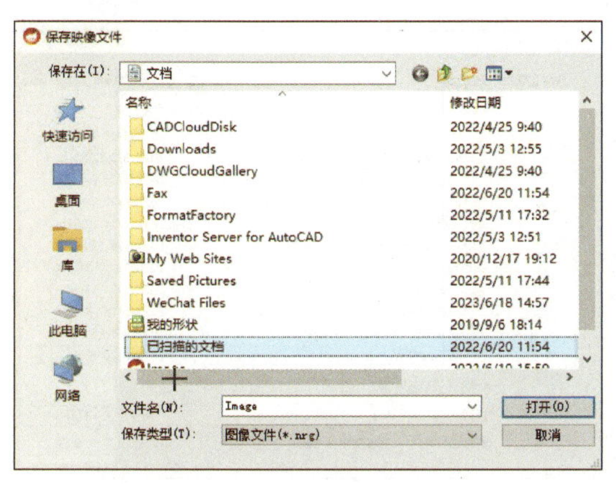

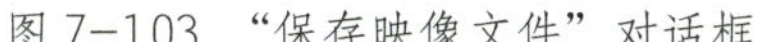

图 7–103　“保存映像文件”对话框

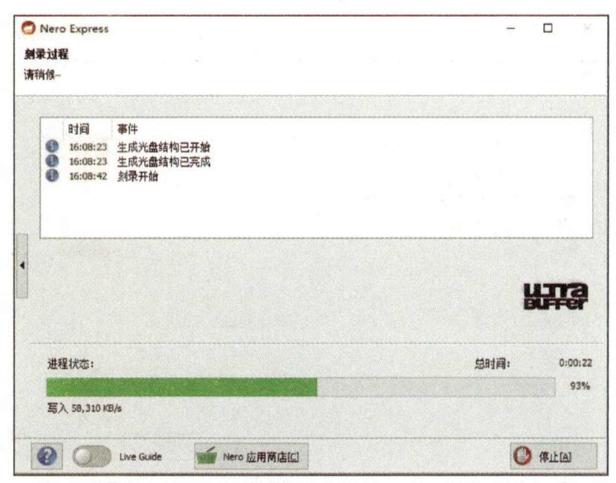

图 7–104　“刻录过程”界面

（11）当刻录完毕后，会弹出显示“刻录完毕”提示框，如图 7–105 所示。单击“确定”按钮，返回如图 7–106 所示的界面，并显示时间、事件等信息。

图 7-105 “刻录完毕”提示框

图 7-106 “刻录过程”界面

（12）单击“打印”按钮，弹出“打印”对话框，如图 7-107 所示。在“打印机”组中，可在“名称”下拉菜单中，选择不同的打印机；单击“属性”按钮，可对打印机的属性进行设置；在“份数”组中，可输入需要打印的份数；在“打印范围”组中，可对页码范围、选定范围进行设置，单击“确定”按钮，即可对刻录文件信息报告进行打印。

（13）在图 7-106 所示的“刻录过程”界面中，单击“保存”按钮，弹出“另存为”对话框，如图 7-108 所示，浏览查找并输入保存文件的路径及文件名，最后单击“保存”按钮，返回该界面。

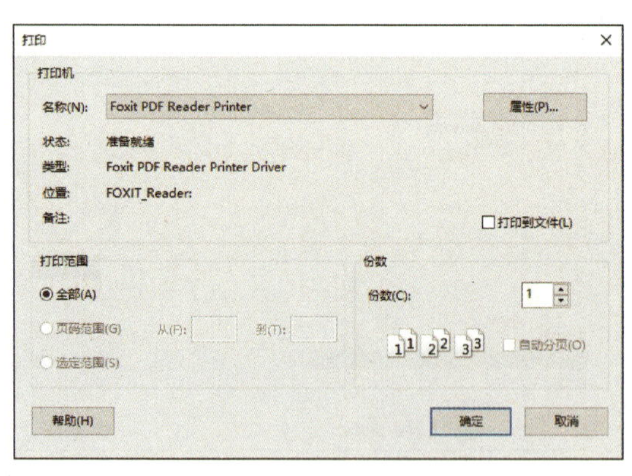

图 7-107 “打印”对话框

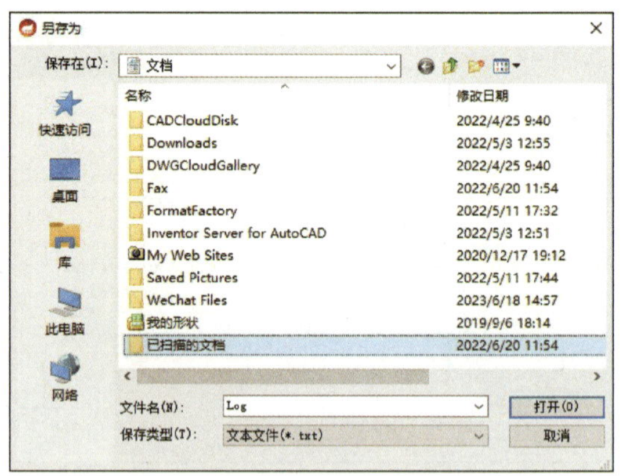

图 7-108 “另存为”对话框

（14）单击“下一步”按钮，进入刻录项目界面，如图 7-109 所示。可对音乐文件进行再次刻录，可单击“再次刻录同一项目”选项，弹出“最终刻录设置”界面，如图 7-102 所示，再次进行音乐光盘文件的刻录。单击“新建项目”按钮，返回图 7-94 所示的界面。

（15）在刻录项目界面中，单击“保存项目”选项，弹出“另存为”对话框，如图 7–110 所示，选中保存项目的路径及名称，单击“保存”按钮，返回刻录项目界面。

图 7–109　刻录项目界面

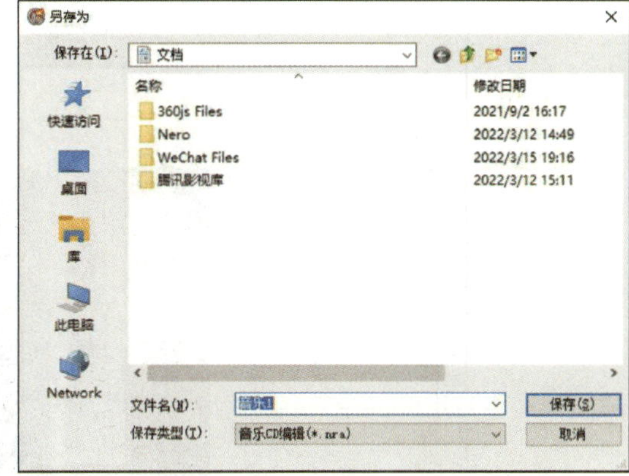

图 7–110　“另存为”对话框

（16）单击“封面设计程序”按钮，进入“Nero CoverDesigner”界面，会弹出“新建文档”对话框，如图 7–111 所示。

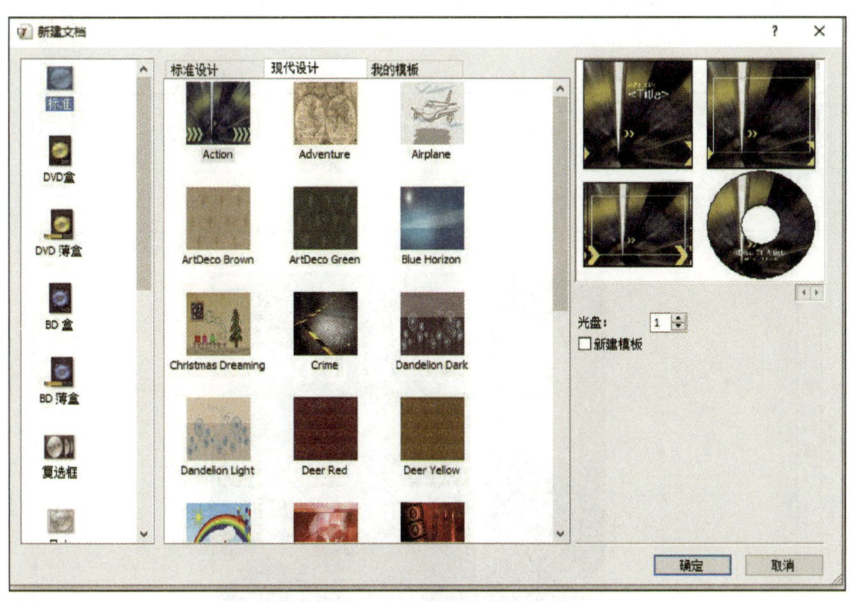

图 7–111　“新建文档”对话框

（17）选中需要的“标准设计”类型，输入“光盘”份数，可勾选“新建模板”复选框，最后单击“确定”按钮，弹出“Nero CoverDesigner”界面，并显示音频文件的“CD 曲目册”选项信息，如图 7–112 所示。

（18）在图 7–112 所示的 CD 曲目册的下侧，选择“CD 曲目册（背面）”选项卡，可查看 CD 曲目册（背面）信息，如图 7–113 所示。

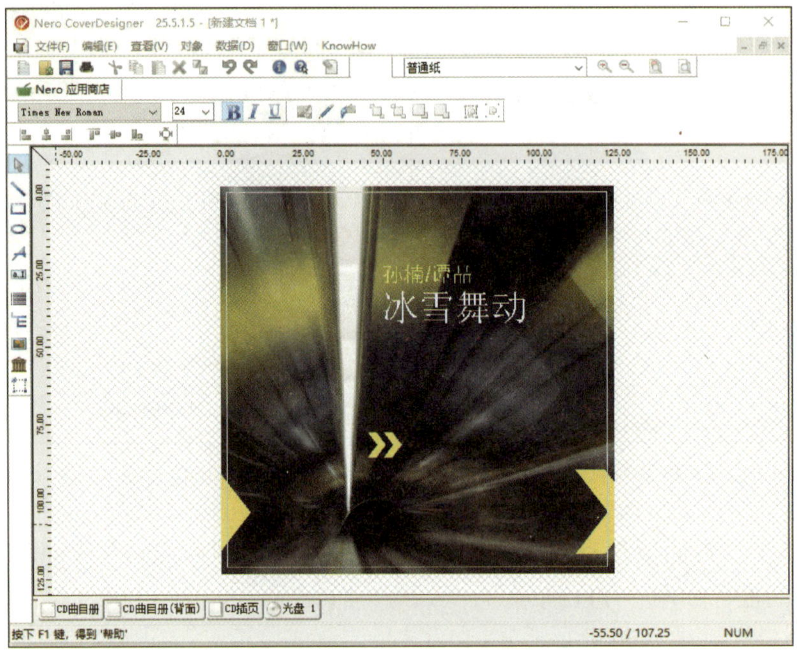

图 7–112 CD 曲目册

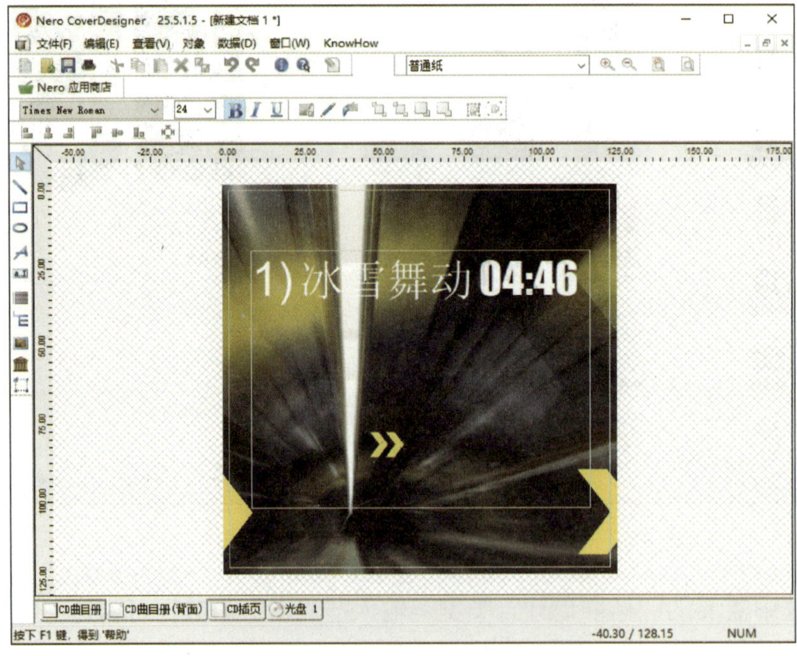

图 7–113 CD 曲目册（背面）

（19）选择“CD 插页”选项卡，可查看 CD 插页信息，如图 7–114 所示。

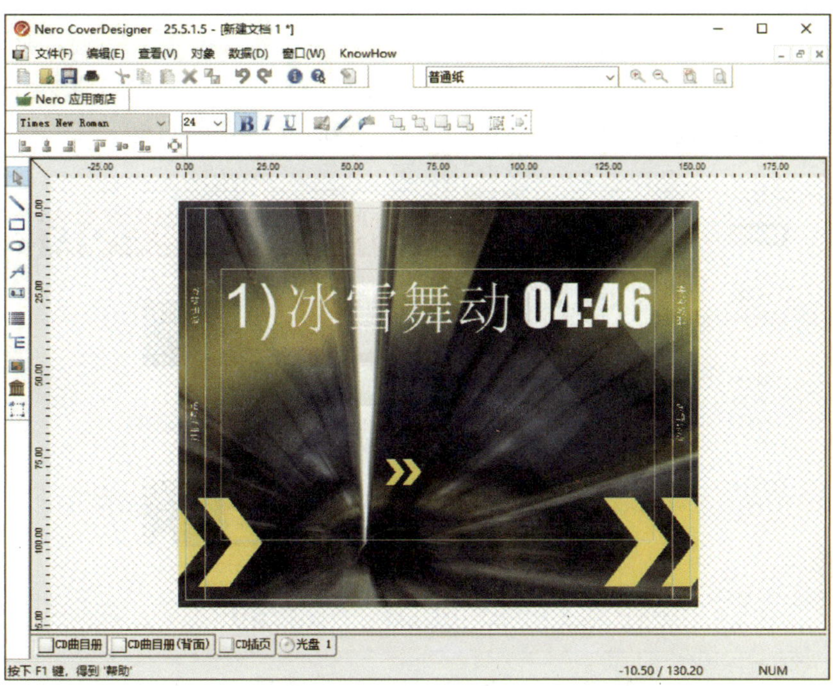

图 7-114　CD 插页

（20）选择“光盘 1”选项卡，查看光盘 1 信息，如图 7-115 所示。

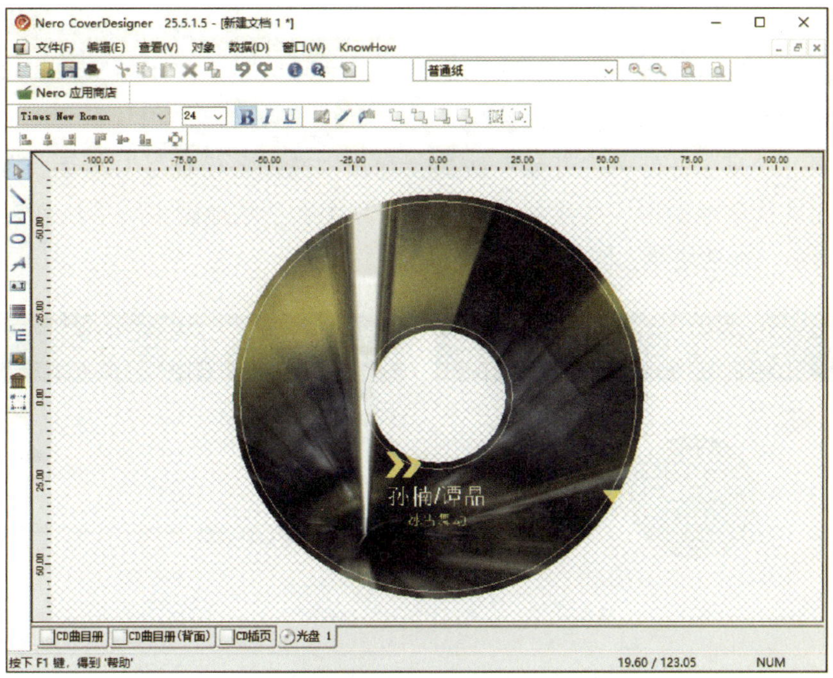

图 7-115　光盘 1

三、备份和恢复

启动 Nero Start 软件，在弹出的图 7–52 Nero Start 主界面的左侧窗格“类别”组中，选择“备份和恢复”选项，弹出“备份和恢复”界面，如图 7–116 所示。

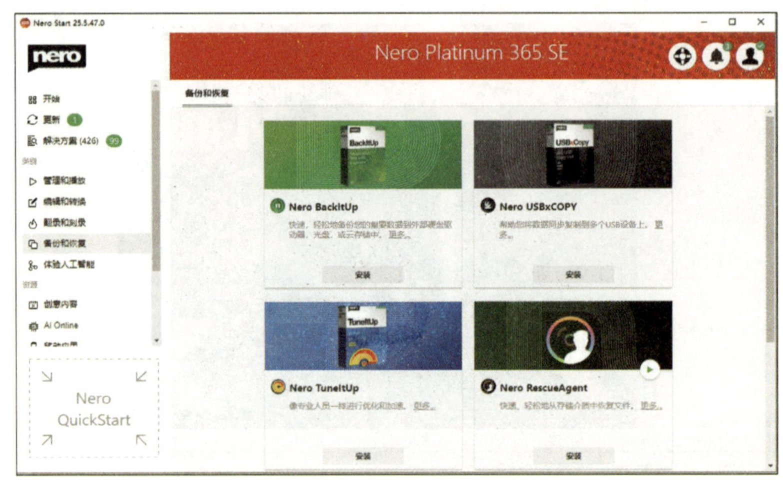

图 7–116 “备份和恢复”界面

1. 备份数据功能

在“备份和恢复”界面中，利用 Nero BackItUp 功能可以快速、轻松地备份重要数据到外部硬盘驱动器、光盘或云存储中，操作步骤如下。

（1）选择“Nero BackItUp”选项，单击“打开”按钮，弹出“Nero BackItUp”界面，如图 7–117 所示。

（2）单击“现在备份单击开始”按钮，弹出“选择备份任务”界面，如图 7–118 所示，在此进行本地副本、在线副本的选择。其中在“本地副本”下拉列表框中，可进行本地副本、本地快照、同步选项的选择。

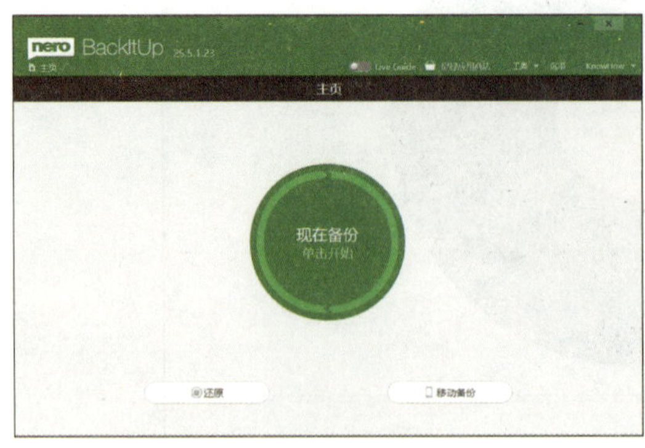

图 7–117 “Nero BackItUp”界面

图 7–118 “选择备份任务”对话框

（3）选好备份任务后，单击“下一步”按钮，弹出“请选择备份对象”界面，如图 7–119 所示。

（4）软件会自动选择所有文件夹“照片、视频、音乐、文档”进行备份，也可自行选择要备份的类型，然后单击“下一步”按钮，弹出“请选择一个备份目标”界面，如图 7–120 所示，可选择本地驱动器、外部驱动器、网络等作为备份目标。

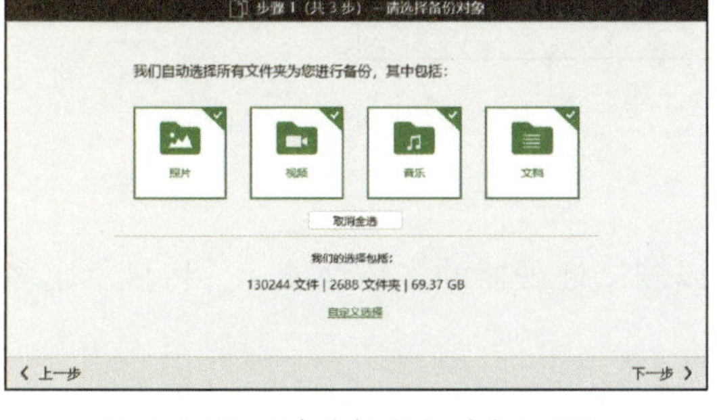

图 7–119　“请选择备份对象”界面

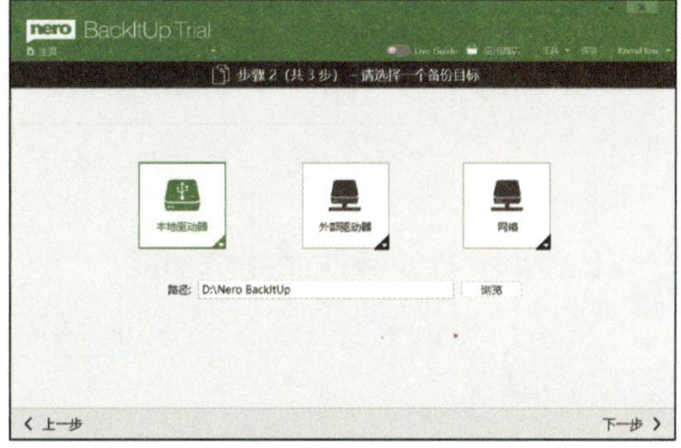

图 7–120　“请选择一个备份目标”界面

（5）单击“浏览”按钮，选择文件备份的目标路径，也可选择默认路径。选中“本地驱动器”选项，单击“下一步”按钮，弹出“请选择备份选项”界面，如图 7–121 所示，可以进行手动、每月、每周、每日、连续等操作的选择。

（6）选择“手动”选项，单击“现在备份”按钮，弹出“正在编制索引”界面，如图 7–122 所示，进行备份，若勾选“备份完成后关闭我的电脑”复选框，文件备份完成后，将自动关闭计算机。

图 7–121　“请选择备份选项”界面

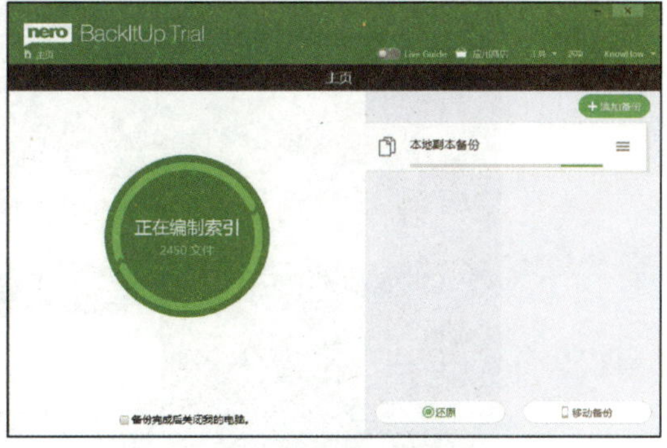

图 7–122　“正在编制索引”界面

（7）当前面步骤设置完成后，单击 ≡ 按钮，可以对备份进行立即运行、编辑、删除、信息等选项的操作，弹出“现在备份”界面，如图 7–123 所示，即完成备份的操作。

图 7-123 “现在备份”界面

2. 处理器多核性能测试功能

在 Nero Start 软件中，Nero Score 功能可以测试处理器的多核性能，并将显示出多媒体使用情况。

（1）在图 7-116 所示的“备份和恢复”界面中，选择“Nero Score”选项，单击“打开”按钮，弹出“Nero Score”界面，如图 7-124 所示，可进行“CPU 和 GPU 测试”“IA 标记”“AVC 解码和编码”“元宇宙”等测试。

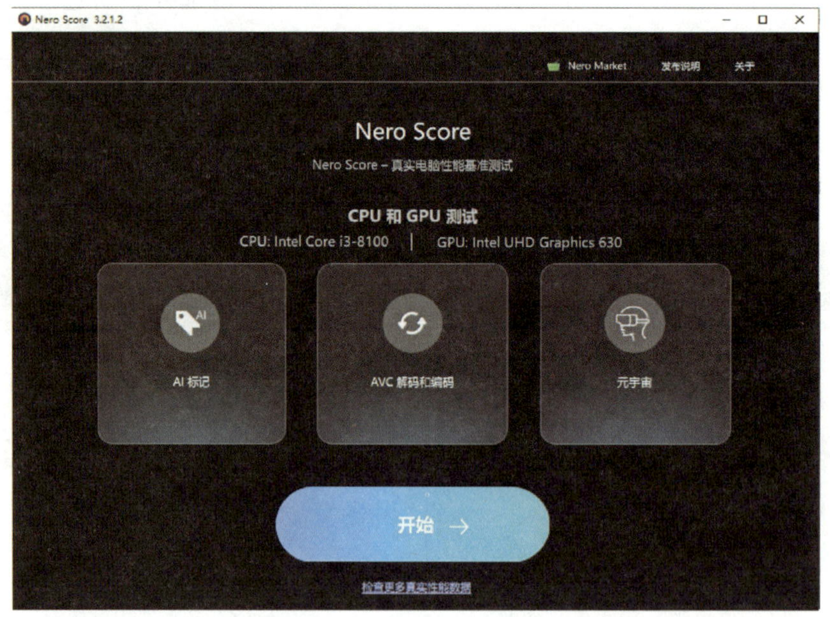

图 7-124 “Nero Score”界面

（2）单击“开始”按钮，软件会自动进行测试，如图 7-125 所示。

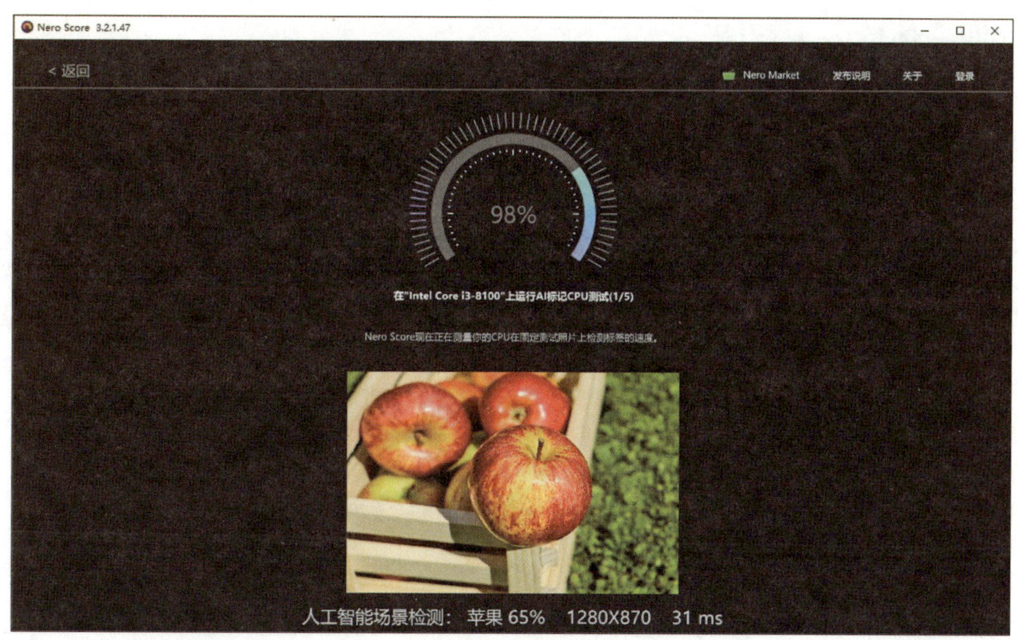

图 7-125　软件测试

（3）软件测试完成以后，会显示计算机的 CPU 分数、GPU 分数等信息，如图 7-126 所示。

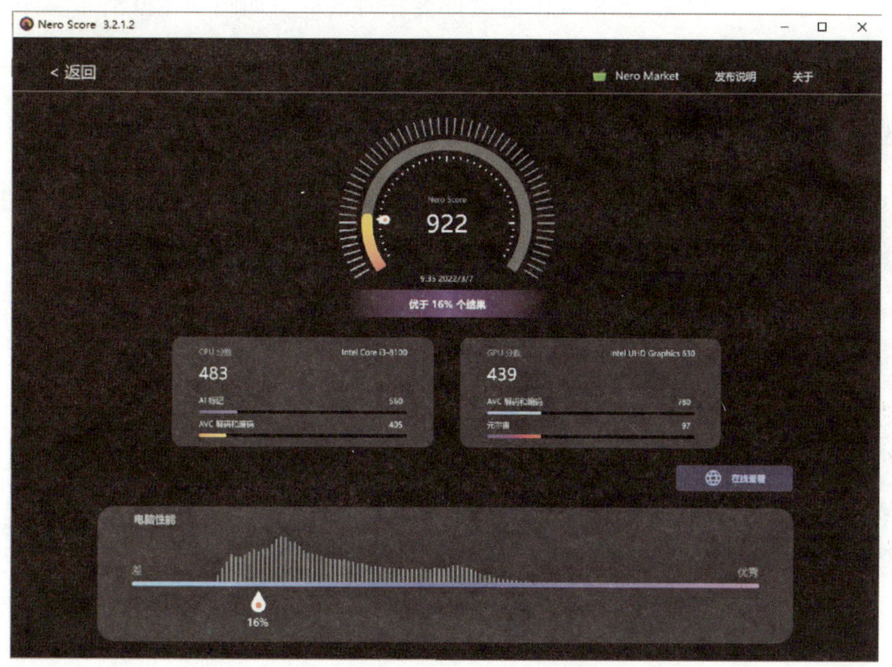

图 7-126　测试报告

四、体验人工智能

1. 启动 Nero Start 软件，在弹出的图 7–52 所示的 Nero Start 主界面的左侧窗格“类别”组中，单击“体验人工智能”按钮，弹出“体验人工智能”界面，如图 7–127 所示。

图 7–127 “体验人工智能”界面

2. 选择“Nero AI Photo Tagger”选项，单击“打开”按钮，弹出“Nero AI Photo Tagger”界面，如图 7–128 所示。

3. 单击“添加”按钮，弹出“浏览文件夹”对话框，如图 7–129 所示。

图 7–128 “Nero AI Photo Tagger”界面

图 7–129 “浏览文件夹”对话框

4. 选择要进行分析的文件夹，单击“确定”按钮，返回“Nero AI Photo Tagger”窗口，如图 7–130 所示，会显示出由 Nero AI 照片标记器选择的文件夹。

5. 可单击“添加”按钮，继续添加分析文件。完成添加后单击“分析”按钮，会弹出分析提示框，如图 7–131 所示。

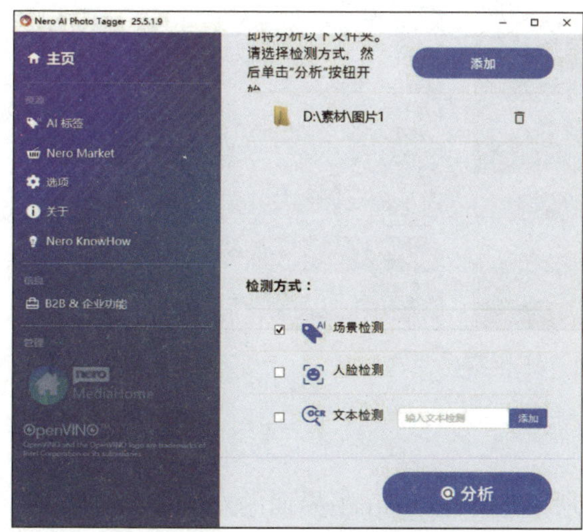

图 7–130　添加文件夹

图 7–131　分析提示框

6. 单击“分析”按钮，软件会自动分析选定文件夹中的照片，如图 7–132 所示。

7. 软件自动对选中文件中的照片进行“AI 标签检测”，当检测结束后，会显示标签检测结果提示框，如图 7–133 所示，单击“确定”按钮，完成 AI 标签检测。

图 7–132　分析照片

图 7–133　标签检测结果提示框

8. 检测到的 AI 标签有二维码、鱼、人物、湖泊河流、篮球、床、发票、山、肖像、寺庙、山谷、飞机、美式足球、苹果、宝宝、香蕉、烧烤等，如图 7–134 所示。单击“自动分类”按钮，可对 AI 标签进行自动分类。单击“保存标签”按钮，保存 AI 标签。

图 7-134　AI 标签

五、编辑和转换

启动 Nero Start 软件，在弹出的图 7-52 所示的 Nero Start 主界面的左侧窗格“类别”组中，单击“编辑和转换”按钮，弹出“编辑和转换”界面，如图 7-135 所示。

图 7-135　“编辑和转换”界面

1. 媒体编辑功能

Nero Start 软件中的 Nero Video 功能具有从设备捕获和导入视频、编辑视频（快速和高级模式）、创作和刻录视频光盘、将视频导出到文件中的功能。

（1）在“编辑和转换”界面中，单击“Nero Video”选项中的“打开”按钮，弹出“Nero Video”界面，如图 7-136 所示。

（2）以“捕获和导入”为例，可选择“导入文件”选项，选择要编辑的文本、视频、图片、音频、音乐等文件，弹出“快速编辑”界面，如图 7-137 所示。

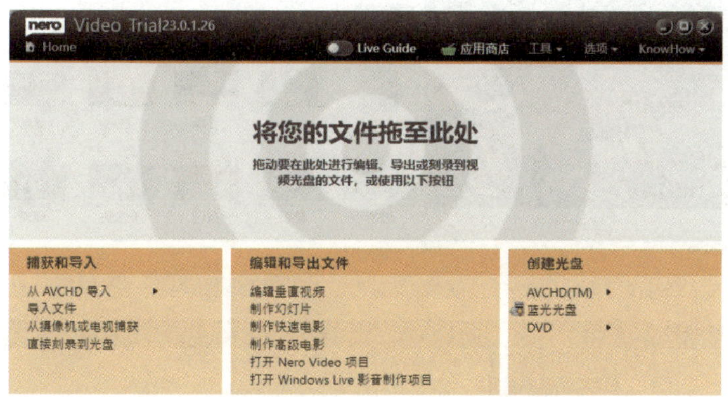

图 7-136　“Nero Video”界面

图 7-137　“快速编辑”界面

（3）以“图片”为例，在“快速编辑”界面“我的媒体”组中，选择“图片”选项卡，弹出“图片”对话框，选中要进行编辑的图片，将图片拖拽到“将视频片段或图片拖到此处”的“视频 / 图片”框中，如图 7-138 所示。

（4）在“快速编辑”界面中，当选择完视频或图片后，单击“下一步”按钮，弹出“选择下一步要执行的操作”界面，如图 7-139 所示。可以进行“继续您的工作”“开始新工作”的选择操作，即创建光盘、导出文件、编辑电影或幻灯片、从摄像机或电视捕获等操作。

图 7-138　编辑图片

图 7-139　“选择下一步要执行的操作”界面

2. 媒体编码功能

Nero Start 软件中的 Nero Recode 功能具有为移动设备转换视频和音频，将视频转换为高清和标清格式的功能。

（1）在“编辑和转换”界面中，选择“Nero Recode”选项，单击“打开”按钮，弹出“Nero Recode Trial”界面，如图 7–140 所示，可以选择“重新编码光盘”和“转换媒体文件”等选项的操作。

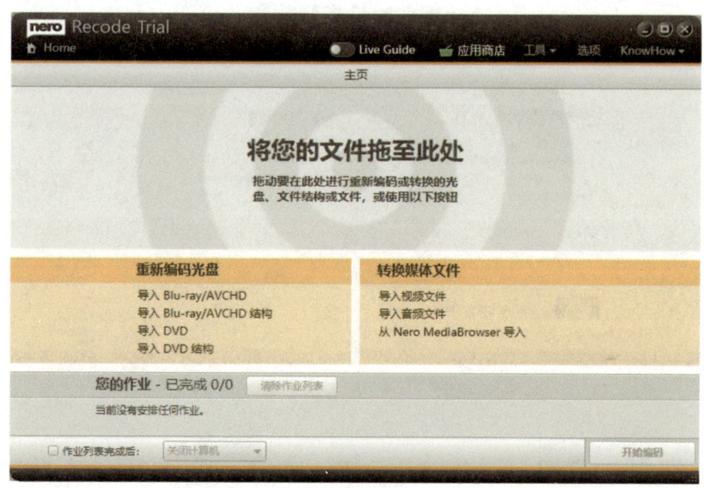

图 7–140　“Nero Recode Trial”界面

（2）以音频文件为例，选择“转换媒体文件”–“导入音频文件”选项，选择要进行转换的媒体文件，弹出“转换音频文件”界面，如图 7–141 所示。

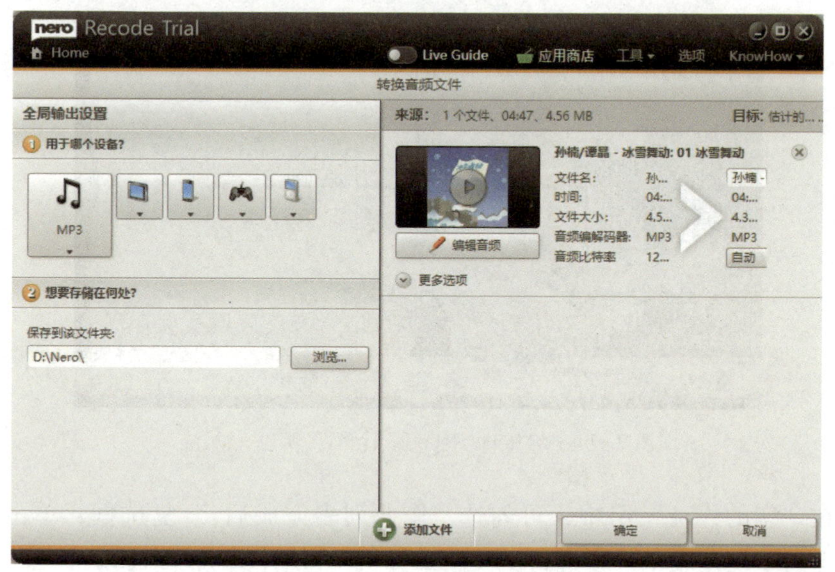

图 7–141　“转换音频文件”界面

（3）在“保存到该文件夹：”组中，单击“浏览”按钮，找到保存文件的文件夹地址，单击“选择文件夹”按钮，选定保存文件夹地址。单击“编辑音频”按钮，弹出“编辑”界面，如图 7–142 所示。

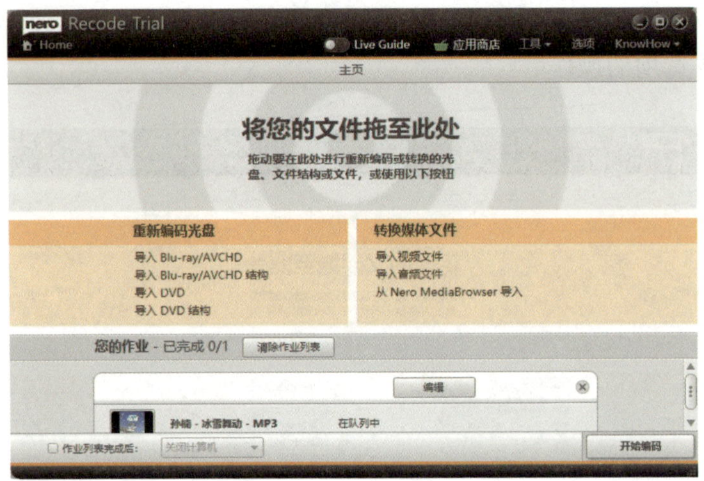

图 7-142 “编辑”界面

（4）单击“编辑”按钮，弹出“Nero Recode Trial”界面－入队，如图 7-143 所示，进行编辑音频入队操作。入队完成以后，单击“确定”按钮，返回图 7-142 所示的“Nero Recode Trial”界面－编辑。

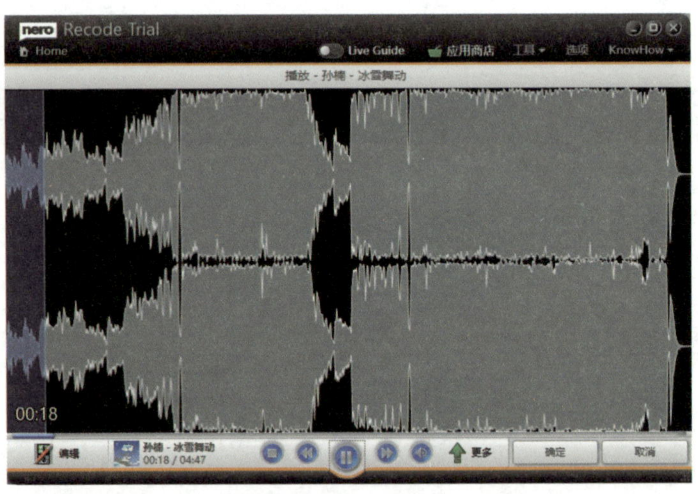

图 7-143 “Nero Recode Trial”界面－入队

（5）在“您的作业”组中，可勾选“作业列表完成后:”复选框，单击其下拉按钮，在弹出的下拉列表中，可进行“关闭计算机”“使计算机进入休眠状态”等选项的操作。

（6）单击“开始编码”按钮，即可对音频文件进行编码。当列表中显示“完成”提示信息时，即表示音频编码完成，如图 7-144 所示。

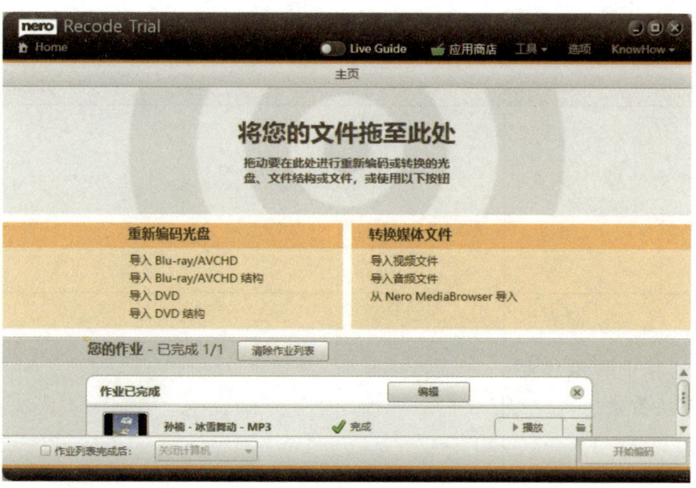

图 7-144　编码完成

熟悉 Nero 的操作界面，使用 Nero 进行管理和播放、编辑和转换、翻录和刻录、备份和测试、体验人工智能的练习，将练习过程中的主要信息记录在表 7-3 中。

表 7-3　Nero 使用练习

项目	说明
软件版本	
管理和播放过程中的操作要点、所遇问题和解决方法	
编辑和转换过程中的操作要点、所遇问题和解决方法	
翻录和刻录过程中的操作要点、所遇问题和解决方法	

续表

项目	说明
备份和测试过程中的操作要点、所遇问题和解决方法	
体验人工智能过程中的操作要点、所遇问题和解决方法	

课题 4　光盘映像编辑制作工具——UltraISO 的使用

1. 了解光盘映像的概念、功能、特性。
2. 掌握使用 UltraISO 制作 U 盘启动盘的方法。
3. 掌握格式转换的方法。
4. 掌握压缩映像文件的方法。
5. 掌握提取文件目录的方法。
6. 掌握制作光盘映像的方法。

一、UltraISO 的功能及使用条件

光盘映像编辑制作工具有很多，如 UltraISO、PowerISO、Magic ISO Maker 等，本课题以 UltraISO 为例进行介绍。UltraISO 是一款功能强大实用的光盘映像文件制作、编辑、转换工具。该软件可以直接编辑 ISO 文件、从 ISO 文件中提取文件或目录、从 CD-ROM 制作光盘映像，或将硬盘上的文件制作成 ISO 文件。

使用 UltraISO 刻录光盘映像需要满足以下几个基本条件。

1. 映像文件，以 *.iso（或 BIN、NRG、CIF、IMG、BWI、DAA、DMG、HFS 等 27 种常见光盘映像格式）为扩展名的映像文件。

2. UltraISO 刻录软件，在计算机中需要安装刻录软件（如 UltraISO 软碟通），才能实现刻录功能。

3. 对光盘的要求是，刻录 ISO 映像时需要空白的光盘。

4. 对刻录光驱的要求是，计算机中需要安装有刻录光驱，刻录光驱是刻录映像的最基本的硬件条件也是必备条件。

5. 对启动 U 盘的要求是，要求 U 盘的容量大于 8 G。

二、制作 U 盘启动盘

在维护计算机过程中，经常会用到 U 启动盘，在此可使用 UltraISO 软件来制作 U 盘启动盘，操作步骤如下。

1. 在计算机中成功安装 UltraISO 后，插入 U 盘，单击“开始”菜单，选择“所用程序”–“UltraISO”–“UltraISO”选项，右击 UltraISO 软件，在弹出的菜单栏中，选择“以管理员身份运行”选项，启动并进入 UltraISO 界面，分别如图 7–145、图 7–146 所示。

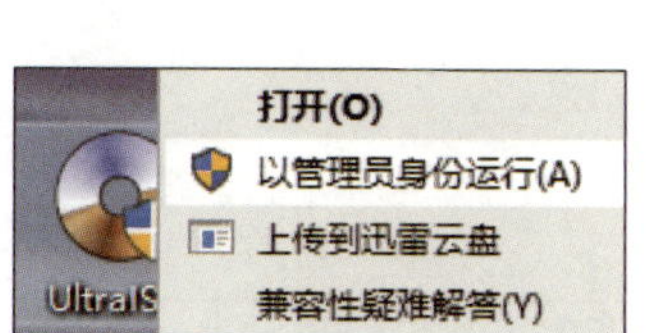

图 7–145　以管理员身份运行

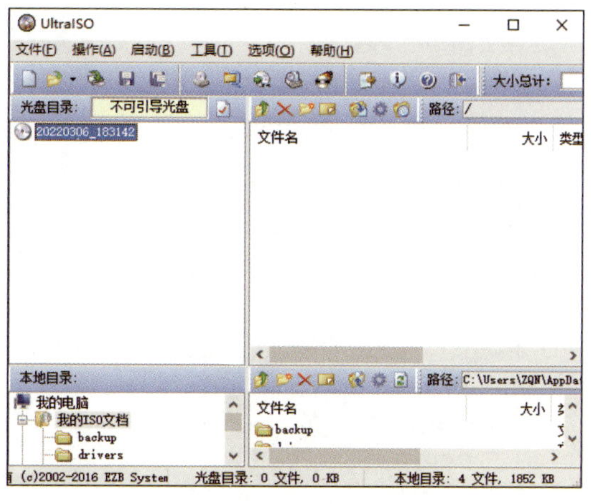

图 7–146　UltraISO 界面

2. 选择“文件”–“打开”选项，弹出“打开 ISO 文件”对话框，如图 7–147 所示。找到存放 Windows 10 光盘映像文件的路径，选定用到的 ISO 映像文件，单击“打开”按钮，将 ISO 映像文件添加到 UltraISO 界面中。

3. 添加 ISO 文件以后，选择“启动”–“写入硬盘映像”选项，弹出“写入硬盘映像”对话框，如图 7–148 所示，“硬盘驱动器”组和“映像文件”组中会自动选定要刻录的“U 盘”信息和“ISO 映像文件”信息。

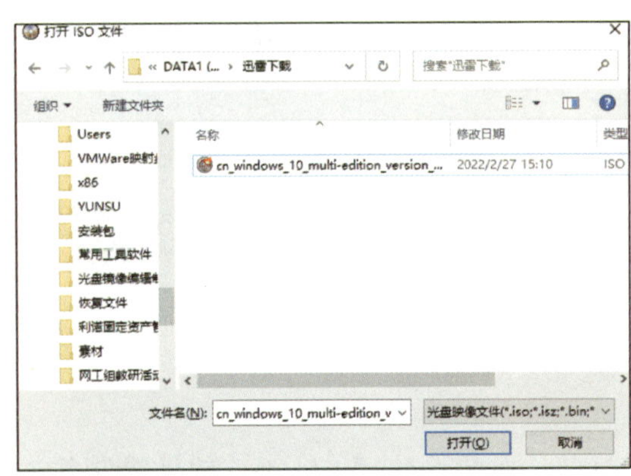

图 7–147 “打开 ISO 文件”对话框

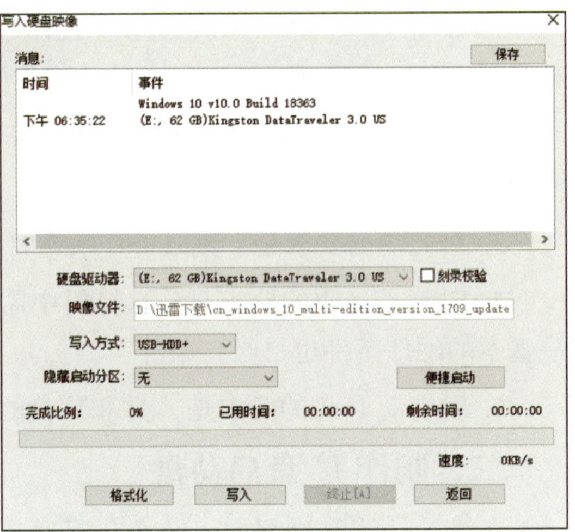

图 7–148 “写入硬盘映像”对话框

4. 当 U 盘非空时，需进行 U 盘格式化，单击“格式化”按钮，打开的“格式化”对话框如图 7–149 所示。

5. 单击“开始”按钮，软件会显示“警告：格式化将删除该磁盘上的所有数据。”的提示框，如图 7–150 所示。

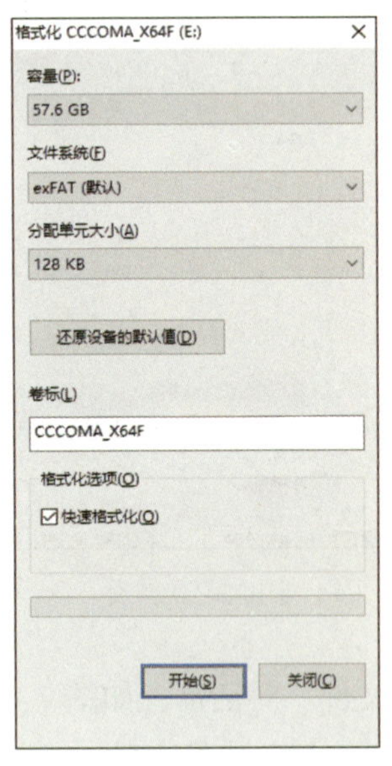

图 7–149 “格式化”对话框

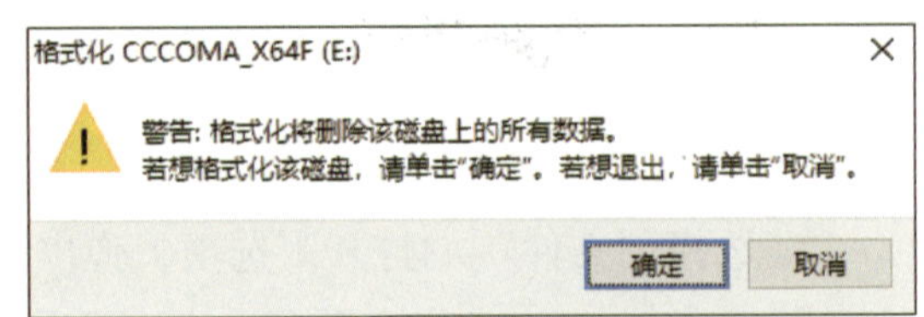

图 7–150 格式化提示框

6. 单击“确定”按钮，将进行 U 盘格式化操作，格式化完毕后，会显示“格式化完毕。”提示框，如图 7–151 所示，单击“确定”按钮，返回“格式化”对话框，如图 7–149 所示，单击“关闭”按钮，返回“写入硬盘映像”对话框，如图 7–148 所示。

7. 在该对话框中，将“写入方式”选定为“USB-HDD+”，若默认则无须更改。确认无误后，单击“写入”按钮，此时会显示“警告！驱动器上的所有数据将丢失！您确定继续操作吗?”的提示框，如图 7–152 所示，单击“是”按钮，进行映像刻录。

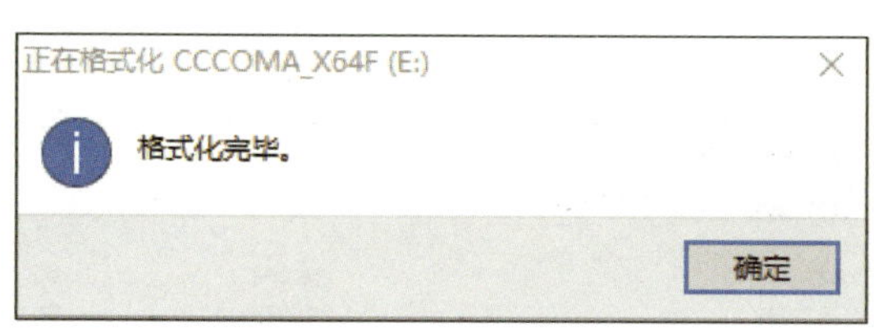

图 7–151　格式化完毕提示框

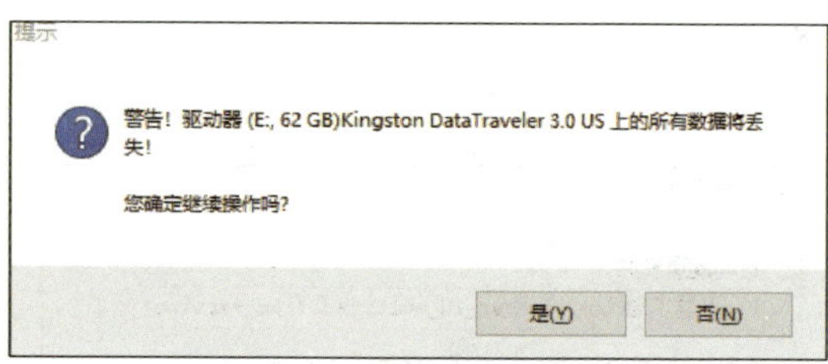

图 7–152　继续操作提示框

8. 在该对话框中，可以看到“完成比例”进程条操作，如图 7–153 所示。

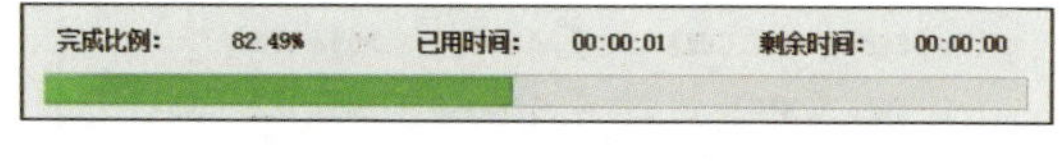

图 7–153　完成比例进程条

9. 映像写入完成以后，在“消息”提示框中，会显示“刻录成功!”的提示信息，如图 7–154 所示。

10. 在该对话框中，单击“保存”按钮，进入“设置输出 Log 文件”对话框，如图 7–155 所示。找到保存映像文件的保存地址，输入“文件名”(如：2022)，单击“保存”按钮，返回图 7–148 所示的对话框，单击“返回”按钮，返回 UltraISO 界面，至此即完成制作 U 盘启动盘的操作。

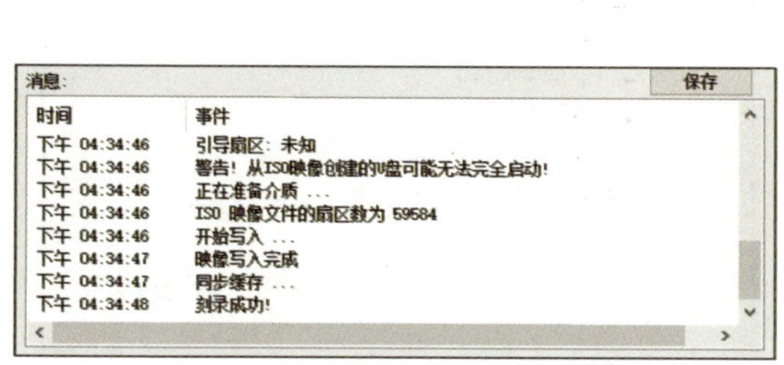

图 7–154　刻录成功提示信息

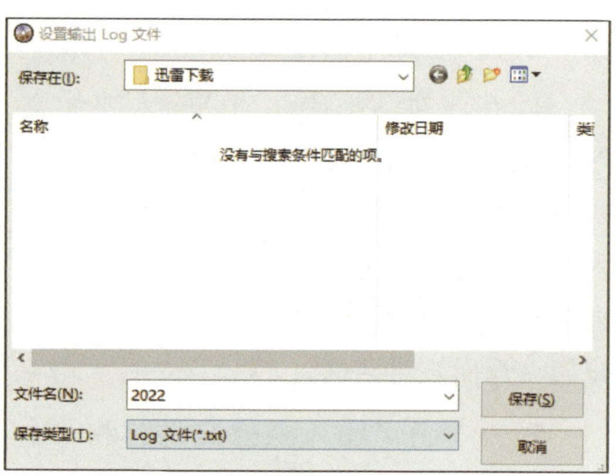

图 7–155　“设置输出 Log 文件”对话框

三、格式转换

对于不同的软件在使用映像文件时的格式会有所不同，可使用 UltraISO 软件对常用的映像文件进行转换，操作步骤如下。

1. 启动 UltraISO 软件，在图 7–146 所示的 UltraISO 界面中，单击按钮，弹出“转换成标准 ISO”对话框，如图 7–156 所示。

2. 单击“输入映像文件”组中的浏览按钮…，弹出“设置输入映像文件”对话框，如图 7–157 所示，找到 ISO 文件的存放地址，单击“打开”按钮，返回图 7–156 所示的对话框。

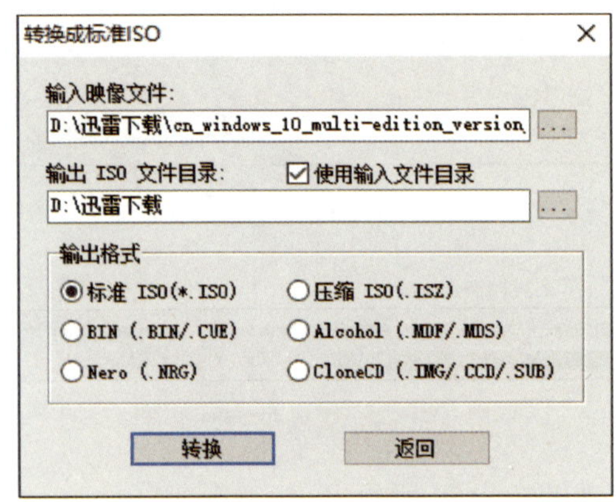

图 7–156 “转换成标准 ISO”对话框

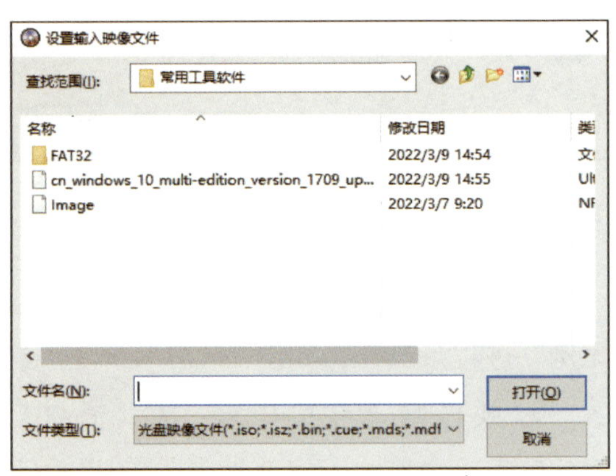

图 7–157 “设置输入映像文件”对话框

3. 单击“输出 ISO 文件目录”组中的浏览按钮…，弹出“浏览文件夹”对话框，如图 7–158 所示。设置输出文件的目录，然后单击“确定”按钮，返回图 7–156 所示的对话框。

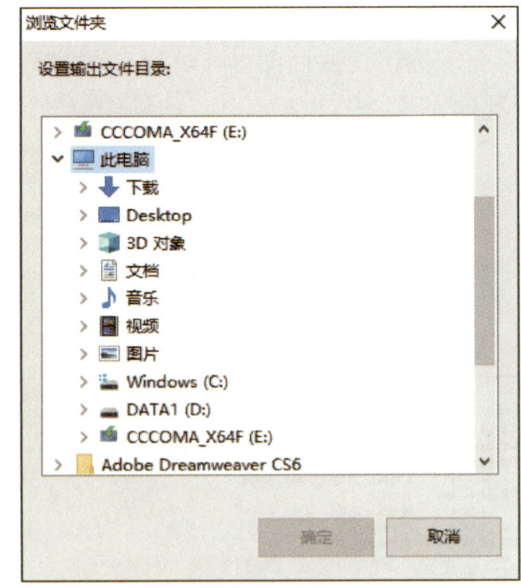

图 7–158 “浏览文件夹”对话框

4. 在该对话框中，当“输入映像文件”地址和“输出 ISO 文件目录”地址一致时，单击“转换”按钮，将会显示“输入文件和输出文件为同一文件。”的警示提示框，如图 7–159 所示。单击“确定”按钮，返回该对话框。

5. 选择好“输入映像文件”和“输出 ISO 文件目录”后，单击“转换”按钮，进入“处理进程”进程条，如图 7–160 所示，在进程条中会显示文件名、完成比例、已用时间、剩余时间等信息。

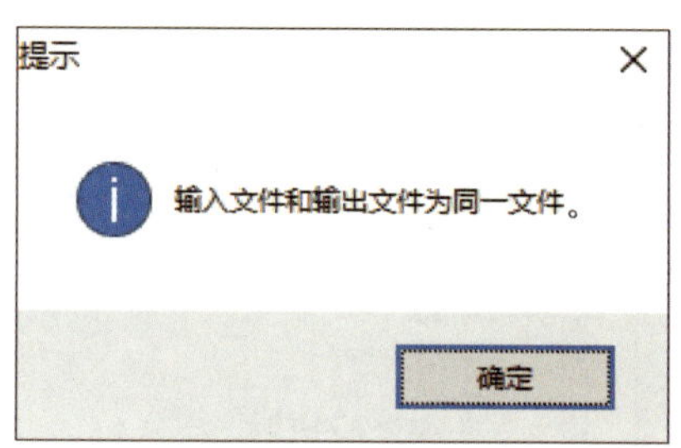

图 7-159　提示信息

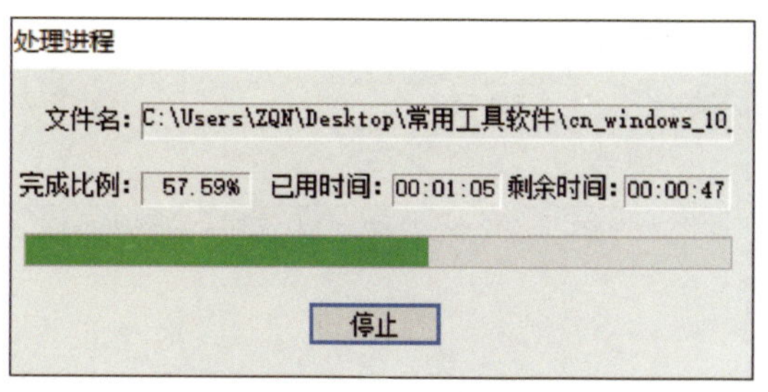

图 7-160　处理进程条

6. 处理进程完成后，会弹出“映像文件转换完成!”的提示框，如图 7–161 所示。单击“确定”按钮，返回图 7–156 所示的对话框，单击“返回”按钮，返回“UltraISO”界面，映像文件格式转换完成。

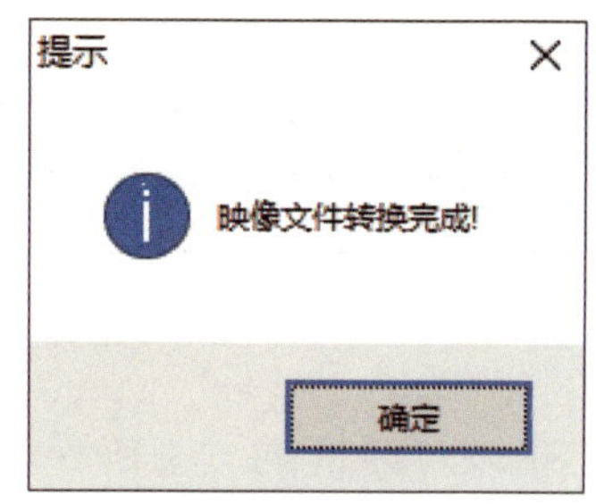

图 7-161　格式转换完成

四、压缩映像文件及相关操作

一般的映像文件只是一些文件的组合体，所占用的存储空间也是比较大的。在此可使用 UltraISO 软件对其进行压缩、解压缩、测试正确性及修改 ISO 卷标等操作，操作方法如下。

1. 压缩操作

（1）在打开的 UltraISO 界面中，单击按钮，弹出“压缩”对话框，如图 7–162 所示。

（2）单击“输入映像文件”组中的浏览按钮…，弹出“设置输入映像文件”对话框，如图 7–163 所示。选择需要输入的映像文件，单击“打开”按钮，返回图 7–162 所示的对话框。

（3）单击“输出 ISO 文件目录”中的浏览按钮…，弹出“浏览文件夹”对话框，如图 7–164 所示。找到输出文件的目录地址，单击“确定”按钮，返回图 7–162 所示的对话框。

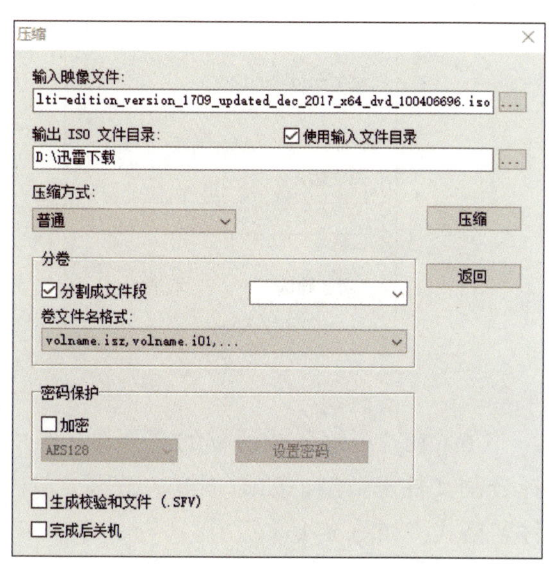

图 7-162　“压缩”对话框

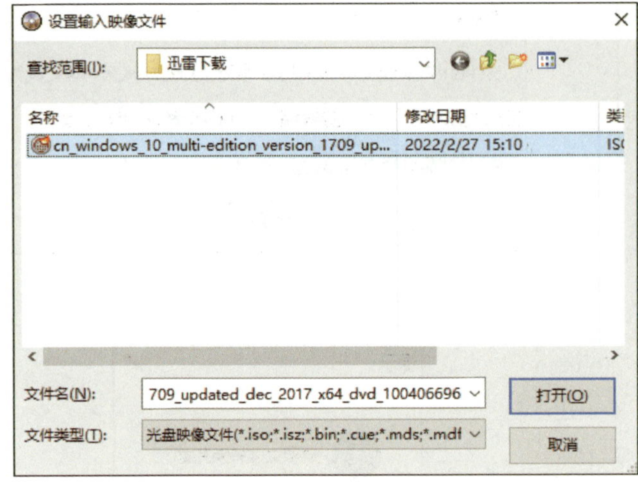

图 7-163 “设置输入映像文件”对话框

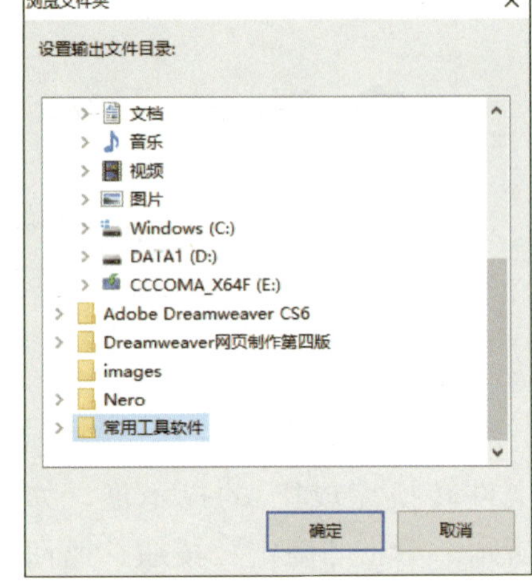

图 7-164 “浏览文件夹”对话框

（4）在该对话框的“密码保护”组中，勾选“加密”复选框，进入“设置密码”对话框，如图 7-165 所示。完成“输入密码”-“再次输入”密码操作，单击“确认”按钮，完成密码设置，返回“压缩”对话框。

（5）在该对话框中，可以进行压缩方式的选择，即在“压缩方式”组中，单击“压缩方式”下拉列表框，如图 7-166 所示，在不压缩、最快、快、普通、小、最小、重压缩中进行选择和设置。

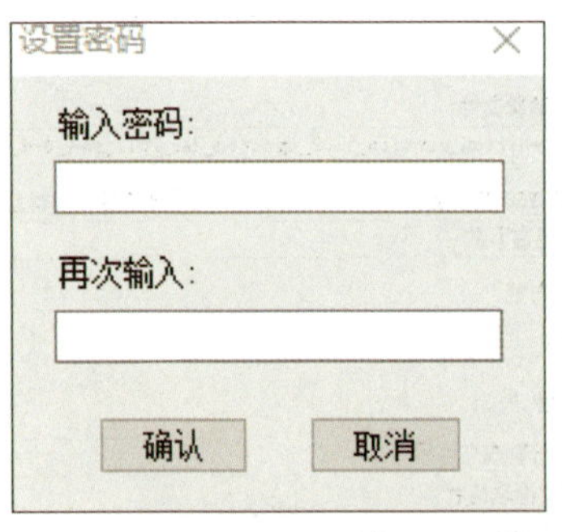

图 7-165 “设置密码”对话框

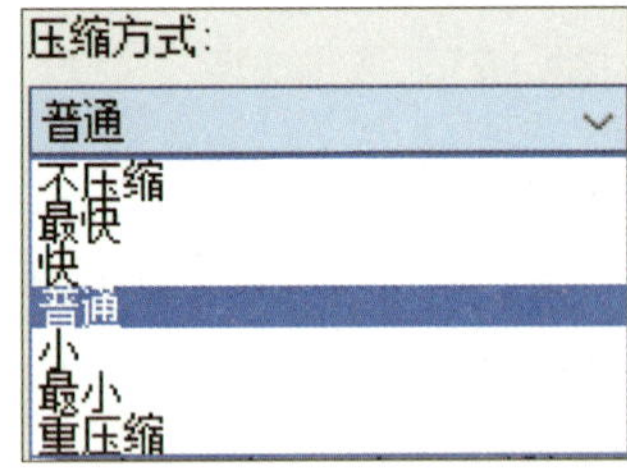

图 7-166 压缩方式

（6）在“压缩”对话框的“分卷”组中，单击“分割成文件段”下拉列表框，选择分割文件段类型，如图 7-167 所示，单击“卷文件名格式”下拉列表框，选择卷文件名格式，如图 7-168 所示。

（7）在“压缩”对话框中，设置好以后，单击“压缩”按钮，会弹出处理进程条，如图 7-169 所示。在处理进程条中，会显示文件名、完成比例、已用时间、剩余时间等信息，处理完成后，会返回“压缩”对话框。

（8）当处理进程完成后，会弹出“映像文件转换完成!”提示框，如图 7–170 所示。单击“确定”按钮，映像文件转换完成，返回“压缩”对话框，单击“返回”按钮，返回“UltraISO”界面。

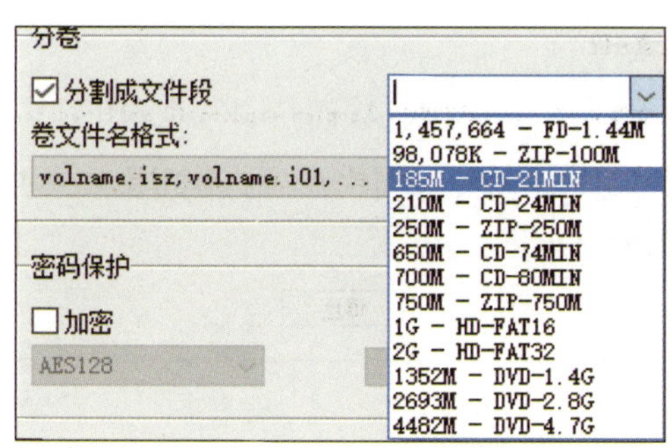

图 7–167　分割成文件段

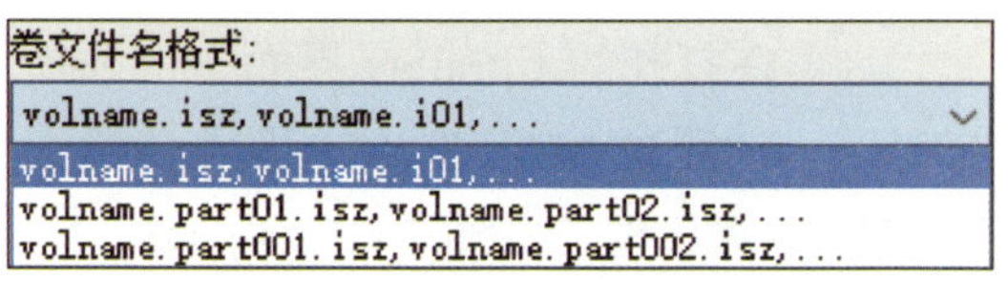

图 7–168　卷文件名格式

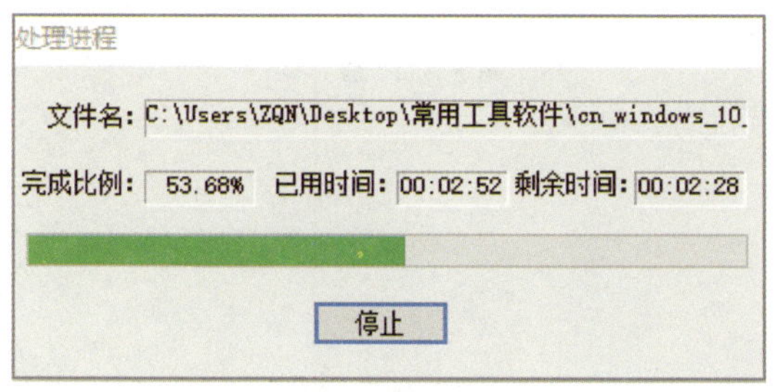

图 7–169　处理进程条

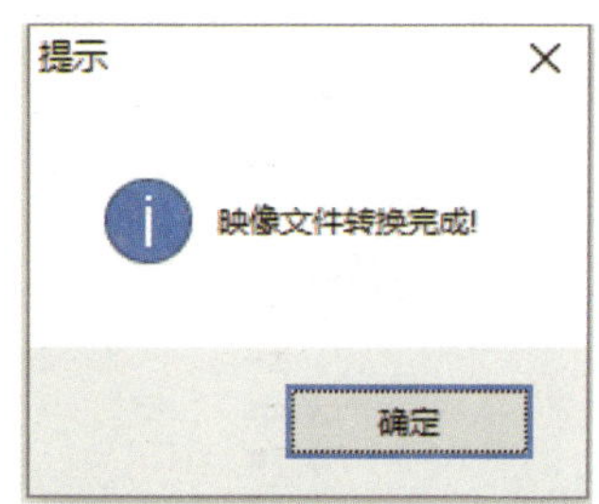

图 7–170　转换完成提示框

2. 解压缩操作

（1）在打开的 UltraISO 界面中，选择“工具”–“解压缩 ISZ”选项，弹出“解压缩 ISZ...”对话框，如图 7–171 所示。

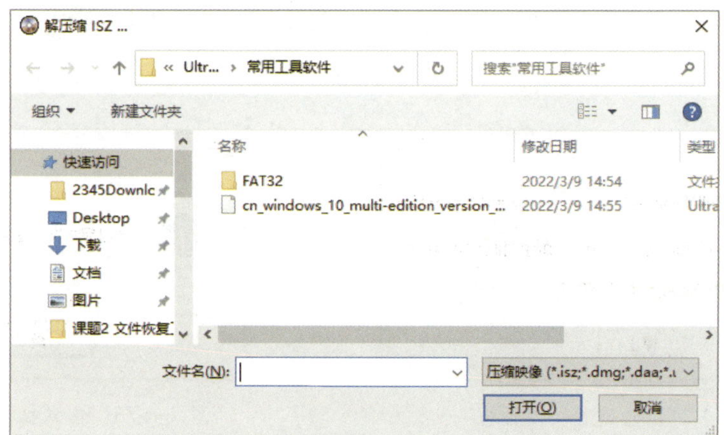

图 7–171　“解压缩 ISZ...”对话框

（2）在“解压缩 ISZ...”对话框中，查找到需要解压缩的文件，单击“打开”按钮。

（3）如果在压缩文件时选择了密码保护，这时则会弹出“设置密码”对话框，输入密码后，单击“确定”按钮即可，否则此步骤跳过。

（4）弹出的“处理进程”对话框，如图 7–172 所示，等待软件完成解压缩操作。

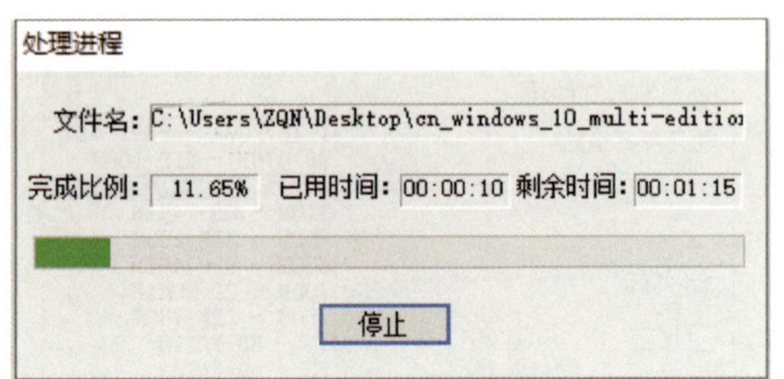

图 7–172　处理进程条

3. 测试 ISZ 正确性操作

（1）在打开的 UltraISO 界面中，选择“工具”–“测试 ISZ”选项，进入“解压缩 ISZ...”对话框，如图 7–173 所示。

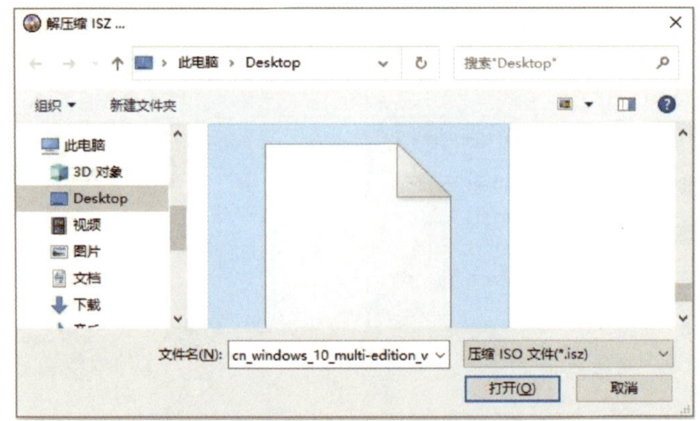

图 7–173　“解压缩 ISZ...”对话框

（2）找到需要解压的文件，单击“打开”按钮，弹出“处理进程”对话框，如图 7–174 所示。

（3）处理结束后，如果没有错误将显示“测试过程未发现错误!”的提示框，如图 7–175 所示，单击“确定”按钮，即完成测试操作。

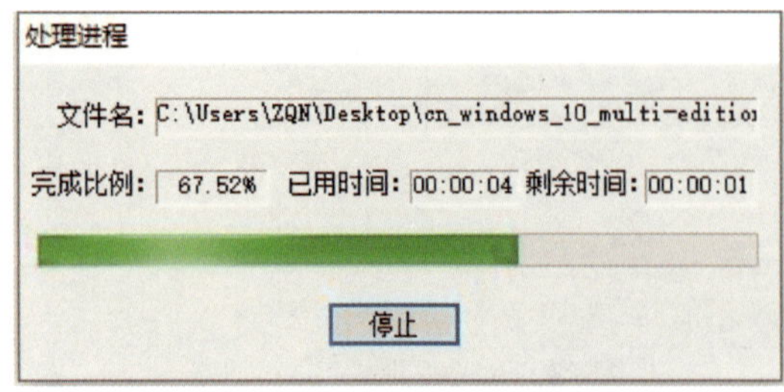

图 7–174　“处理进程”对话框

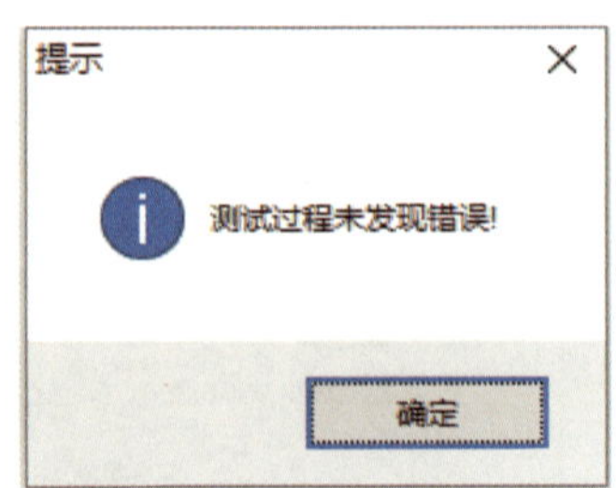

图 7–175　信息提示框

4. 修改 ISO 卷标操作

（1）在打开的 UltraISO 界面中，选择“工具”–“修改 ISO 卷标”选项，弹出“修改卷标”对话框，如图 7–176 所示。

（2）在“修改卷标”对话框中，单击“映像文件”组后的浏览按钮[...]，弹出“打开 ISO 文件”对话框，如图 7–177 所示。

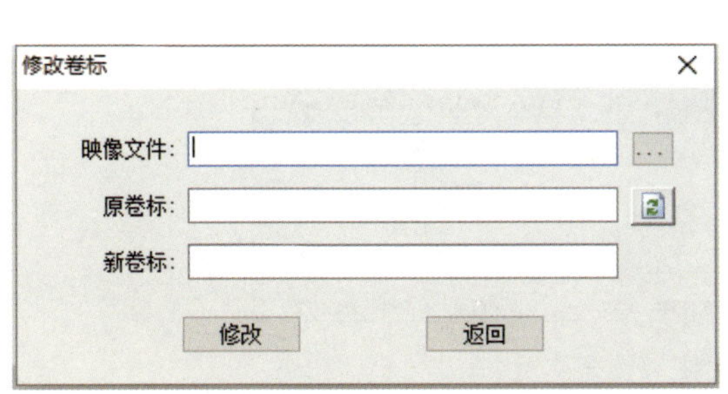

图 7–176　“修改卷标”对话框

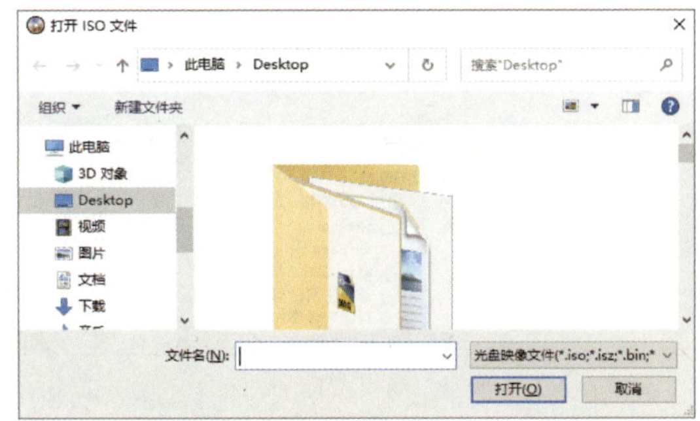

图 7–177　“打开 ISO 文件”对话框

（3）查找到需要修改的 ISO 文件，单击“打开”按钮，返回“修改卷标”对话框，如图 7–178 所示。

（4）在该对话框中的“新卷标”文本框中输入新卷标名称后，单击“修改”按钮，将显示“卷标修改成功。”提示框，如图 7–179 所示。单击“确定”按钮，返回该对话框，如图 7–178 所示，单击“返回”按钮，返回 UltraISO 界面，如图 7–146 所示。

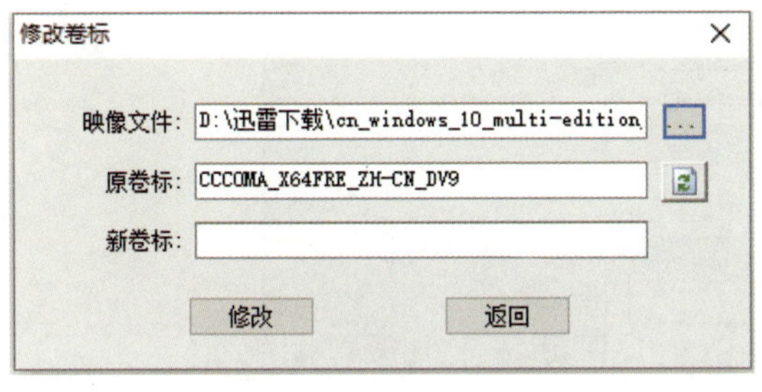

图 7–178　“修改卷标”对话框

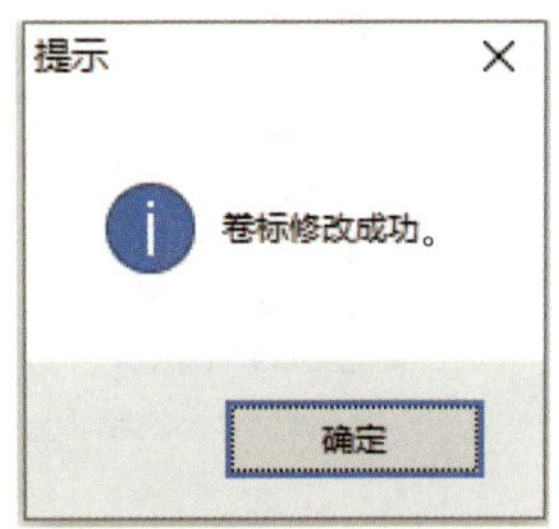

图 7–179　“卷标修改成功。”提示框

五、对文件及文件夹的相关操作

首先，启动 UltraISO 软件，在打开的 UltraISO 界面中，选择“操作”–“新建文件夹”选项，新建“新建文件夹”文件夹，如图 7–180 所示。

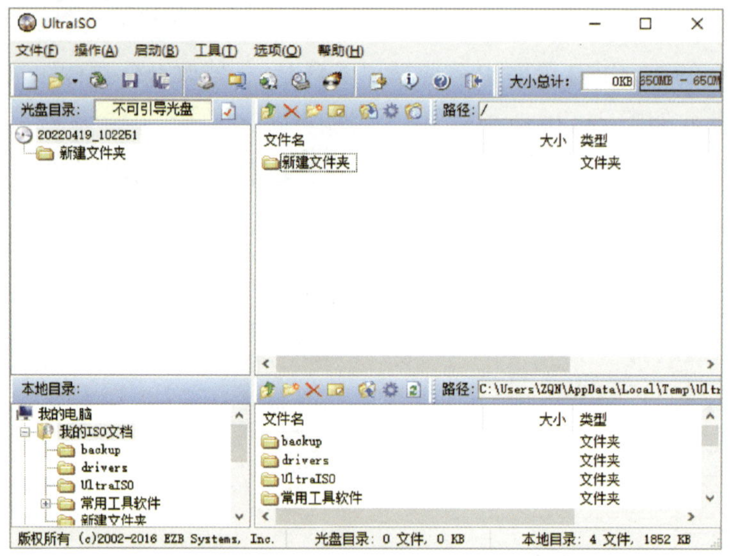

图 7–180 新建文件夹

1. 在 ISO 文件中添加文件

有时会遇到在已有的 ISO 文件中添加新的文件，操作步骤如下。

（1）在打开的 UltraISO 界面中，选择“操作”–“添加文件”选项，弹出“添加文件”对话框，如图 7–181 所示。

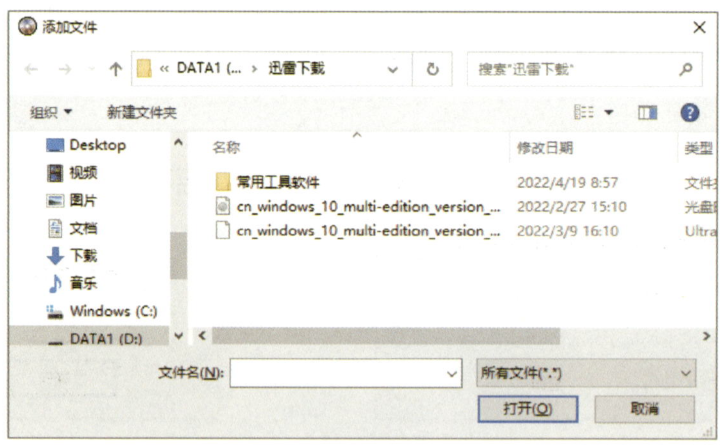

图 7–181 “添加文件”对话框

（2）查找到要添加的文件，单击“打开”按钮，返回图 7–182 所示的“添加文件”界面，即完成添加文件的操作。

2. 在 ISO 文件中添加目录

有时会遇到在已有的 ISO 文件中添加新的目录即文件夹，操作步骤如下。

（1）在打开的 UltraISO 界面中，选择“操作”-“添加目录”选项，或直接按 F3 键，进入“浏览文件夹”对话框，如图 7-183 所示。

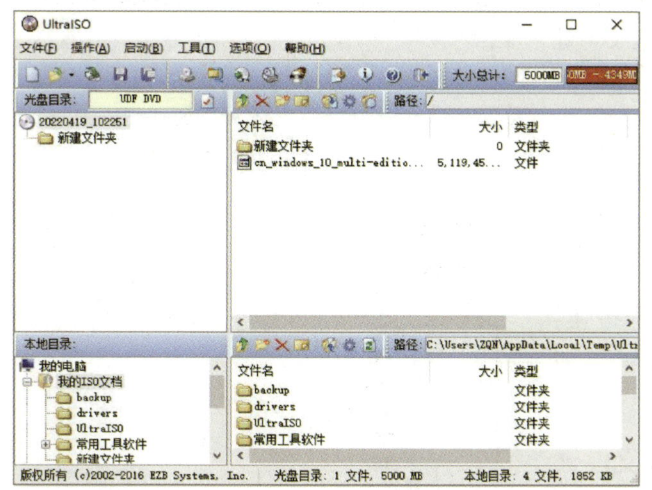

图 7-182 “添加文件”界面

图 7-183 “浏览文件夹”对话框

（2）找到要添加的目录文件“工具软件”文件夹，单击“确定”按钮，返回图 7-184 所示的“添加目录”界面，即完成添加目录的操作。

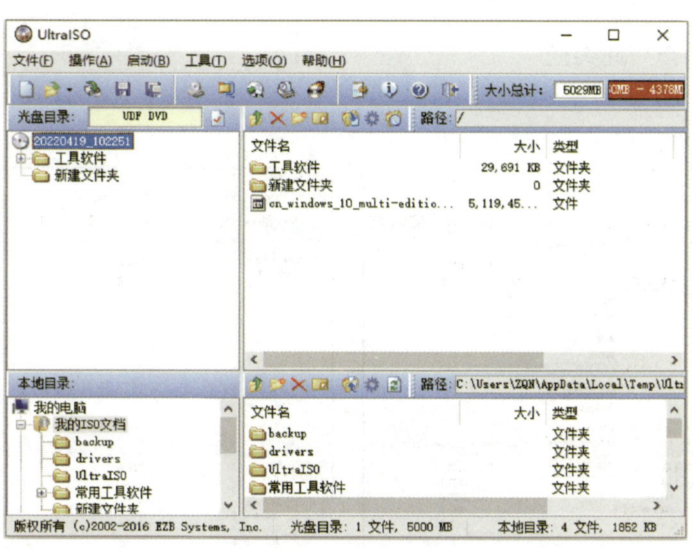

图 7-184 “添加目录”界面

3. 提取 ISO 文件中的文件夹或文件操作

可以使用 UltraISO 软件来从 ISO 文件中把指定的文件夹或文件提取出来，在此以在 ISO 文件中有“工具软件”文件夹为例进行说明，操作步骤如下。

（1）在打开的UltraISO界面中，打开本例中的ISO文件，选中“工具软件”文件夹，单击鼠标右键，在弹出的菜单中，选择“提取”选项，或按F4键，进入“处理进程”对话框，如图7–185所示。

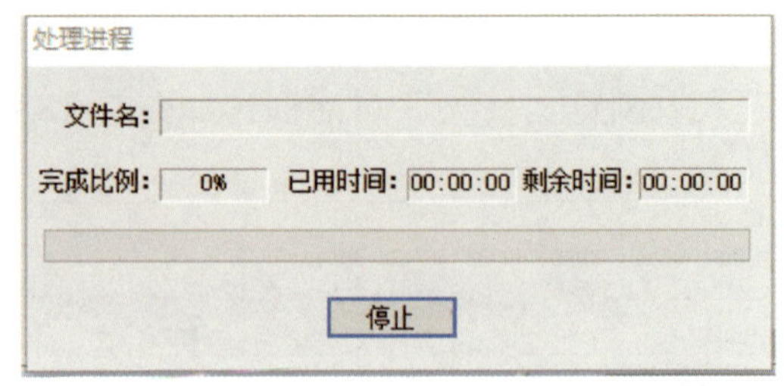

图 7–185　处理进程

（2）选中“工具软件”文件夹，右击鼠标，在弹出的菜单中，选择“提取到”选项，进入“浏览文件夹”对话框，如图7–186所示。在该对话框中，找到文件提取到的文件夹地址，单击“确定”按钮，返回“UltraISO”界面，完成提取文件夹或文件的操作。

图 7–186　“浏览文件夹”对话框

4. 删除ISO文件中的文件或文件夹

在打开的UltraISO界面中，打开本例中的ISO文件，选中要删除的文件，单击鼠标右键，在弹出的菜单中，选择“删除”选项，如图7–187所示。选中的文件即从“UltraISO”界面中删除，如图7–188所示，删除文件夹的操作与此类同。

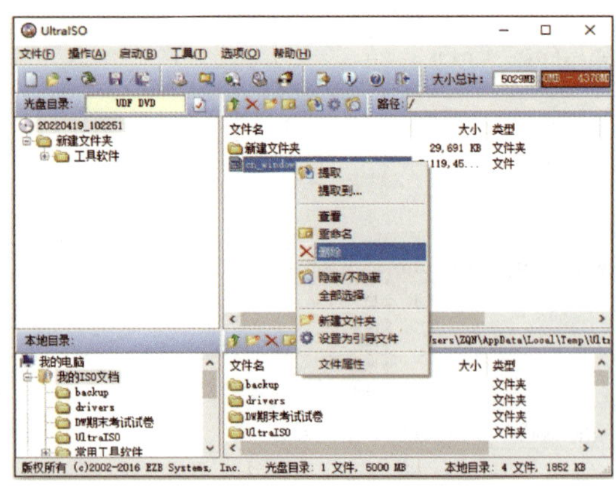

图 7–187　执行删除命令

图 7–188　删除文件

5. ISO文件中的文件夹或文件的重命名

在打开的UltraISO界面中，打开本例中的ISO文件，选中“新建文件夹”文件夹，单击鼠标右键，在弹出的菜单中，选择“重命名”选项，如图 7–189 所示，为文件夹重命名（例如 2022），如图 7–190 所示，对于文件重命名的操作与此类同。

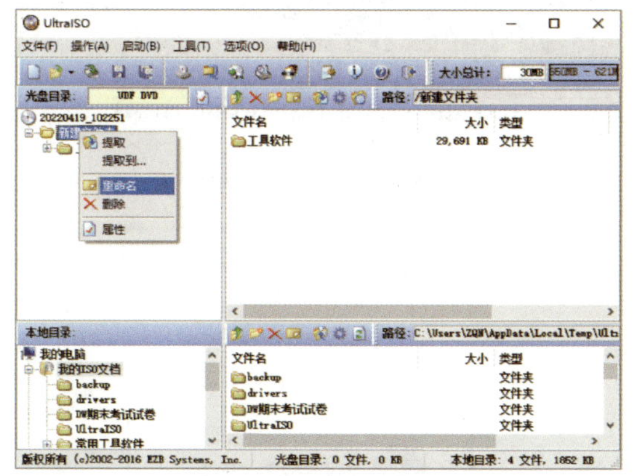

图 7–189　执行重命名

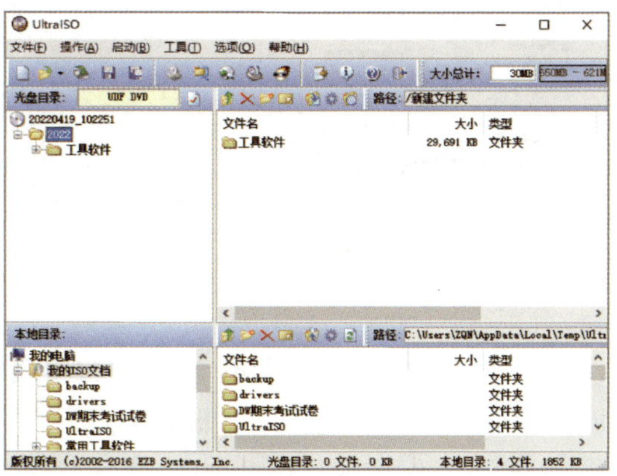

图 7–190　文件夹重命名

6. 查看 ISO 文件常见属性

在打开的 UltraISO 界面中，打开本例中的 ISO 文件，选中“2022”文件，单击鼠标右键，在弹出的菜单中，选择“属性”选项，弹出“提示”对话框，如图 7–191 所示，可以查看到目录大小文件数量和文件夹数量等信息，单击“确定”按钮，返回“UltraISO”界面。

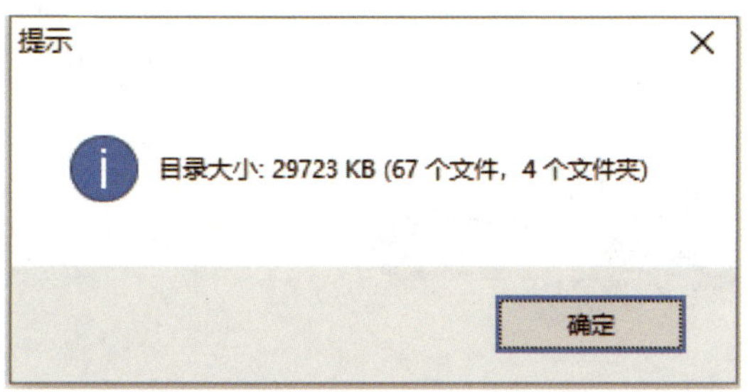

图 7–191　“提示”对话框

六、制作软盘映像

1. 启动 UltraISO 软件，选择“启动”–“从软盘”–“硬盘启动器提取引导扇区”选项，弹出“制作软盘映像”对话框，如图 7–192 所示。

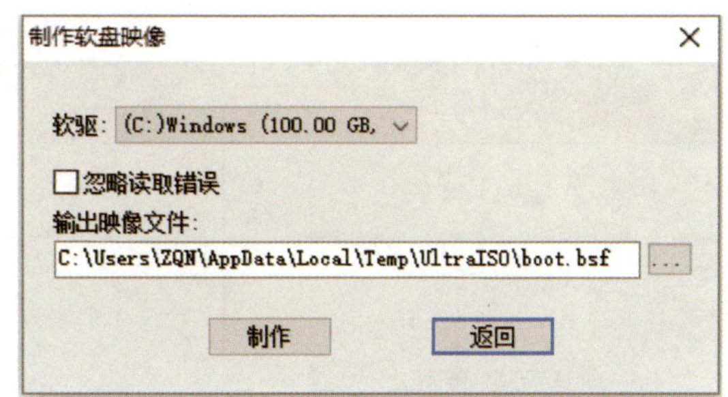

图 7–192　“制作软盘映像”对话框

2. 单击“输出映像文件”组中的浏览按钮 ... ，弹出“提取引导文件”对话框，如图 7–193 所示。找到要提取的引导文件，单击“保存”按钮，返回图 7–192 所示的对话框。

3. 在“软驱”组的下拉列表框中，选择要制作软盘映像的软驱，如图 7–194 所示。

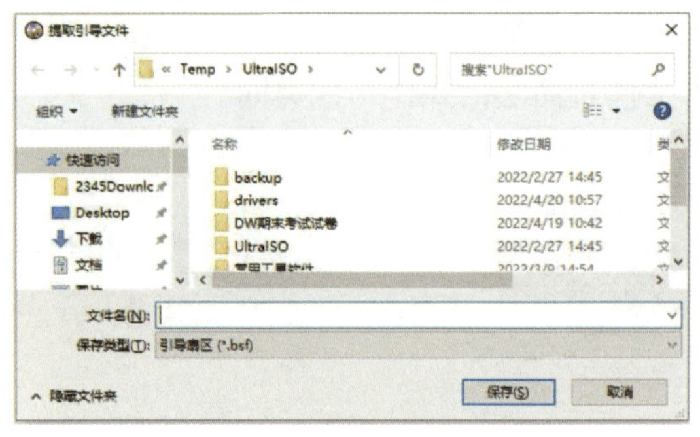

图 7-193 “提取引导文件”对话框

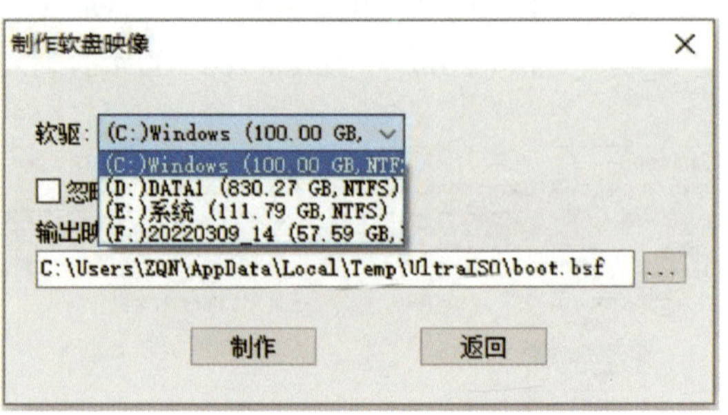

图 7-194 软驱

4. 可勾选“忽略读取错误”复选框，设置好后，单击“制作”按钮，软盘映像制作完成后，会显示“软盘映像制作完成!”提示框，如图 7-195 所示，单击“确定”按钮，返回“制作软盘映像”对话框，如图 7-192 所示，单击“返回”按钮，返回到“UltraISO”界面，完成制作软盘映像操作。

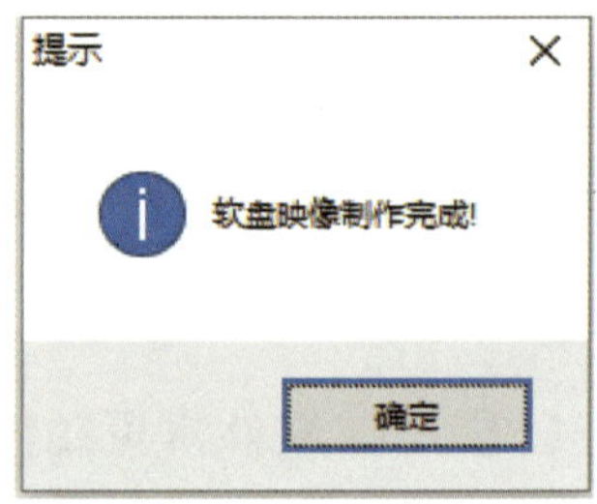

图 7-195 “软盘映像制作完成!”提示框

使用 UltraISO 进行制作 U 盘启动盘、制作光盘映像文件、格式转换的练习，将练习过程中的主要信息记录在表 7-4 中。

表 7-4 UltraISO 使用练习

项目	说明
软件版本	
制作 U 盘启动盘过程中的操作要点、所遇问题和解决方法	
格式转换过程中的操作要点、所遇问题和解决方法	

续表

项目	说明
压缩映像文件过程中的操作要点、所遇问题和解决方法	
提取文件目录过程中的操作要点、所遇问题和解决方法	
制作软盘映像过程中的操作要点、所遇问题和解决方法